BÄUME

DIE DIE WELT BEWEGEN

CHRISTIAN KÜCHLI

BÄUME

DIE DIE WELT BEWEGEN

Eiche, Teak, Kautschuk
und Mahagoni –

ein neuer Blick
auf die Globalisierung

at VERLAG

INHALT

BÄUME UND MENSCHEN

PARTNER AUF DIESEM PLANETEN

Eiche, Teak, Kautschuk und Mahagoni: Wie alle Bäume sind auch sie fest verwurzelt, aber diese vier Schlüssel-Baumarten bringen seit Jahrhunderten viel Bewegung in die Welt, und sie werden auch in Zukunft sehr wichtig sein. »Bewegung« ist durchaus doppelsinnig gemeint: Einerseits empfinden wir Bäume als unsere Freunde, und als solche bewegen sie unser Gefühlsleben – andererseits haben wir mit ihrer Hilfe auch Vehikel konstruiert, mit denen wir uns über große Distanzen bewegt und die Welt dabei grundlegend verändert haben.

Es gibt Tausende Baumarten, aber keine anderen haben unsere Kulturen ebenso wie die heutigen politischen und wirtschaftlichen Landkarten tiefgreifender beeinflusst, wie die hier porträtierten. Die vier sind zu Akteuren der Weltgeschichte geworden, und sie öffnen uns die Tür in die Wälder und deren Schicksal. Entlang der Jahresringe dieser vier Arten werden die menschlichen Einflüsse sowie die wirtschaftlichen und politischen Kraftfelder ausgeleuchtet, die seit Jahrhunderten auf den Wald und seine Bäume einwirken.

Im Vergrößerungsglas der Geschichte wird deutlich, wie sehr menschliche Einflüsse und deren stete Dynamik zur Entstehung der heutigen Wälder beigetragen haben. Dieses Verständnis ist ein wesentlicher Schlüssel für deren Zukunft, zusammen mit den Kenntnissen über die ökologischen Bedürfnisse der Bäume und den Erfahrungen zu ihrer Verjüngung und Bewirtschaftung, welche die lokalen Bevölkerungen und die Forstleute seit langer Zeit stets weiterentwickeln.

Ein Aspekt ihres gestaltenden Einflusses ist die Tatsache, dass die Menschen bereits vor sehr langer Zeit damit begonnen haben, bestimmte Baumarten zu bevorzugen und zu verbreiten. Sie haben deren Samen zum Teil über große Distanzen mit sich genommen. Dies geschah mit den Eichen, deren Rückwanderung aus den eiszeitlichen Refugien nach Mitteleuropa durch unsere Vorfahren aktiv unterstützt worden ist. Weite Wege über die Meere haben Teaksamen hinter sich, die um das 7. Jahrhundert herum aus dem indischen Raum auf die indonesische Insel Java gelangten. Der Kautschukbaum ist auf abenteuerliche Weise aus dem Amazonas nach Asien transportiert worden, und Mahagoni hat in Amazonien von den präkolumbischen Kulturen profitiert.

Die Geschichten der vier Baumarten sind eng miteinander verwoben, obwohl ihre Lebensräume weit auseinanderliegen, und sie beginnen alle in der Vergangenheit Europas. Ihren Wurzeln durch die Zeiten zu folgen, ermöglicht es, das Schicksal der Bäume und auch das unserer Welt tiefer zu verstehen. Die Bäume nehmen uns Jahrhunderte mit zurück in unsere Wirtschaft und Kultur. – Und dem Wachstum ihrer Äste zuzuschauen, lässt uns weit in die Zukunft blicken.

EICHE – BAUM DER BAUERN, DER KÖNIGE UND AUCH DER ZUKUNFT

Es sind letztlich winzige biochemische Besonderheiten und molekularbiologische Zufälle, die Nutzen und Bedeutung einer Baumart für uns Menschen ausmachen. Bei der Eiche sind es ihre kohlenhydrat- und fettreichen Früchte, die trotz ihrer Bitterkeit schon früh zur Nahrung von Menschen und ihren Haustieren dienen. Diese Geschmacksnote ist auf Gerbsäuren zurückzuführen, die in allen Geweben des Baumes vorkommen, auch im Holz. Die Gerbstoffe sind es, die Eichenholz auch für alles ins Zentrum rücken, was mit Flüssigkeiten zu tun hat – sei es Meer- oder Regenwasser, Wein oder Cognac. Nur die Eiche war in der Lage, Portugiesen, Spanier, Holländer, Engländer und Franzosen über die Weltmeere und wieder zurück zu bringen, denn in Europa ist nur sie ausreichend fäulnisfest.

Die Nutzungsgeschichte der Eiche spiegelt die Entwicklung der europäischen Wirtschafts- und Machtverhältnisse unmittelbar wider. Kein Baum hat die Welt stärker verändert. Die Eiche war der Baum der europäischen Macht, der Rohstoff für die Kriegs- und Handelsschiffe, für die Flotten der Fürsten und Könige. Die Eiche war entscheidend für die Kolonisierung der Welt und hat später auch beim Aufbau eines anderen Transportnetzwerks, der Eisenbahn, eine zentrale Rolle gespielt.

Zuerst jedoch ist die Eiche der Baum der Bauern. Seit Urzeiten werden die stärkehaltigen Eicheln als menschliche Nahrung genutzt, und seit Jahrtausenden werden Eicheln auch an die Schweine verfüttert. Die Mast mit Eicheln erzeugt kerniges Fleisch und festen Speck, der zur Wintersonnenwende in die Kamine gehängt und auf diese Weise bis weit ins Frühjahr hinein haltbar gemacht wird. Überall in den europäischen Tieflagen ist damals die Kulturlandschaft von lichten Eichenfluren geprägt, wo sich die Schweine im Herbst vollfressen.

In der Archäologie und speziell durch die Analyse von Jahresringen häufen sich Hinweise, dass mit Ackerbau und Sesshaftigkeit in Mitteleuropa vor rund 7500 Jahren allmählich eine aktive Bewirtschaftung von Eichenwäldern beginnt, durchaus mit der Absicht, auch optimales Bauholz bereitzustellen. Eichen, die als junge Bäume viel Licht benötigen, profitieren von dieser frühen waldbaulichen Förderung ebenso wie von der Dynamik, die mit den Rodungen für den Ackerbau einsetzt. Dies dehnt ihr Verbreitungsgebiet weit über ihr natürliches Potenzial aus, und es entstehen vom Menschen mitgestaltete Wald- und Kulturlandschaften mit einer reichen biologischen Vielfalt.

Dann gerät die Eiche in den Mahlstrom der Macht. Ab 800 nach Christus kommt zum traditionellen bäuerlichen ein wachsender imperialer Anspruch hinzu. Die Drachenboote, mit denen sich die Wikinger Ende des 1. Jahrtausends als erste Macht über mehrere Kontinente bewegen, sind aus Eiche gefertigt. Mit solchen Booten setzt 1066 auch der Normannenkönig Wilhelm sein Heer über den Ärmelkanal, als er Südengland erobert. Die dortigen Eichenhaine, die er als Lehen an seine Vasallen verteilt, werden noch nach der Anzahl der Schweine bemessen, die darin weiden können.

Die nächsten 700 Jahre ist es dann das Holz dieser Eichenhaine, das zunehmend in den Fokus gerät. Viele der sagenumwobenen Gehölze geraten nach und nach in den Dienst der englischen Royal Navy, der Königlichen Marine. Jahrhundertelang nutzt England »eichene Wälle«, so die Bezeichnung für die Kriegsschiffe, die alle Feinde weit vor der Küste abfangen und der Insel eine Ewigkeit lang Frieden und Freiheit sichern. Im 18. Jahrhundert ist Eichenholz ebenso zentral wie Erdöl heute. Die Bedeutung für den imperialen Schiffsbau ist immens, und längst geht es nicht mehr um Schinken, sondern um *The Command of the Oceans*, die Herrschaft über die Weltmeere, und speziell auch um die Absicherung der Handelsrouten zu den Kolonien.

In ihren Wäldern und Hecken verfügen die Engländer zwar über ausreichend *Compass Timber*, über krummes Holz, aus dem sich die Stücke für Bug und Spanten formen ließen. Für lange, gerade Stücke jedoch ist England auf Ressourcen außerhalb der Insel angewiesen. Darum ist während Jahrhunderten *das* Kernanliegen englischer Außenpolitik, die Wege zu Holzvorkommen im Baltikum offen zu halten und andere Mächte möglichst davon abzuschneiden. Mancher Krieg mit anderen europäischen Mächten ist durch diese Bestrebungen ausgelöst worden. Frühe Gegner Englands auf den Weltmeeren sind Spanien und Portugal. Dann etablieren sich auch die Republik der Vereinigten Niederlande und Frankreich als weitere Seemächte.

Die Niederländer und später die Engländer bauen im 18. Jahrhundert Handelsimperien auf, die Amsterdam und später London zu globalen Drehscheiben für Information, Kapital und Güter etablieren. Ihre Schiffe befahren alle Meere und laufen jeden Hafen an. Ihre Handelskompanien erobern, plündern, kolonialisieren.

Frankreich beginnt seine Handelsaktivitäten etwas später, obwohl es von allen Kolonialländern über die meisten Eichenvorräte verfügt und dank seines ausgedehnten Netzes von Binnenkanälen auch alle Werften mit Holz versorgen kann. Trotzdem veranlasst der Marineminister von Ludwig XIV. 1670 große Eichen-Aufforstungen für die Marine. Heute sind diese Bäume zum Teil über 300 Jahre alt, und der Wald dieser Eichen dient einem durchaus friedlichen Zweck: Hier wächst das Holz für die Fässer der großen Weine und Cognacs.

In England wird es mit der Holzversorgung um die Wende zum 19. Jahrhundert prekär. Die Napoleonischen Kriege führen zu Handelsblockaden und schneiden die Insel zeitweise von den traditionellen Holzflüssen ab. Trotzdem gewinnen die Briten die entscheidenden Seeschlachten und sichern sich mehr als ein Jahrhundert lang die Herrschaft über die Weltmeere. *Britannia rules the waves*, die Handelswege stehen den Engländern in alle Himmelsrichtungen offen. Die Eiche ist zu einem der Pfeiler geworden, auf dem das größte Kolonialreich der Weltgeschichte und die anglophone Welt entstehen, die Wirtschaft, Kultur und Politik global bis heute mitprägen.

Mitte des 19. Jahrhunderts wird Eiche im Schiffsbau allmählich durch Eisen ersetzt, doch der Verlauf der Geschichte gönnt dem Baum keine Pause. Ab Mitte des 19. Jahrhunderts breitet sich in Europa mit der Eisenbahn ein neues Verkehrsnetz aus. Der Bau der Trassen verschlingt Abermillionen von Schwellen. Wiederum ist es die fäulnisresistente Eiche, die sich dafür am besten eignet. Mit dem Bahnbau werden neue Gebiete weit weg von den Flusstälern erschlossen, und damit auch noch die letzten Eichenvorräte geplündert.

Paradox scheint, dass die Eisenbahn einen entscheidenden Beitrag zum Wunder leistet, das die Natur ab Mitte des 19. Jahrhunderts zu vollbringen beginnt: die allmähliche Rückkehr des Waldes in Europa. Die Bahn nämlich ermöglicht die Verteilung von Kohleenergie und Rohstoffen, und die einsetzende Industrialisierung entlastet den Wald von den vielen kleinen Nutzungen wie etwa der als Brennholz. Erstmals wird eine planbare Waldbewirtschaftung möglich.

Es sind die Kohle und die damit verbundenen Innovationen und Entwicklungen, die vielerorts in Europa Perspektiven für die wirtschaftliche Entwicklung und die Energieversorgung geschaffen und letztlich den europäischen Wald gerettet haben – zumindest bis zur nächsten großen Bedrohung, dem Klimawandel, der die Standortbedingungen der Baumarten stark verändern wird.

Heute zeichnet sich ab, dass die Eiche auch am Anfang der Zukunft des Waldes stehen wird, denn in den tiefen Lagen Europas ist sie von allen Baumarten am besten geeignet, die Herausforderungen des Klimawandels zu meistern. Die meisten europäischen Eichenarten kommen mit mehr Wärme und größerer Trockenheit zurecht und sind deshalb Baumarten für die Zukunft. Überall in Europa diskutieren die Forstleute, wie sie gefördert werden können. Faszinierend ist dabei, dass die waldbaulichen Methoden zur Verjüngung der Eichen und zur Erweiterung der Eichenbestände im Wesentlichen mit jenen übereinstimmen, die sich bereits in der Steinzeit vor etwa 6000 Jahren zu entwickeln begannen.

TEAK – DIE BESSERE EICHE

Teak ist global eine der ersten Baumarten, die fern ihres natürlichen Wuchsareals eine bedeutende Verbreitung gefunden hat – und zwar auf der indonesischen Insel Java. Der Grund liegt im Lebensalter dieser Baumart und auch in der Dauerhaftigkeit ihres Holzes: Beide sind nach menschlichem Ermessen ewig. Nicht erstaunlich ist daher, dass in bestimmten hinduistischen Glaubensgemeinschaften ein Teakbaum als ein Ort gilt, wo sich die Seelen nach dem Tod einfinden und verweilen, bis sie in einem neuen Körper wiedergeboren werden.

Teak dürfte spätestens im 7. Jahrhundert unserer Zeitrechnung mit Brahmanen-Priestern und buddhistischen Mönchen aus dem indischen Raum in den Osten von Java gekommen sein, wo damals eindrucksvolle Tempel wie Borobudur oder Prambanan entstehen. Die Priester sind zusammen mit den Tempelarchitekten auf Einladung javanischer Fürstenhöfe auf die Insel gereist und haben wohl auch Samen des heiligen Baumes mitgebracht.

Die hervorragende Holzqualität von Teak erklärt auch die Bedeutung, die Teak in den Auseinandersetzungen der europäischen Mächte erlangt. Auch hier spielt das British Empire die Hauptrolle. Auslöser ist um 1800 die Erkenntnis, dass sich die englische Kriegsflotte in einem miserablen Zustand befindet und auf der Insel wie im übrigen Europa nicht mehr genügend eichenes Marineholz aufgetrieben werden kann, um dies zu ändern.

Als beste Alternative erweist sich Teak, das natürlicherweise in den Monsunwäldern Süd- und Südostasiens verbreitet ist. Die Öle und diverse Kautschukkomponenten im Kernholz wirken als Schutzbarriere und machen es weitgehend resistent gegen Pilzbefall und Fäule. Auf Teak stoßen die Engländer zuerst an der Malabarküste im Südwesten Indiens, wo einheimische Bootsbauer im 19. Jahrhundert Schiffe zu Dutzenden für die englische Kriegs- und die Handelsmarine bauen.

Englands Hunger nach Teakholz steigert sich rasch ins Unersättliche. Die Suche nach immer neuen Beständen wird zu einer der treibenden Kräfte für die Expansion des British Empire Richtung Osten und prägt weitreichende Politikentscheide wesentlich mit. Zuerst erfolgt die Einverleibung des ganzen indischen Subkontinents. Anschließend erobern die Engländer portionsweise Burma, das heutige Myanmar, wo bis in diese Tage die weltweit größten natürlichen Teakwälder wachsen.

Die Ausdehnung des britischen Reiches nach Osten kommt erst an der Grenze zu Siam zum Stehen, dem dritten Land mit bedeutenden Vorräten an Teak. König Chulalongkorn, der das Land um die Wende zum 20. Jahrhundert regiert, begreift die britischen Begehrlichkeiten und ermöglicht den Engländern einen geregelten Zugang zum Teak. Darum wird Siam als einziges Land Südostasiens nie Kolonie einer europäischen Macht und kann dies ab 1939 auch in seinem neuen Namen ausdrücken: Thailand, »Land der Freien«.

Ein Grund für das Teak-Fieber ist die ölige Chemie des Holzes. Sie ermöglicht auch grundlegende Entwicklungen im Schiffsbau, wie sie ab Mitte des 19. Jahrhunderts stattfinden. Die Triebkraft dafür ist die industrielle Revolution mit Eisen als Massenwerkstoff. Die Spantengerüste der Schiffe sind nun aus Metallprofilen, Krummholz wird überflüssig. Nur die Beplankung bleibt vorerst aus Holz – und dafür ist Teak erste Wahl, denn es verträgt sich bestens mit Eisen. Seine Öle wirken sogar konservierend auf das Metall; außerdem lässt sich das Holz problemlos auf die Spanten nieten. Mit Eichenholz wäre dies unmöglich gewesen, weil dessen Gerbsäuren den rostigen Verfall von Eisen beschleunigen.

Gegen Ende des 19. Jahrhunderts hat Britannien Zugriff auf alle bedeutenden Teakvorräte der Welt, was seine Stellung als erste globale Supermacht und als globales Handelsimperium zusätzlich festigt. Zwar wird Teak bald in allen konstruktiven Teilen der Schiffe durch Eisen ersetzt, aber für die Decks bleibt Teakholz erste Wahl – für die Passagierschiffe des 20. Jahrhunderts ebenso wie für die privaten Superjachten.

Spätestens seit den 1990er-Jahren ist es dann das Sommerleben in den Gärten Europas und Amerikas mit der entsprechenden Ausstattung an Stühlen, Tischen, Liegen und Terrassen mit wetterfestem Bretterboden, das nach Teak ruft. Für viele dieser Verwendungen ist die hohe Qualität von Naturwald-Teak allerdings nicht notwendig. Heute steht dazu mit den steigenden Ernten aus gepflanztem Teak eine brauchbare Alternative zur Verfügung. Zurzeit wird kein anderes tropisches Nutzholz auf derart großer Fläche angebaut, und längst ist dies nicht mehr nur in Indonesien der Fall, wo vor vielen Jahrhunderten erstmals ausgedehnte Teakbestände aus Samen entstanden, die von weit her übers Meer gebracht wurden.

KAUTSCHUK – BAUM DER INDUSTRIALISIERUNG

Ohne Kautschuk wäre die Industrialisierung Nordamerikas und Europas nicht möglich gewesen oder aber vollkommen anders verlaufen. *Hevea brasiliensis*, der Kautschukbaum, stammt aus dem Amazonasbecken. Indigene Völker nennen ihn wegen seines weißen Baumsaftes (Latex) »ca-hu-chu«, »weinendes Holz«. Mit Schwefel erhitzt, vulkanisiert Latex[1] zu formstabilem Gummi, einem der wichtigsten Rohstoffe für die industrielle Revolution und deren Maschinen – und damit auch für den Aufbau der »großen Netze« – der Eisenbahnen, der Telekommunikation und vor allem des Straßenverkehrs. Autoreifen enthalten auch heute noch ein Drittel Naturkautschuk. 2028 wird die globale Produktion wohl mehr als zwei Milliarden Pneus erreichen – das sind 2 000 000 000 Autoreifen pro Jahr.

Die Geschichte des Kautschuks ist voller unglaublicher Ereignisse und Anekdoten, wie sie nur die dampfende Hitze des Regenwaldes hervorzubringen vermag.

Mitte des 19. Jahrhunderts, als die Nachfrage rasant zunimmt, wird der milchige Baumsaft ausschließlich im Amazonasgebiet von Kautschukzapfern geerntet. Ihre Arbeit ist unmenschlich hart. Die Kautschukbäume liegen weit auseinander und müssen noch bei Nacht geritzt werden, damit frischer Latex fließt.

Der Saft wird dann über schwelendem Feuer zu Ballen verfestigt, beißender Geruch ist überall. Geschlafen wird in einer primitiven Hütte, es herrschen Hunger, Mücken, Krankheiten, Tod.

Auf der Arbeit der Zapfer basiert der perverse Reichtum der Kautschukbarone in Manaus oder Belém zu Beginn des 20. Jahrhunderts. Das Zentrum von Manaus ist keine drei Kilometer von der Dschungelwildnis entfernt, aber dort gibt es damals schon 20 Meilen Straßenbahn und früher noch als in Paris eine elektrische Straßenbeleuchtung. Der Clou ist die Oper, doch als sie 1896 fertig wird, ist der Niedergang der Gummiwelt Amazoniens längst eingeläutet.

Denn 20 Jahre zuvor hat ein Engländer am Rio Tapajós, der bei Santarém in den Amazonas mündet, 70 000 Kautschuksamen sammeln lassen und in die Königlichen Botanischen Gärten in Kew, südlich von London, geschickt. 2500 Samen kommen in den Glashäusern von *Kew Gardens* tatsächlich zum Sprießen. Die jungen Pflanzen gelangen dann in mobilen Treibhäuschen nach Ceylon, wo noch einige hundert Pflanzen lebend ankommen. Aus diesen Keimlingen entstehen die riesigen Kautschukplantagen in den englischen Kolonien Südostasiens.

Bereits 1910 kommt nur noch die Hälfte der globalen Kautschuk-Produktion aus Brasilien, und wenige Jahre danach decken die asiatischen Plantagen 80 Prozent des Weltmarkts ab. Brasilien verliert sein Monopol, Amazonien sinkt wirtschaftlich zurück in die Bedeutungslosigkeit. Der Grund für diese Entwicklung ist ein parasitärer Schlauchpilz, *Microcyclus ulei*, der überall im südamerikanischen Regenwald vorkommt und das junge Laub der Kautschukbäume befällt. In Amazonien können diese daher nur in weiten Abständen voneinander wachsen. In Asien hingegen gibt es den Pilz nicht, darum sind dicht bestockte Plantagen möglich. Hier kann Kautschuk viel effizienter, günstiger und in größeren Mengen produziert werden als im Naturwald mit den langen Wegen für die Zapfer.

Der Pilz ist auch der Grund für einen der größeren unternehmerischen Misserfolge des 20. Jahrhunderts. 1928 beginnt Henry Ford, der amerikanische Autotycoon, mit dem Aufbau von Fordlândia, einer Stadt im brasilianischen Regenwald. An den Ufern des Rio Tapajós lässt er anderthalb Millionen Kautschukbäume setzen. Er will sich damit unabhängig vom britisch beherrschten asiatischen Markt machen und Pneus aus eigenem Kautschuk herstellen. Doch als sich das Kronendach der Pflanzungen nach 15 Jahren zu schließen beginnt, schlägt der Pilz zu: Ein Jahr danach ist die Plantage so gut wie abgestorben. Die Missachtung biologischer Fakten und Gesetze kostet den Unternehmer eine Milliarde Dollar nach heutigem Wert.

Die globale Verbreitung von *Microcyclus ulei* bleibt ein enormes Risiko. Mit jedem Flugzeug aus Lateinamerika, das in Südostasien landet, drohen der globalen Wirtschaft weitreichende Folgen. Denn obwohl heute unzählige Gummi-Verbindungen synthetisch hergestellt werden, bleibt Naturkautschuk nach wie vor unerreicht, wenn es um die elastische Belastbarkeit geht. Das gilt für OP-Handschuhe wie für Kondome. Aber auch für die Reifen von Flugzeugen ist Naturkautschuk unverzichtbar. Nur dieses Material kann mit beidem umgehen: zuerst mit der Kälte der Reiseflughöhe und kurz danach mit der plötzlichen Erhitzung beim Aufsetzen auf der Piste.

MAHAGONI – BAUM DES LUXUS

Mahagoni ist eines der wertvollsten Hölzer weltweit, und der Westindische Mahagoni, dessen Territorium im Süden des US-Bundesstaats Florida beginnt und die großen karibischen Inseln abdeckt, ist wohl die erste Baumart, die kommerziell ausgerottet wird. Eine der Ursachen ist die Mahagoni-Manie der englischen und amerikanischen Möbelindustrie im 18. Jahrhundert. Diese führt dazu, dass der Westindische Mahagoni zwar in abgelegenen Gebieten überlebt, seine Nutzung jedoch schon im 19. Jahrhundert meistens nicht mehr wirtschaftlich ist.

Die historische Erfahrung mit dem Westindischen Mahagoni prägt auch den aktuellen Umgang mit dem Amerikanischen Mahagoni, der Art des amerikanischen Festlandes, deren riesiges natürliches Verbreitungsgebiet vom Süden Mexikos bis in den Süden Amazoniens reicht. Heute wird der Amerikanische Mahagoni allgemein als Schlüsselart für unberührten Regenwald wahrgenommen. Daher steht die Art auch regelmäßig im Fokus der Debatte, ob eine nachhaltige Bewirtschaftung von Tropenwäldern möglich ist, oder ob eine Nutzung von Holz hier automatisch Waldzerstörung bedeutet.

Doch der Amerikanische Mahagoni ist mitnichten eine Baumart ungestörter Primärwälder. Im Gegenteil, der Baum erträgt in der Jugend keine Überschattung und benötigt viel Licht, um sich zu entwickeln. Auf Yucatán beispielsweise verjüngt sich Mahagoni vor allem dann natürlich, wenn Hurrikane und anschließend Feuer den Wald auf großen Flächen niedergemacht haben. Aus den dann darauf wachsenden Jungbeständen entsteht in einem, zwei Jahrhunderten ein an Mahagoni reicher, reifer Wald.

Von solchen Störungen hat Mahagoni bereits vor Langem auch im Amazonasgebiet profitiert. Hier stoßen Archäologen seit den 1980er-Jahren auf immer neue Spuren von Kulturen, die vor Kolumbus lebten. In Acre beispielsweise, im Westen des brasilianischen Amazonasgebietes, kommen laufend geometrisch präzis angelegte Erdbauten zum Vorschein, die zum Teil vor Jahrtausenden erbaut wurden. Es sind Kreise, Vierecke oder Kombinationen dieser Formen, die durch metertiefe Gräben und aufgehäufte Wälle entstanden sind. Die Funde belegen, dass Amazonien vor der europäischen Eroberung viel stärker besiedelt war, als bisher angenommen wurde. Fachleute gehen heute davon aus, dass einst Millionen von Menschen in diesem Gebiet gelebt haben. Das Schicksal dieser Völker hat sich um 1540 mit den ersten Kontakten zu den Europäern schlagartig geändert. Die von den Europäern eingeschleppten Krankheiten wie Pocken, Malaria oder Gelbfieber lösen den Untergang vieler einheimischer Kulturen aus.

Die präkolumbischen Völker haben nicht nur archäologische Spuren hinterlassen. Wir beginnen eben erst zu verstehen, wie sehr ihr Ressourcen-Management die Wälder geprägt hat. Dieser Einfluss ist noch heute in der Verteilung der Baumarten sichtbar, auch beim Amerikanischen Mahagoni.

Die Amazonas-Völker haben stets kleinere Flächen für Maniok oder andere Feldfrüchte gerodet. Viele Nahrungsmittel von heute globaler Bedeutung sind hier domestiziert worden, neben Maniok auch Erdnüsse, Ananas oder Kakao. Wenn die Fruchtbarkeit der Felder sinkt und diese verlassen werden, erhalten Lichtbaumarten wie Mahagoni ihre Chance. Während Mahagoni auf Yucatán ein Zeiger für große natürliche Störungen ist, ist der Baum in Amazonien ein Kulturfolger.

Amazoniens Wälder sind auf bedeutenden Flächen Ökosysteme, die seit Jahrtausenden auf subtile und anhaltende Weise durch die Menschen nach ihren Bedürfnissen umgeformt werden. Bedeutende Teile Amazoniens sind nicht Urwald, sondern alte Kulturlandschaften. Für die künftige Bewirtschaftung dieser Waldgebiete können wir viel von den traditionellen Nutzungsweisen lernen.

Wie Mahagoni eine Zukunft gegeben werden kann, zeigen die Maya im mexikanischen Yucatán, die in ihren *Milpa* seit Jahrtausenden mit diesem Baum arbeiten. Er ist ein Element in ihrem Landwirtschaftszyklus, in dem sich Phasen mit offenen Mischpflanzungen und bewaldete Perioden abwechseln. Amazoniens Völker haben mit den Schwarzen Erden Techniken entwickelt, die heute als Schlüssel zur Weiterentwicklung tropischer und auch gemäßigter Landwirtschaft gelten.

Bewirtschaftung und zugleich Bewahrung von Mahagoni sind also möglich. Das eigentliche Problem ist die Erhaltung der Waldflächen an und für sich, speziell in Amazonien, zunehmend jedoch auch in den Gebieten, die seit Jahrtausenden von den Maya bewirtschaftet werden. In Amazonien droht der Trend zur Privatisierung des öffentlichen Waldes definitiv außer Kontrolle zu geraten. Treiber im Hintergrund sind die großen Agrar- und Bergbauunternehmen. Soja- oder Maiskulturen drängen immer weiter nach Norden in feuchtere Zonen. Der Bergbau hängt nach wie vor seinen uralten Träumen von *El Dorado* nach – in Form von potenziellen Erz-, Öl- oder Gasfunden.

Dies alles befeuert einen boomenden Landmarkt für gerodete Flächen. Die Entwaldung beginnt oft mit Kleinbauern, die Wald für die Selbstversorgung abbrennen. Sie unterlassen es jedoch, oder sie haben keine Möglichkeit, sich Eigentumstitel zu beschaffen. Größere Player verstehen es, sich solche zu besorgen, usurpieren die Flächen und verkaufen diese an die großen Fische. Erneut müssen die Kleinen roden, und das bittere Spiel ums Überleben der Menschen und die Zerstörung des Waldes beginnt von Neuem.

Als Brandbeschleuniger wirken jüngste Entwicklungen im weltweiten Drogenmarkt. Kokain, das in Kolumbien und Peru produziert wird, ist heute auch für Europa bestimmt, wo der Konsum global am schnellsten wächst. Die Schmuggelrouten zu den Häfen am Atlantik führen nun über die Flüsse Amazoniens. Das Drogengeld wird direkt dort gewaschen, indem die Drogenmafia in Sägewerke, Rinderfarmen oder Goldclaims investiert. Dies führt zu einer zusätzlichen Entwaldung: dem »narco-desmatamento«, der Regenwaldrodung durch die Drogenmafia.

DIE ZUKUNFT: DAS ZUSAMMENWIRKEN VON WÄLDERN UND MENSCHEN STÄRKEN

Die vier Baumporträts dieses Buches dokumentieren, wie eng das Zusammenwirken von Bäumen und Menschen, das Zusammenspiel zwischen »Natur« und »Kultur« seit Jahrtausenden ist. Einerseits zeigt sich, wie weitreichend die Menschen die Verbreitung von Baumarten bisher beeinflusst haben, andererseits wird erkennbar, in welch unglaublichem Ausmaß Bäume zur Entstehung unserer Kulturen und zur Ausgestaltung bestehender Wirtschafts- und Machtverhältnisse beigetragen haben.

Wir leben heute in einer Phase steigender gesellschaftlicher Sensibilität für die Natur und speziell auch für Bäume, die unser Seelenleben bewegen. Zunehmend gelten sie als »das Gute« gegenüber einer »erbösenden« Menschheit. In dieser Wahrnehmung beginnt unmittelbar am Waldrand pure Natur, doch die in diesem Buch herausgearbeiteten Verbindungen zwischen den Bäumen und den Menschen dokumentieren, dass eine derart strikte Trennung zwischen Natur und Mensch den Realitäten der Geschichte nicht gerecht wird.

Es lässt sich vielmehr herauslesen, dass die Bäume und Wälder durchaus Widerstandskraft zeigen, dass sie von den Menschen auch immer wieder gefördert wurden und dass auch darum die Wälder immer wieder zurückgekommen sind.

Sinnvoller ist es, Mensch und Natur als ein Ganzes mit wechselseitiger Beeinflussung zu akzeptieren und Maßnahmen zugunsten der »Natur« vor diesem Hintergrund als gemeinschaftlichen Ansatz zu kalibrieren, der beiden Lebenswelten hilft. Bäume und Menschen sind seit Langem Partner auf diesem Planeten. Wir brauchen die Bäume, und sie können von uns profitieren.

Die UNO-Umweltkonferenz von 1992 in Rio de Janeiro hat Umwelt, Wirtschaft und Gesellschaft auf dieselbe Stufe gestellt. Diese umfassende Zielsetzung wird im Wald durch nachhaltige Waldbewirtschaftung angestrebt. Dazu gehört die Erhaltung einer konstanten Waldfläche und die Regel, dass Holz nicht über das hinaus genutzt werden soll, was zuwächst. Hinzu kommt das Konzept der Naturnähe, das die Erneuerung der Wälder möglichst auf Basis natürlicher Verjüngung anstrebt. Dies gilt grundsätzlich nach wie vor. Allerdings verändert sich mit dem Klimawandel ein zentraler Standortfaktor derart rasch und drastisch, dass eine Anpassung der Wälder über natürliche Prozesse fraglich ist. Stürme, Trockenheit, Waldbrände und biotische Kalamitäten führen zu negativen Rückkopplungen und überfordern die Natur zunehmend. Hier kann und muss der Mensch den Bäumen helfen, zum Beispiel durch Förderung oder Pflanzung von Arten, die in einem veränderten Klima gedeihen können.

Die Eichen zum Beispiel werden mit dem Klimawandel neue Bedeutung erhalten, denn die meisten europäischen Eichenarten kommen mit mehr Wärme und größerer Trockenheit zurecht. Sie gelten deshalb als Baumarten für die Zukunft. Überall in Europa diskutieren die Forstleute heute, wie sie gefördert werden können.

Teak hat nicht nur wegen seines Holzes eine große Zukunft, sondern auch wegen seiner Anpassungsfähigkeit an die Klimaerwärmung, auch durch seine Robustheit gegenüber Waldfeuern. Der Baum ist einfach nachzuziehen und zu bewirtschaften, das passiert heute schon überall in den Tropen.

Der Kautschukbaum und sein Latex werden lange Zeit zentrale Produkte für unsere Wirtschafts- und Lebensweise bleiben. Das Risiko einer Infektion der asiatischen Plantagen durch den *Microcyclus*-Pilz ist stets vorhanden und spricht dafür, Kautschuk in gemischten Pflanzungen zu fördern. Dabei handelt es sich um agroforstliche Systeme, in denen zum Teil Dutzende Arten in Schichten übereinander wachsen. In vielen asiatischen Gebieten, wo sich vor nicht allzu langer Zeit reine Kautschukplantagen über riesige Flächen ausdehnten, findet gegenwärtig ein tiefgreifender Strukturwandel in diese Richtung statt. In Malaysia, Indonesien und Thailand gehen die großen Kautschuk-Monokulturen zurück; heute bewirtschaften Millionen von kleinbäuerlichen Familienbetrieben Baumgärten von jeweils wenigen Hektar, wo neben Kautschuk auch viele andere Bäume wachsen, oft auch Teak oder Mahagoni. Dies sind zwar keine natürlichen Wälder, doch ihre naturnahe Struktur ist Reinkulturen in Plantagenform bezüglich Umweltleistungen weit überlegen und geht in die gute Richtung. Auch Arten der natürlichen Lebensgemeinschaften stellen sich zunehmend ein und erobern ihre alten ökologischen Nischen zurück.

Für die Erhaltung der verbliebenen Regenwälder lassen sich am Beispiel von Mahagoni zentrale Punkte herausschälen, die letztlich allen Arten dieser Ökosysteme zugutekommen. Zweifellos braucht es Reservate zum Schutz des Waldes, doch diese sind nur wirksam, wenn genügend Personal ein Schutzgebiet auch kontrollieren kann. Dies ist überall eine Herausforderung, wo die Wälder abgelegen sind, die Bevölkerungsdichte in der Region bereits hoch und der Druck auf den Wald groß ist, wo Mangel an Personal für die Überwachung herrscht oder der Staat wegen vorherrschender Korruption schwach ist.

Das Gros der Waldfläche kann nicht unter Reservatsschutz gestellt werden, weil dazu schlicht die Ressourcen fehlen. Der aussichtsreichste Ansatz für die Erhaltung großer Waldflächen lässt sich mit dem Motto *Use it or lose it* umschreiben: Bewirtschafte den Wald nachhaltig oder du verlierst ihn an ausbeuterische Nutzungen. Wo Tropenwald mit seinem Holz, anderen Produkten oder seinen Umweltleistungen für niemanden einen Ertrag abwirft, wird sein edles Holz illegal abgeräumt und das Drama der Entwaldung beginnt.

Aber Wald wurde und wird traditionell auch in den Tropen nachhaltig genutzt, und das ist auch heute möglich – wie es die lokale Bevölkerung vielerorts tut und es auch erfolgreiche Unternehmen zeigen. Zudem wird Holz immer wichtiger, gerade in Schwellenländern mit hoher Bautätigkeit. Brasilien zum

Beispiel, mit einer Bevölkerung von etwa 220 Millionen, benötigt heute pro Jahr rund 45 Millionen Kubikmeter für Holzprodukte und Holzwerkstoffe.

Gefragt als Hüter des Waldes sind heute wie seit jeher die einheimische Bevölkerung, gut organisierte Gemeinden, aber auch moderne Unternehmen mit dem Ziel, Tropenwälder dauerhaft zu nutzen. Ihr Fokus liegt auf der Holzproduktion und auf Waldprodukten wie Kautschuk sowie auf der Schaffung von stabilen Arbeitsplätzen. Gleichzeitig soll die Klimaschutzwirkung des Waldes ebenso erhalten bleiben wie die Biodiversität.

Die Welt hat sich in den letzten Jahren auf bizarre Weise rückwärts entwickelt und droht, sich in eine eingebildet bessere Vergangenheit zu verkriechen. Dabei hat sich die Weltgemeinschaft im Nachgang der UNO-Umweltkonferenz 1992 und den damals verabschiedeten Konventionen auf zukunftsfähige Pfade geeinigt. Auf diese hoffnungsvollen Wege zurückzufinden, wird eine der großen Herausforderungen der kommenden Jahre sein.

Seit unserem ersten Auftreten üben wir Menschen einen starken Einfluss auf Bäume und Wälder aus und bestimmen mehr denn je deren Wohlergehen. Es ist an uns, mit Mut und Hoffnung Lösungspfade für morgen zu entwickeln. Dieses Buch soll als eine der Grundlagen und als Wurzelraum für die Entwicklung dieser Lösungen dienen. Die Zukunft von Bäumen und Wäldern ist auch unsere eigene Zukunft.

EICHE

BAUM DER GLOBALISIERUNG

Am Anfang war die Eiche. Kein Baum auf dem europäischen Kontinent ist für die Menschen von vergleichbarem Nutzen und Ansehen gewesen, und mit dem Klimawandel werden Eichen wiederum neue Bedeutung gewinnen. Zuerst waren es die Früchte, die Eicheln, die im Vordergrund standen. In manchen Ländern kamen sie bis ins 20. Jahrhundert hinein auf den Tisch. Was zuerst der Mensch isst, wird später zu Schweinefutter – das war bei den Eicheln so und später dann bei den Kartoffeln. Die Fütterung der Schweine mit Eicheln beginnt tief in vorchristlicher Zeit. Ihr Schinken und Speck haben den Menschen in Europa Jahrtausende lang geholfen, den Winter zu überstehen. In dieser langen Zeitspanne ist die Eiche vor allem der Baum der Bauern.

Im späten 1. Jahrtausend beginnt sich dies zu ändern. Allmählich wird die Eiche zum Baum der Fürsten und Könige. Zuerst legen diese überall in Europa ihre Hand auf Eichenhaine, die eigentlich von den Bauern angelegt worden waren. Die Adligen nutzen diese Haine als Jagdgründe, denn Eicheln sind für viele Wildtiere ein Schmaus und wirken anziehend auf sie. Dann werden die Eichen zum Rohstoff für die Segelflotten der Könige, in Skandinavien ebenso wie in Spanien und Portugal, und auch in England, den Niederlanden und in Frankreich. Kein anderer Baum beeinflusste das Weltgeschehen derart tiefgreifend. Die Geschichte der Eiche ist die Geschichte Europas, und damit auch der jüngeren Vergangenheit vieler Weltteile, die seit den Entdeckungsreisen zu europäischen Kolonien tiefgreifend transformiert wurden.

Zurück zum Anfang. Vor 18 000 Jahren, als das Eis kilometermächtig über großen Teilen Europas lagert, wachsen die Eichen in eiszeitlichen Refugien in Spanien, Italien oder dem Balkan. Für die drei heute in Mitteleuropa heimischen Arten – die Traubeneiche, die Stieleiche und die Flaumeiche – herrscht dort ein passables Klima, ebenso wie für Menschen. Dann, mit der Erwärmung, beginnt die allmähliche Rückwanderung von Menschen und Pflanzen nach Mitteleuropa, und innerhalb von rund 8000 Jahren verbreiten sich die Eichen bis ins südliche Skandinavien und bis nach Schottland. Im Schnitt entspricht dies einer Wanderungsgeschwindigkeit von fast 400 Metern pro Jahr[2] – eine erstaunliche Distanz für einen Baum, dessen schwere Früchte in der Regel im Bereich der Kronen oder wenig außerhalb aufschlagen.

Tatsächlich legen Berechnungen für die britischen Inseln nahe, dass Eichen allein für die Wanderung von Südengland bis nach Schottland etwa 100 000 Jahre benötigt hätten, wenn die Verbreitung allein auf den herabfallenden Früchten beruhte.[3] Ein Transport der Samen durch Eichelhäher, Eichhörnchen oder Nagetiere steigert die Ausbreitungsrate zwar, aber selbst damit ist die hohe effektive Wanderungsgeschwindigkeit nicht erklärbar. Offenbar sind auch andere Vektoren beteiligt, und dafür kommen nur Menschen infrage[4], die episodisch für einen Ferntransport sorgen. (Bild: Eicheln ↪ Seite 39)

Für Menschen als aktive Eichen-Verbreiter spricht vor allem die Bedeutung der Früchte als Nahrungsquelle. Eicheln sind reich an Kohlenhydraten, Fetten und Ballaststoffen. Eine frühe Erwähnung für die Nutzung als Nahrung im griechischen Raum findet sich beim Bauern und Schriftsteller Hesiod im 8. Jahrhundert vor Christus: »Ehrliche Menschen leiden keinen Hunger, denn die Götter gaben ihnen reichlich Nahrung: Eichen mit Eicheln, Honig und Schafe.«[5] Fünfhundert Jahre später reiht der Grieche Theophrast die Eichenarten nach der Süße ihrer Früchte ein. Den letzten Rang belegt die Traubeneiche, deren Eicheln der Naturforscher als vollkommen ungenießbar bezeichnet.[6]

Dass Eichenfrüchte auch in Mitteleuropa als Nahrungsquelle große Bedeutung hatten, zeigt die steigende Zahl archäologischer Funde in prähistorischen Siedlungsstätten in den vergangenen Jahren, etwa in Frankreich, Belgien, Dänemark, Schweden, Deutschland oder der Schweiz. Eine in Belgien freigelegte Grube aus der Bronzezeit hat rund 70 000 Eicheln enthalten. Die wahrscheinlichste Erklärung dafür: Sie waren als Winternahrung für Menschen oder für Tiere gelagert.[7]

Richtig zubereitet sind Eicheln eine gute Nahrungskomponente, entgegen der bitteren, pelzig-adstringierenden Erfahrung, die wir als Kinder beim Reinbeißen gemacht haben. Denn die Tannine, die für diese unangenehme Erfahrung verantwortlich sind, können in Wasser gelöst und ausgewaschen werden. Die getrockneten Eicheln lassen sich dann mahlen und zu Brot verbacken, oder sie können geröstet gegessen werden.

Die Bedeutung der Eicheln als Nahrung erhärtet die Schlussfolgerung, dass Menschen auf ihren Migrationsrouten aus eiszeitlichen Refugien zurück nach Mitteleuropa – zum Beispiel entlang des Donaukorridors – Eicheln als Nahrung mitgeführt haben. Manche davon gingen beim Transport verloren, andere wurden in Erdgruben oder Holzkonstruktionen für den Winter aufbewahrt und nicht aufgebraucht oder vergessen. So konnten weit vor der eigentlichen Rückwanderungsfront der Bäume kleine Populationen entstehen, von denen aus sich die Bäume weiter ausdehnten.

Neben der hohen Verbreitungsgeschwindigkeit und der Bedeutung für die menschliche Nahrung stützt auch die genetische Forschung die These vom Menschen als wesentlichem »Eichen-Vektor«. Die Eichenarten verfügen je nach ihren eiszeitlichen Refugien über spezifische genetische Fingerabdrücke.[8] Diese werden über das mütterliche Erbgut stets weitergegeben, sodass sich zum Beispiel Herkünfte aus dem Balkan klar von solchen aus Spanien unterscheiden lassen. Die Herkunftsinformation bleibt selbst dann erhalten, wenn durch Kreuzung ein Gen-Austausch stattgefunden hat.[9] Kreuzungen innerhalb derselben Eichenart und sogar zwischen den drei Arten sind relativ häufige Ereignisse.

Genetische Analysen in ganz Europa zeigten nun, dass es die spanische Herkunftslinie ist, die den größten Teil von Frankreichs Westen und die englischen Inseln abdeckt. Die Herkunft aus dem Balkan überlagert die spanische an ihrer östlichen Seite und dominiert ansonsten den Osten Europas bis hinauf ins Baltikum.[10] Im Kontaktbereich der beiden Herkunftslinien überlagern sich diese entlang der Ostgrenze Frankreichs.

Höchst interessant sind die Ausreißer in dieser generellen Verbreitungskarte. So finden sich in der Bretagne, in einem weitherum von Eichen der spanischen Linie besetzten Gebiet, auch Herkünfte aus dem Balkan, und zwar auf einer Fläche von rund 50 Kilometer Durchmesser. Dieses Phänomen wird als Beleg für den Ferntransport von Eichen durch Menschen gewertet, der vor 8000 bis 10 000 Jahren stattgefunden hat.[11] Auch im südlichen Grenzbereich zwischen England und Wales finden sich inmitten spanischer Herkünfte auf einer größeren Fläche solche aus dem Balkan.[12] Ohne aktive Beteiligung von Menschen sind diese beiden Populationsinseln nicht zu erklären.

SEIT JAHRTAUSENDEN GEFÖRDERT

Nach dem Abschmelzen der Gletscher findet die Eiche nördlich der Alpen vorerst hervorragende Wuchsbedingungen, unter anderem aufgrund einer 1,5 Jahrtausende dauernden nacheiszeitlichen Wärmephase. Die Eiche bildet mit ihren wärmeliebenden Genossen wie Ulme, Linde, Ahorn oder Esche ausgedehnte Mischwälder.

Mit einer erneuten Abkühlung vor rund 6000 Jahren ändert sich das Klima zugunsten der Buche. Diese Entwicklungen stellen die Eiche vor Herausforderungen. Mit dem kühleren Klima kommt sie weniger gut zurecht als die Buche, und die Konkurrenzkraft der Buche ist gegenüber der Eiche wesentlich größer. Der Neuankömmling Buche dringt nun auf Standorte der Eichen vor.

Die Buche ist eine Schattenbaumart und benötigt im Keimlingsstadium nur wenig Licht, und auch später ist sie extrem schattentolerant. Unter dem Schirm ihrer Eltern zum Beispiel kann sie Jahrzehnte ausharren. Wenn dann ein erwachsener Baum abstirbt, entwickeln die wartenden Nachkommen ihre Kronen rasch in den frei gewordenen Raum. Die Buche erträgt also nicht nur Schatten, sie übt ihrerseits eine stark beschattende Wirkung aus. Ausgewachsen bilden Buchen dunkle, geschlossene Hallenwälder. Wenn dann einmal etwas Licht auf den Boden fällt, nachdem zum Beispiel ein einzelner Baum abgestorben ist, haben wiederum die Buchen die besten Karten, um sich zu verjüngen. So folgt eine Buchengeneration nach der anderen, wenn keine großen Störungen wie Stürme oder Rodungen auftreten.

Die Eiche hingegen ist eine Lichtbaumart. Sie benötigt bereits als Keimling freien Himmel über sich. Nur ohne Überschattung vermag sie sich gegen die Buche durchzusetzen. Chancen hat die Eiche hingegen, wo ihre große Konkurrentin an ihre ökologischen Grenzen stößt. Wo es für die Buche zu lehmig und zu nass ist, kann die Stieleiche dominieren. Auf Standorten, die der Buche zu flachgründig und zu trocken sind, kommt die Traubeneiche ins Spiel. Wird es noch flachgründiger und trockener, setzt sich mit der Flaumeiche die dritte der Eichenarten durch, die nördlich der Alpen wachsen. Die Flaumeiche kann auf solchen Standorten weitgehend reine Bestände bilden. Stieleiche und Traubeneiche hingegen sind im ungestörten Buchenwald nur einzeln oder allenfalls in kleinen Gruppen beigemischt. (Bild: Eiche gegen Buche ↪ Seite 39)

Diese ökologischen Grenzen zwischen Buche und Eiche werden jedoch bereits seit vielen Jahrtausenden durch die Menschen zugunsten der Eiche beeinflusst und verschoben. Waren es am Anfang die Eichenfrüchte, gewinnt mit einsetzender Sesshaftigkeit der Menschen auch das Holz der Eiche an Bedeutung. Eichenholz ist wetterfest, fäulnisresistent und einfach zu bearbeiten – es lässt sich zum Beispiel selbst mit einer Steinaxt einfach einkerben und fällen und auch gut spalten.

Das Bedürfnis nach Eichenholz führt bereits früh zu einer zielgerichteten Waldbewirtschaftung, die sich von heutigen Praktiken erstaunlicherweise nicht grundsätzlich unterscheidet. Dies lässt sich in immer mehr der vielen Pfahlbauten rund um die Alpen nachweisen, die 2011 von der UNESCO als Weltkulturerbe deklariert wurden. Einer der Forschungsschwerpunkte liegt im Schweizerischen Drei-Seen-Land.[13]

In Hauterive-Champréveyres am Neuenburgersee zum Beispiel sind in einem fast 6000-jährigen Pfahlbau diverse Eichenpfähle gefunden worden, die Einkerbungen aufweisen. Es sind Blessuren, die den Bäumen im Wald zugefügt wurden, zum Teil wiederholt und an gleicher Stelle. Das belegen die Überwallungen mit Holzgewebe, die der Baum zur Vernarbung der Zeichen gebildet hat. Die Kerben werden als Grenzmarken zur Kennzeichnung von Nutzungs- oder Eigentumsrechten gedeutet.[14] Die Markierungen legen nahe, dass hier in jener Epoche bereits eine Kulturlandschaft mit einer Bevölkerungsdichte bestand, welche eine klare Abgrenzung von Rechten notwendig machte.

Viele Erkenntnisse aus fernen Jahrtausenden sind dank der Dendrochronologie möglich geworden, einer wissenschaftlichen Methode, die bei Bäumen auf das Jahr genaue Datierungen zulässt. Dabei werden die Jahresringe vermessen, die je nach Wachstumsbedingungen schmal oder – in guten Jahren – breiter ausfallen. Jahresringfolgen von Bäumen derselben Art aus der gleichen Region haben vergleichbare Muster. Durch eine Überlappung der Muster verschieden alter Bäume lässt sich die Reihe in die Vergangenheit zurück erweitern. Für die Eiche gibt es mittlerweile Chronologien, die bis zu 10 000 Jahre zurückreichen.

In Vinelz am Bielersee, in Nachbarschaft zum Neuenburgersee gelegen, sind Eichenpfähle eines 5000 Jahre alten Pfahlbaus dendrochronologisch nach Mustern untersucht worden, die als Folge von Veränderungen in der Zusammensetzung des Baumbestandes Auswirkungen auf das Jahresringbild haben. Beispielsweise können sich bei einem Baum breitere Jahresringe bilden, wenn er infolge der Fällung eines Nachbarbaums plötzlich in den Genuss von mehr Licht kommt. Tatsächlich konnten derartige Muster gefunden werden, was den Schluss zulässt, dass jene Eichenwälder, aus denen die Pfähle stammen, vor Jahrtausenden ähnlich bewirtschaftet wurden, wie dies noch heute in Form der Nieder-

oder Mittelwaldbewirtschaftung praktiziert wird.[15] Beim Niederwald wird eine Fläche kahl geschlagen. Die Bäume treiben dann rasch wieder aus. Ihre Sprosse bzw. Stöcke sind 15 Jahre später bereits dick wie ein Oberschenkel und reif für eine erneute Nutzung als Bau- oder Brennholz. Beim Mittelwaldschlag bleiben einzelne Eichen verschont und wachsen in hundert Jahren zu großen Bäumen auf, während die Flächen dazwischen im Niederwald-Rhythmus genutzt werden.

Einblicke in die Waldbewirtschaftung und die Lagerung des Bauholzes vermittelt auch eine Siedlung aus der Bronzezeit, die in Cortaillod am Neuenburgersee mittels Tauchgrabung erforscht wurde. Hier ist ab 1010 v. Chr. innerhalb von sechs Jahren ein Pfahlbaudorf mit 18 Häusern errichtet worden. Die meisten Pfähle sind zu Beginn des Bauprojekts im selben Winter vor rund 3000 Jahren gefällt worden. Aber nicht alle Hölzer wurden sofort verbaut, ein Teil ist als Vorrat gehalten und erst in den Folgejahren eingesetzt worden. Viele der Pfähle zeigen dasselbe Jahresringmuster und den gleichen Fällzeitpunkt. Dies deutet auf ein und denselben Herkunftsbestand hin.[16] Die große Erntemenge vergleichbarer Qualität wiederum weist auf eine Bewirtschaftung als Niederwald oder als Pflanzung der Herkunftsfläche hin. (Bild: Eichen-Niederwald ↪ Seiten 40, 41) Auch hier gibt es starke Anzeichen, dass Eichenwälder nicht nur ähnlich genutzt wurden wie heute, sondern auch ganz bewusst mit dem Ziel, dass sich die Eichen auch in der nächsten Baumgeneration gegen Konkurrenten wie die Buche durchsetzen können.

EINE VOLLKOMMEN NEUE ART DER LANDNUTZUNG

Die gezielten prähistorischen Nutzungsweisen von Eichenwäldern sind die Folge einer anderen übergeordneten Dynamik. Vor rund 7500 Jahren beginnen Bevölkerungsgruppen aus dem Südosten Europas, in den mitteleuropäischen Raum einzuwandern. Sie bringen Ackerbau, Feldfrüchte wie Einkorn und Emmer sowie die Viehzucht mit. Die Rodungsflächen vergrößern sich und die Menschen werden sesshaft. Diesen Prozess, der als »neolithische Revolution« bezeichnet wird, müssen wir uns als langen, Jahrhunderte dauernden Vorgang vorstellen.

Die Ackerbauern sind sozial organisiert, und ihre neuen Landbautechniken erweisen sich als derart produktiv, dass Zeit für gemeinsame, aufwendige Projekte frei wird. Die Menschen setzen nun Menhire und erstellen Plattengräber, sogenannte Dolmen, wie etwa die Roche-aux-Fées nahe der bretonischen Stadt Châteaubriant. Die Roche-aux-Fées besteht aus gewaltigen, von weither transportierten Steinsäulen, die eine Überdachung aus gigantischen Granitplatten tragen. (Bild: Plattengrab Roche-aux-Fées ↪ Seite 42) Aufgrund der Position vieler Monumente lässt sich erahnen, wie ausgedehnt die frühen Rodungen waren. Die Roche-aux-Fées zum Beispiel liegt erhöht und ist in der Landschaft von weit her sichtbar. Der Dolmen ist so ausgerichtet, dass die aufgehende Sonne am Tag der Wintersonnenwende die hintere Wand anleuchtet. Beides, Sichtbarkeit und Beleuchtung, ist nur gewährleistet, wenn die Landschaft weitgehend frei von Wald ist.

In der offenen Landschaft der Ackerbauern profitiert die Eiche stark von der menschlichen Dynamik und wird zu einem eigentlichen Kulturfolger. Eichen entwickeln sich am besten auf offenen Flächen – nach einem Sturm oder einer Holznutzung. Auch Brachland, wie es jahrhundertelang nach Seuchen oder Abwanderungen immer wieder entsteht, ist ideal für die Lichtbaumart.[17] Hinzu kommt die klare menschliche Absicht, Eichen nachzuziehen, sei es wegen des Holzes oder der Eicheln als Nahrung, später dann als *das* Futter für die Schweine, wie wir noch sehen werden.

NÜTZLICH UND MYSTISCH

Bevor der Mensch die Eicheln den Säuen vorwarf, gab es immer wieder Phasen, in denen er sie selber gegessen hat. Noch 1563 werden Eicheln in Zürich als Obst bezeichnet, gleichwertig mit Nüssen und Mandeln. Die Eiche ist ein *bärend bom*, ein fruchttragender Baum. Speziell in Notzeiten erhalten Eicheln ihre alte Bedeutung als Nahrung immer wieder zurück: Sie werden geröstet, dem Brotmehl zugesetzt, mit Beeren gesüßt oder als Eichelkaffee getrunken. In der Schweiz ordnet die Eidgenössische Oberforstinspektion 1918 das Sammeln von Eicheln an. 475 Tonnen kommen zusammen und werden an Fabriken zur Herstellung von Kaffee-Ersatz verteilt. Auch im Zweiten Weltkrieg muss Europa wieder Eichelkaffee trinken.[18]

Von großer Bedeutung ist auch die Eichenrinde mit ihrem hohen Gehalt an Gerbstoffen. Spätestens ab der Bronzezeit wird Eichenlohe unentbehrlich zur Gerbung von wasserdichtem Leder. Auf den Gerbstoffen beruht auch die Heilwirkung des Baumes. Im Mittelalter empfiehlt man Sitzbäder mit Eichenrinde bei Hämorrhoiden und Gebärmutterentzündung. Ein Absud der Rinde wird zum Gurgeln gegen geschwollene Mandeln, Angina und zur Festigung des Zahnfleischs eingesetzt.[19]

Frevel an Eichen wird stets besonders hart bestraft. Wer etwa im St. Galler Rheintal unbefugterweise eine Eiche fällt, erhält eine achtmal höhere Buße als bei einem anderen Baum, wird 1487 festgelegt. Eine Aufzeichnung des Gewohnheitsrechts von Oberursel im Wetterau erwähnt 1401, dass einem, der eine Eiche schält, der Darm aus dem Leibe zu reißen und der Schänder um den Baum zu führen sei, bis das ganze Gedärm darum herumgewunden sei. Hoffentlich sind solch grausame Strafen nicht vollzogen worden, doch die Rinde des Baumes mit den Gedärmen des Menschen gleichzustellen und nach dem alten germanischen Rechtsmotto Auge um Auge zu sühnen, dokumentiert den Stellenwert der Eiche auf eindrückliche Weise.[20]

Ihr praktischer Wert im täglichen Leben war mitbestimmend für die Zuweisung der mystischen Kraft, die der Eiche in ganz Europa seit jeher anhaftet. Für die Gallier ist der Baum heilig. Ihre Kultführer sind die Druiden, eine Bezeichnung, die sich vom keltischen *deru* für Eiche ableitet.[21] Der Genuss von Eicheln eröffnet den Druiden den Blick in die Zukunft. Druiden sind es, die Misteln von den Eichen schneiden, mit einer goldenen Sichel. Eichen mit Misteln sind extrem rar. Heute gibt es in ganz Frankreich lediglich etwa siebzig Bäume, und in der Schweiz ist nur eine einzige Eiche mit Mistelbesatz bekannt.[22] Die immergrüne Pflanze ist ohne Berührung mit der Erde gewachsen, darauf beruht ihre alles heilende Kraft, und ohne mit dem Boden in Kontakt zu kommen, wird sie von den Druiden an die Bevölkerung verteilt. Mistelamulette schützen diese das ganze Jahr vor Dämonen und Krankheit. (Bild: Eichen-Mistel ↪ Seite 42)

Die Schlangen flüchten, wenn Eichenlaub auf sie gestreut wird. Um die Hühner vor dem Fuchs zu schützen, schlägt der Bauer in Mittelfranken drei Eichenpfähle in den Garten; soweit der Schall der Schläge dringt, ist der Fuchs gebannt. Im Kanton Schwyz wird im 17. Jahrhundert ein Pflaster aus frischem Eichenlaub empfohlen, um alle *zauberei und malefitz* aus dem Menschen zu treiben. Und Regenwasser, das in einem alten Eichenstumpf liegen bleibt, hilft gegen Sommersprossen und Warzen – so der Volksglaube.[23]

Unter Thing-Eichen halten die Germanen Gericht, und wenn Blitze einschlagen, stellen sie Götterbilder in die gespaltenen Stämme, bevorzugt wohl dasjenige des Kriegsgottes Donar. Der Donnergott ist hünenhaft wie seine bevorzugten Bäume, die er gerne mit Blitzen liebkost, wenn er in Sturmnächten mit seinem Ziegengespann über den Himmel braust.

DRACHENSCHIFFE – ALS ENGLAND LETZTMALS EROBERT WIRD

Auch im Norden Europas wird die Eiche verehrt. Donar entspricht in der dortigen Mythologie Thor. Für die seefahrenden Wikinger ist Thor der Gott der Gewitter und des Wetters und kämpft unentwegt gegen Drachen und Riesen.[24] Die Symbolik der Drachen ist im Bauplan der Wikinger-Schiffe aufgenommen. Am Bug der Drachenschiffe prangt der Kopf, hinten der geringelte Schwanz.

In den letzten Jahrzehnten sind in Skandinavien diverse dieser Schiffe entdeckt worden, meist in Grabhügeln versenkt und mit exquisiten Beigaben versehen. Ein früher Fund ist das Drachenschiff von Oseberg, das 1904 in einem Grabhügel bei Tønsberg im Oslofjord gefunden wurde, 100 Kilometer südlich der Hauptstadt. Die Grabkammer hinter dem Mast enthielt Skelette von zwei Frauen und nie gesehene Grabbeigaben, etwa reich verzierte Schlitten oder Drachenköpfe aus Ahornholz. Auch Steven und Heck des Schiffs sind mit Fabelwesen verziert. (Bilder: Osebergschiff, Steven ↪ Seite 43)

Der Rumpf des Osebergschiffs besteht größtenteils aus Eiche und wurde um 820 bei Bergen an der Atlantikküste Norwegens gebaut.[25] Überraschend ist die Verwendung von Buchenholz für Teile an Bug und Steven. Das Holz dürfte aus dem nördlichsten Buchenwald Europas stammen, der bei Vollom ganz in Nähe des vermuteten Bauortes wächst. Genetische Untersuchungen dieses isoliert weit nördlich der natürlichen Buchengrenze liegenden Waldes lassen auf dänische Herkunft schließen. Es scheint, dass die Buchensamen im 5. oder 6. Jahrhundert über Handelswege aus Dänemark nach Norwegen kamen und sich in Vollom halten konnten.[26] Das Osebergschiff ist das prunkvollste erhaltene Drachenboot, und die Verwendung eines am Bauplatz derart raren Holzes wie der Buche unterstreicht die exklusive Repräsentativität des Schiffes.

Generell ist jedoch Eiche das bevorzugte Baumaterial für die wendigen Boote der Wikinger. Das Holz lässt sich gut zu Planken spalten, ist elastisch und doch zäh, wasserfest und langlebig. Mit ihren Drachenbooten bereisen die Nordmänner ganz Europa und segeln bis an die kanadische Küste, nach Nordafrika und nach Asien. Dieses interkontinentale Netz ist ein erster Schritt hin zu einer globalisierten Welt – und auch in diesem umwälzenden Prozess ein paar Jahrhunderte später wird der Eiche eine Schlüsselrolle zukommen.

Vorerst spielen Drachenboote auch im Jahr 1066 eine entscheidende Rolle, als der Normannenkönig Wilhelm von Calais aus England erobert. Wie die Vorbereitungen und der Feldzug abliefen, ist auf dem Wandteppich von Bayeux in der Normandie dargestellt. Die zeitgenössische Wollstickerei aus den 1070er-Jahren ist 70 Meter lang und zeigt auch den Bau von Schiffen für die Erstürmung der Insel. Zuerst das Fällen der Eichen und wie die Stämme zu Planken aufgespaltet werden. Dann die Glättung mit einer breiten Axt, das Hauen in die richtige Form und das Einfügen in den Rumpf.

Das normannische Heer setzt im Herbst nach England über und besiegt die Truppen des angelsächsischen Herrschers bei Hastings. Im besetzten Gebiet enteignet der neue König, nun »Wilhelm der Eroberer« genannt, die englischen Grundbesitzer und verteilt das Land unter seine normannischen Vasallen. Festgehalten werden diese Rechte im *Domsday Book*, einem Reichsgrundbuch, in dem alle Besitztümer unter der englischen Krone und die Steuerabgaben festgehalten sind, die dem König zustehen. Als Maß für die Waldfläche dient die Anzahl Schweine, die jeweils in den Eichenwäldern weiden und gemästet werden können – *silva n porcis*.[27] Für eine Sau wird mit einer bis zwei Hektar Wald gerechnet.[28] Einzelne der zugeteilten Landsitze sind so ausgedehnt, dass sie zweitausend Tiere ernähren können.

AUF DEN EICHEN WACHSEN DIE BESTEN SCHINKEN

Die Schweinemast hat sich in Europa vor vielen Jahrtausenden etabliert und ist überall im Laubwaldgebiet der Ebenen und Hügel verbreitet, von England bis ins Baltikum, von Schweden bis nach Griechenland. Kirke, die Tochter des griechischen Sonnengotts Helios, verzaubert die Gefährten von Odysseus in Schweine und wirft ihnen eine Handvoll Eicheln hin. Freja, die nordische Kriegs- und Liebesgöttin, reitet auf dem Eber Hildisvini.[29] Bei den Inselkelten sind Schweine Wesen aus der mystischen Anderswelt. In Wales bringt die magische Sau Henwen den Menschen gute oder schlechte Gaben.

In Mitteleuropa gewinnt die Schweinehaltung in der Bronze- und Eisenzeit noch an Bedeutung, als die Bevölkerung stark zunimmt. Das Mästen der Tiere mit Eicheln hat den Menschen Jahrtausende lang geholfen, den Winter zu überleben. »Auf den Eichen wachsen die besten Schinken«, sagt Simplicissimus, der Held in einem Roman aus dem 17. Jahrhundert. Er spricht die Eicheln an, die auf den Bäumen wachsen und das herbstliche Schweinefutter *par excellence* sind. Eichelfutter gibt kernigen Speck mit nussigem Fett. Geräuchertes von Schweinen hingegen, die mit Früchten der Buche gemästet sind, schmeckt tranig.[30]

Im Herbst, wenn die Vögel leiser geworden sind und der Aufprall fallender Eicheln die Stille durchbricht, werden die Säue in die Mast getrieben. Die Tiere legen rasch an Gewicht zu und sind dann zur winterlichen Sonnenwende schlachtreif. Die Speckseiten kommen in den Kamin, der Rauch macht sie haltbar für die erntelose Zeit. Die verderblichen Innereien sind die Festspeise, früher für die heidnische Sonnenwende, später für das christliche Winterfest. Ist es Zufall, dass die Geburt von Jesus ganz nahe an der Sonnenwende und den damit verbundenen Festivitäten liegt?

Die europäischen Sprachen sind reich an Zeugnissen für die Kultur der Schweinemast. In der Schweiz ist für die Eichelweide das Wort *Acherum* gebräuchlich, in Deutschland *Eckerich*. Englisch wird dafür *pannage* verwendet, im Französischen ist es *la glandée*, von *gland*, die Eichel. Das englische Wort *acorn* für Eichel ist nahe am gotischen *akran*. Das bedeutet »Frucht des offenen Landes«, wobei »offen« sich auf das uralte Recht jedes Bauern bezieht, den Wald als Weide nutzen zu können. Dieses »Allmendrecht« steht im Gegensatz zum später entstehenden eingezäunten, privaten Bereich, den Krone und Adel nach und nach durchsetzen.[31] (Bild: Schweinemast ↪ Seite 44)

Besonders ergiebig ist das *Acherum* in den Samen- oder Mastjahren, wenn die Eichen etwa jedes siebte Jahr besonders viele Früchte bilden. Der Begriff »Mastjahr« ist ein Relikt aus der Schweinekultur, ein Ausdruck, der von den Forstleuten nach wie vor gebraucht wird. Für sie ist ein samenreiches Jahr die Zeit, um die Verjüngung von Eichenbeständen einzuleiten und schlagreife Bäume zu fällen, denn im folgenden Frühjahr werden sich sehr viele Keimlinge einstellen, die den künftigen Bestand bilden können. Mastjahre werden als ökologische Strategie der Eiche gedeutet, um ihren Fortbestand abzusichern. Würden Jahr für Jahr gleich viele Samen gebildet, könnten sich die Tierbestände an das konstante Angebot anpassen und jeweils alles fressen; der Nachwuchs der Eiche würde so unterbunden. In einem Mastjahr sind jedoch so viele Eicheln vorhanden, dass nie alle gefunden werden. Mastjahre, die durch bestimmte Wettermuster ausgelöst werden, sind oft auch gute Weinjahre.

Bis heute überlebt hat die Schweineweide in Südeuropa. Das dunkle Iberische Schwein weidet wie eh und je in den Eichenhainen auf Korsika und Sardinien, in Spanien und in Portugal. In diesen Gebieten sind vor allem Kork- und Steineiche zu Hause. Beides sind immergrüne Arten. Ihre ledrigen Blätter wechseln sie nur alle drei bis vier Jahre. Die parkartigen Haine heißen in der spanischen Extremadura und in Andalusien »Dehesa«, in Portugal »Montado«. Manche Dehesa wird seit 4000 Jahren bewirtschaftet. Dehesas gehören zur Allmende, werden also traditionell gemeinschaftlich bewirtschaftet. Noch heute befinden sich die meisten Dehesas im Eigentum von Gemeinden und stehen allen Berechtigten offen zur Nutzung, die jedoch bezüglich der Anzahl Tiere oder der Nutzung des Korks genau definiert ist. (Bild: Korkeichen-Hain ↪ Seite 45)

Etwa sechs Kilogramm Eicheln verspeist eine Sau täglich, und das während mindestens 60 Tagen. Dann erhält Schinken von diesen Tieren die Auszeichnung *Jamón Ibérico de Bellota*, eine gesuchte Delikatesse. *Bellota* bedeutet Eichel. Iberische Schweinehirten haben bis weit ins 20. Jahrhundert hinein die Eicheln mit langen Holzstangen aus den Bäumen geschlagen, eine Technik, die auch in Mitteleuropa verbreitet war. Viele mittelalterliche Darstellungen zeigen die Schweinehüter mit Stöcken, die sie in die Bäume werfen, oft sind die Hirten auch auf den Bäumen kletternd dargestellt.[32]

Auch nördlich der Alpen gibt es einige wenige Orte, wo nach wie vor Schweine in die Mast getrieben werden. Ausgerechnet im New Forest, westlich der englischen Stadt Southampton, hat dieses archaische Nutzungsrecht Jahrtausende überdauert.

Der New Forest ist 1079 von Wilhelm dem Eroberer als Jagdgebiet unter den Schutz der Krone gestellt worden. Ziel des königlichen Banns ist, dass das Jagdwild möglichst viel Futter hat. Die lokale Bevölkerung darf ihre Haustiere nun nicht mehr frei weiden lassen. Bei Übertretung drohen drakonische Strafen wie Blendung oder abgehackte Glieder. Allerdings können sich die Einwohner ihre Rechte im Laufe der Jahrhunderte wieder zurück erstreiten. Der New Forest ist heute noch im Besitz der britischen Krone. Nach wie vor bestehen auch die uralten Nutzungsrechte, die an etwa 800 Höfe und Häuser gebunden sind. Deren Eigentümer dürfen Brennholz sammeln, Ponys weiden und eben – Schweine in die Mast treiben.[33]

KULTURLANDSCHAFTEN: BOCAGES UND MITTELWÄLDER

Ähnlich, wie sich der New Forest noch heute zeigt, können wir uns die Kulturlandschaften vorstellen, wie sie sich seit keltischer Zeit in den tieferen Lagen Europas auf großen Flächen präsentierten: Es war nicht dichter Wald (»forest«), sondern es waren lockere Haine (»woodland«), stets mit einem großen Anteil an Eichen. Historische Darstellungen zeigen verstreute Einzelbäume mit ausladend knorrigen Kronen. Alte Eichen können Tausende Jahre alt sein, wie die

Rumskulla-Eiche in Südschweden. Solche Bäume produzieren während ihres langen Lebens Millionen von Eicheln.[34]

Überlebt hat ein Eichenhain auch beim Schloss Wildenstein bei Basel. (Bild: Eichenhain Wildenstein ↪ Seiten 44, 45) Seit fünf Jahrhunderten stehen diese Bäume hier, und mehr als 1000 Tier- und Pflanzenarten besiedeln die alten Eichen. Unter der Rinde haben Larven von Eichenbock- und Hirschkäfer ihre Spuren ins Holz gefressen. Engerlinge anderer Käfer ernähren sich im vermodernden Inneren der Bäume. Die Insektenlarven wiederum sind Futter für Mittel-, Klein-, Bunt-, Schwarz-, Grau- und Grünspecht. Auf den furchigen Rinden wachsen 140 Arten von Flechten, und 20 Pilzarten treiben ihre Fäden ins Holz.

In Deutschland heißen solche Haine *Hutewald*, etwa die *Ivenacker Eichen* in Mecklenburg, wo die ältesten Eichen versammelt sind. Es sind Eichenbestände wie die, die in der Romantik die Maler und Dichter als idealtypische Landschaften aufspüren – in ihrer Sehnsucht nach Gegenwelten zu der rationeller werdenden Gesellschaft. Gartenarchitekten, auf der Suche nach Alternativen zu den Barockgärten Italiens und Frankreichs, entdecken die Haine als vollkommene Landschaften und bauen diese als Parkanlagen nach. Damit wird die »Natur selbst zum Maßstab aller Werte der Schönheit und die Naturschönheit zur Kunstschönheit«. Heute zieht es viele Menschen zu diesen wenigen verbliebenen Relikten dieser uralten Kulturlandschaft: botanisch und ornithologisch Interessierte, Erholungssuchende, Frauen in der Walpurgisnacht und moderne Druiden an Tagen der Sonnenwende.[35]

Ein anderer, an Eichen reicher Typ einer Kulturlandschaft ist in der französischen Bretagne und in den südenglischen Grafschaften entstanden. Es sind die Heckenlandschaften, die *Bocages*, die auf keltische Zeiten zurückgehen. In der Bretagne ist ein richtiger Wald bereits in der Eisenzeit um 800 v. Chr. nur noch an wenigen, schwer zugänglichen oder heiligen Orten vorhanden. Holz wird darum vor allem aus den Bocages bezogen, auch Eichenholz. Die Bauern um Rennes schneiden noch heute alle sieben bis zwölf Jahre sämtliche Eichenäste von oben bis unten ab, vor allem für Feuerholz. Diese Nutzungsweise lässt sich in der Bretagne seit einem Jahrtausend nachweisen.[36] (Bild: Bocages ↪ Seite 46)

Die Stämme waren früher begehrtes Bauholz, zum Beispiel für die Fachwerkhäuser in Quimper, Vannes und den meisten anderen bretonischen Städten. Diese Bauten sind zum Teil 500 Jahre alt, oft mit Seitenwänden aus Stein. Fassadenseitig jedoch wird Eichenholz gezeigt, selbst wenn es noch so krumm und voller Astknoten ist. Verzierungen sind häufig. Der Gebrauch selbst in repräsentativen Bauten belegt das hohe Prestige der Eiche – gerade auch darum, weil Holz schwierig zu bekommen war. (Bild: Fachwerkhäuser in Vannes ↪ Seite 46)

Die Bocages prägen die Landschaft nach wie vor. Sie dienen als Eigentumsgrenze und Einfriedung für das Vieh. Zudem sind die Hecken ein wichtiger Lebensraum für die vielen Arten, die auf Licht angewiesen sind. Dazu gehören etwa Vögel wie Neuntöter und Goldammer sowie eine Vielzahl von Säugetieren und Insekten.

Auch geschlossene Waldflächen in tieferen Lagen sind im Mittelalter reich an Eichen. Meist werden sie als *Mittelwald* genutzt, eine Bewirtschaftungsweise, der wir bereits in den steinzeitlichen Siedlungen an den Jura-Seen begegnet sind. Mittelwälder sind zum Beispiel in Frankreich noch heute verbreitet. (Bild: Mittelwald ↪ Seite 46) Sie bestehen aus zwei Etagen: Hagebuchen, Linden und andere Laubbäume in der unteren, der Hau-Schicht, werden alle 10 bis 30 Jahre auf den Stock zurückgehauen. Derart produziertes Holz ist für die Dörfer und Städte in den Tieflagen während mindestens 2000 Jahren das »Kraftwerk«, liefert das Brennmaterial für Herd und Ofen, bevor ab dem 19. Jahrhundert fossile Energien, zuerst Kohle und später Erdöl, zur Verfügung stehen. Nach dem Holzschlag treiben die Stöcke wieder aus. Die Triebe, genährt von voll ausgebildeten Wurzelstöcken, bilden breite Jahresringe und wachsen rasch in die Höhe.

Überlagert wird die untere Etage von einer Baumschicht, in der Eichen dominieren. Sie sind aus Samen herangewachsen, die sich nach einem Schlag der Hau-Schicht jeweils im vollen Licht entwickeln konnten. Diese Bäume bleiben oft Jahrhunderte verschont, bis sie als Bauholz oder Rohstoff für das Gewerbe vergeben werden.

Als vorläufiges Fazit aus dem bis hier Gelesenen ergibt sich, dass die Menschen jahrtausendelang biologische Gesetze zugunsten der Eiche außer Kraft gesetzt haben, um von den großzügigen Leistungen dieses Baumes im Alltag profitieren zu können. Die Eiche ist bewusst gefördert worden, manchmal durch Saat oder Pflanzung, jedenfalls aber durch die Offenhaltung der Landschaft und die lichten Wälder, die der Buche als Schattenbaumart nicht behagen. Eichenreiche Landschaften und Wälder sind heute wegen der biologischen Vielfalt, die sie ermöglichen, hochgeschätzt. Weil dies jedoch nicht unberührte Urlandschaften, sondern stark vom Menschen beeinflusste Kulturlandschaften sind, benötigt es weiterhin pflegende Eingriffe, um sie zu erhalten. Menschen sind ein wesentlicher Faktor, sie verändern ihre Umwelt und gestalten sie mit – und in vielen Fällen ermöglichen und fördern sie biologische Vielfalt.

EICHEN-HOCHWÄLDER IM BALTIKUM

Aber auch die eichenreichen Kulturlandschaften sind einer langfristigen Dynamik ausgesetzt. Seuchen wie die Pest im 14. Jahrhundert halbieren die Bevölkerung, auch Kriege dezimieren sie.[37] Wenn sich Gebiete entvölkern, melden sich die gesetzmäßigen Kräfte der Natur zurück. Dann kann die Buche, die im ungestörten Wald viel konkurrenzkräftiger als die Eiche ist, Terrain zurückgewinnen.

Die Durchsetzungskraft der Buche nimmt jedoch am Rand ihres Verbreitungsgebietes ab. Das ist beispielsweise im baltischen Raum der Fall[38], im Gebiet des heutigen Polen, Litauen und Lettland. Auch diese Region ist durch eine dynamische Bevölkerungsgeschichte geprägt. Um die christliche Zeitenwende sind die baltischen Länder stark besiedelt, mit halb so viel Wald wie heute[39], verzeichnen dann jedoch eine erhebliche Abwanderung.[40] Anders als weiter westlich mit einer konkurrenzkräftigeren Buche werden hier die brachfallenden Böden von Eichen eingenommen; die Lichtbaumart scheint sich auch über mehrere Baum-Generationen halten zu können.

Aus diesen Gründen ist im mittelalterlichen Europa das Baltikum einer der wenigen Räume, wo Eichen auf großen Flächen in Hochwäldern mit einem hohen Baumartenanteil wachsen. Diese Bestände sehen aus wie die meisten Wälder heute, mit langen Stämmen und hoch angesetzten Kronen. Die Stammstücke weisen Durchmesser von 80 Zentimetern und mehr auf, und sie haben feine, regelmäßige Jahresringe. Weil die Bäume in einem relativ engen Verbund aufwachsen, sind die Stämme viele Meter hinauf frei von Ästen. Solches Holz lässt sich in Längsrichtung sehr gut spalten.

Spätestens seit dem 14. Jahrhundert sind die baltischen Qualitäts-Eichen in ganz Europa begehrt.[41] Danzig wird zu einem ersten zentralen Umschlagplatz und Ausfuhrhafen. Die Stadt liegt an der Mündung der Weichsel, die mit ihren Zuflüssen gut 1000 Kilometer in die Ebenen des heutigen Polen hineinreicht. Die Stämme werden noch am Ort der Fällung gespalten und die Stücke auf Flößen die Weichsel hinunter transportiert. In Danzig nehmen Schiffe der Handelsvereinigung der Hanse das Holz auf, um es in ganz Europa zu vertreiben.

Die Hanse ist im 12. Jahrhundert durch niederdeutsche Kaufleute gegründet worden – als wehrhaftes Netzwerk zum Schutz der Handelsströme vor Räubern und Piraten und zur Wahrung der Interessen der Händler, etwa gegenüber Zöllen und Abgaben, die in allen Häfen erhoben werden. Städte wie Bremen oder Hamburg kommen zu großem Reichtum, aber auch kleinere Orte wie Wismar oder Rostock profitieren vom großen Handelsraum. Grundlage für diesen Erfolg sind die Koggen, die typischen Schiffe der Hanse. Diese verkehren auf der Ost- und der Nordsee und bedienen Routen, auf denen bereits die Wikinger handelten. Zwischen den beiden Meeren werden die Waren über Land und Kanäle von Lübeck nach Hamburg transportiert. Handelsgüter sind neben Holz auch gesalzene Heringe, Wein, Bier, Getreide und vieles andere.

Wie ausgedehnt der Holzhandel war und wie vielfältig die Produkte, die aus baltischer Eiche entstanden sind, wurde in den vergangenen Jahren durch die Analyse von Jahresringen immer klarer. Mit diesem Instrument lässt sich bei Stiel- und Traubeneiche nicht nur das Jahr der Fällung und das absolute Alter exakt bestimmen. Neuerdings kann mit der Entstehung regionaler Chronologien auch der geografische Bereich eruiert werden, wo das Holz gewachsen ist. So können heute Gegenstände aus Holz, das einst Tausende von Kilometern als Rohstoff aus dem Baltikum verfrachtet wurde, drei spezifischen Herkunftsarealen zugeordnet werden.[42] Die erste Gruppe umfasst Holz aus dem Einzugsgebiet des Flusses Memel, das in der gleichnamigen litauischen Stadt verschifft wurde. Die zweite betrifft Eiche aus dem Gebiet von Narew und Bug, zwei Zuflüssen der Weichsel oberhalb von Warschau, die über Danzig exportiert wurde. Der dritte Herkunftsbereich ist die lettische Hauptstadt Vilnius, respektive das Einzugsgebiet des Flusses Neris, woher Eiche und auch Föhre stammen.[43]

Das Holz eines bemalten Paneels zum Beispiel, das um 1450 in die Decke einer Kirche im schottischen Angus verbaut wurde, stammt aus der Region Bialowieza in Polen.[44] Ein Teil dieses Waldes ist heute Naturschutzgebiet und gilt als einer der letzten europäischen Urwälder mit bis zu 50 Meter hohen Eichen. Holz zu transportieren, war über Zuflüsse des Narew möglich, Holzschläge dürften zumindest sehr nahe an das heutige Schutzgebiet herangekommen sein.

Eichentafeln aus dem Baltikum benutzten auch die bekannten flämischen Kunstmaler als Malunterlage. Jan van Eycks Bildtafeln für den Genter Altar von 1432 sind mit Ölfarben auf baltischer Eiche gemalt[45], und wohl ebenso sein Porträt des *Mannes mit dem roten Turban* von 1433. (Bild: Jan van Eyck: Mann mit rotem Turban ↪ Seite 47). In Danzig sind Zollpapiere aus dem 15. Jahrhundert für eine Viertelmillion Tafeln vorhanden, doch der Gesamtexport dürfte um ein Vielfaches höher gewesen sein[46] – als Folge von Schmuggel, direktem Handel oder unvollständiger Aufzeichnungen. Auch Vermeer, Rubens oder Rembrandt malten 200 Jahre nach van Eyck bevorzugt auf Eiche, obwohl Leinwand günstiger war.[47]

Eicheln ↪ Seite 24

Eiche gegen Buche ↪ Seite 26

Eichen-Niederwald ↪ Seite 28

Plattengrab Roche-aux-Fées ↪ Seite 29

Eichen-Mistel ↪ Seite 30

Osebergschiff ↪ Seite 31

Steven ↪ Seite 31

Schweinemast ↪ Seite 33

Korkeichen-Hain ⤷ Seite 34

Eichenhain Wildenstein ⤷ Seite 35

Bocages ↪ Seite 35

Fachwerkhäuser in Vannes ↪ Seite 36

Mittelwald ↪ Seite 36

Jan van Eyck:
Mann mit rotem Turban
↪ Seite 38

Eichenfässer für Heringe ↪ Seite 56

Elizabeth I. ↪ Seite 59

Rezyklierte Kniehölzer ↪ Seite 61

Krumm- und Knieholz ⤷ Seite 61

Amsterdam 1544 ↪ Seite 62

Rheinfloß ↪ Seite 64

Säge-Windmühlen ↪ Seite 63

II.

HET AFKOMEN VAN EEN HOUTVLOT, OP DEN RHYN, EEN UUR BOVEN DE STAD BONN.

AMSTERDAM bij HOLTROP, 1785.

Victory ⥽ Seite 69

William Turner: Trafalgar ⥽ Seite 73

Chatham, Trockendock No. 3 ↪ Seite 74

Hulk ↪ Seite 75

Geschälte Korkeiche ↪ Seite 82

DAS ZEITALTER DES FASSES

Viel Eichenholz geht auch in den Bau von Fässern – nicht nur baltische Eiche, denn Fässer werden überall in Europa überwiegend aus Eichenholz hergestellt. Entwickelt wurde das Fass von den Kelten, jedenfalls berichtet Plinius in seiner *Naturgeschichte* erstmals über keltische Wein- und Bierfässer, die aus Dauben bestehen, durch Holzreifen zusammengehalten sind und oben wie unten Deckel haben. Bereits im Handelsnetz der Hanse setzen sich Fässer als vielfältig nutzbare, mehr oder weniger genormte Transportbehälter durch. Als die Holländer dieses Netz übernehmen, sind die hölzernen Container im gesamten europäischen Wirtschaftsraum bereits bestens etabliert.

Das Fass lässt sich gut bewegen, ist dicht, schwimmt selbst in beladenem Zustand und kann gestapelt werden. Das erhöht die Ladungssicherheit bei Wellengang und erleichtert die Berechnung der Tonnage. Fässer sind dicht, schützen vor Feuchtigkeit und anderen schädlichen Einflüssen.

Transportgüter sind Wein, Bier und Spirituosen, Salz, Getreide und Mehl, Fleisch und Fisch. Später kommen Kolonialprodukte wie Zucker, Kaffee, Tabak und Tücher dazu. Allein für den Handel mit gesalzenen Heringen, die als Fastenspeise überall begehrt waren, brauchte man zu Zeiten der Hanse jährlich mindestens 200 000 Fässer. Guinness, die irische Bierbrauerei, beschäftigte im 19. Jahrhundert allein in Dublin 300 Küfer.[48] (Bild: Eichenfässer für Heringe ↪ Seite 47)

Normal große Fässer, wie wir sie aus dem Weinhandel kennen, benötigen etwa einen Kubikmeter Eiche. Die Dauben werden durch Spalten des Holzes hergestellt und müssen sorgfältig ausgelesen werden, um Dichtigkeit zu gewährleisten. In Europa werden wohl bereits seit dem 16. Jahrhundert jedes Jahr Millionen Fässer benötigt. Das Holz kommt oft aus Niederwäldern, die aus Stockausschlägen gewachsen sind; die junge, gerbstoffreiche Rinde wird gleichzeitig für die Herstellung von Gerberlohe genutzt.[49]

Eine Auswertung dendrochronologischer Daten von 350 Eichenfässern aus archäologischem Fundmaterial in den Niederlanden, die zentrale Handelsdrehscheibe im Europa des 17. Jahrhunderts, zeigt klare Muster bezüglich Holzherkunft und Herstellungsort der Fässer. Im Spätmittelalter, ab dem 12. Jahrhundert, stammt das Holz noch vorwiegend aus dem Einzugsgebiet von Maas und Rhein. Mit dem Erstarken der Hanse kommt der Rohstoff ab dem 14. Jahrhundert dann vorwiegend aus dem Ostseeraum.[50]

Etliche der untersuchten Fässer enthalten Holz aus mehreren baltischen Herkunftsgebieten, was darauf schließen lässt, dass Rohholz importiert und die Fässer dann in Holland geküfert wurden. Dies wird auch vom Sundzollregister bestätigt, einer Aufzeichnung aller Zölle, die nicht-dänische Schiffe bei der Passage durch den Öresund im dänischen Helsingør zu entrichten hatten. Das Register, von 1426 bis 1857 in Kraft, bestätigt die Niederländische Republik als Hauptziel von baltischem Küferholz[51], und dokumentiert für das 17. Jahrhundert eine dramatische Zunahme der Passagen von Schiffen mit Ziel Holland.

Was die Untersuchung nicht nachgewiesen hat, sind französische Fasselemente. Aus Frankreich sind nur ganze Fässer vorhanden, die nach dem 15. Jahrhundert mit französischen Produkten eintreffen.[52] Das Haupterzeugnis stammt aus der Gegend von Bordeaux, wo bereits damals die besten Weine gekeltert wurden. Die Niederländer haben von der Hanse auch den Weinhandel übernommen und versorgen im 17. Jahrhundert ganz Europa damit. Im Jahr 1700 exportiert Bordeaux 52 000 *tuns* Wein[53], was fast 50 Millionen Litern entspricht. Dafür werden über 220 000 Fässer à 225 Liter, sogenannte Barriques, benötigt; der größte Teil davon geht nach Holland.

Neben den Fässern gibt es auch Bottiche und viele andere Gefäße aus Eiche – bis das meiste dann in den 1950er-Jahren durch Plastikbehälter abgelöst wird (siehe Kautschuk, S. 213).

VOM BAUM DER BAUERN ZUM HOLZ FÜR DIE KÖNIGE

Mengenmäßig noch bedeutender als das Holz für Paneele und Fassdauben sind die europäischen Eichen-Handelsströme für lange Schiffsplanken und Balken. In dieser Form trägt unser Baum ganz wesentlich zu den Veränderungen bei, die in Europa Ende des 15. Jahrhunderts einsetzen und die Welt tiefgreifend verändern. Das Netzwerk der Wikinger, das sie über mehrere Kontinente für Raubzüge und Handel etablierten, beginnt, sich nun über die ganze Erde auszuweiten. Die Eiche, Jahrtausende lang ein Baum der Bauern, den sie weit über dessen natürliche Grenzen hinaus gefördert haben und der darum weitverbreitet ist, wird nun definitiv zum Baum der Könige. In den kommenden 400 Jahren wird die Eiche wesentlich zu jenem Phänomen beitragen, das heute allgemein als Globalisierung verstanden wird.

Einer der Stränge dieser Geschichte beginnt Mitte des 15. Jahrhunderts in Genua mit der Geburt von Christoph Kolumbus. Europas Handel mit indischen Gewürzen und chinesischer Seide wird damals vom Osmanischen Reich kontrolliert und durch Zölle verteuert. Dies wirkt auf verschiedene Länder in Europa als einer der Treiber für die Suche nach einem Seeweg nach Indien.

Kolumbus ist ein erfahrener Seefahrer, der auch Aristoteles gelesen hat und sich die Erde nicht mehr als Scheibe denkt. Der griechische Gelehrte hatte behauptet, Asien sei auch in westlicher Richtung zu erreichen. Dazu müsse man an den Säulen des Herakles vorbei in den Ozean hinter dem Ende der Welt vorstoßen und genügend weit in den Ozean hinein segeln. Die Säulen des Herakles – nördlich der Felsen von Gibraltar, im Süden ein Berg auf dem afrikanischen Kontinent bei Ceuta – markieren in der Antike das Ende der bewohnbaren Welt.

Im Auftrag des Königreichs Kastilien, damals zentraler Teil der iberischen Halbinsel, unternimmt der Genuese vier Reisen Richtung Westen. Auf der ersten landet er 1492 mit der Santa Maria auf den Bahamas. Danach stößt er auf Kuba und Hispaniola, die Insel, die sich heute Haiti und die Dominikanische Republik teilen. Amerikanisches Festland betritt er erstmals 1502, auf seiner vierten Reise, an der Küste des heutigen Honduras.

Zur selben Zeit gelingt es dem portugiesischen Seefahrer Vasco da Gama, um Afrika herum in den Indischen Ozean vorzustoßen. 1498 landet er nahe Cochin im heutigen Bundesstaat Kerala in Indien. Adam Smith wird 1776 in *The Wealth of Nations* vermerken, dass diese beiden Entdeckungen die wichtigsten Ereignisse in der Geschichte der Menschheit sind.

Aus welchem Holz die frühen iberischen Karavellen konstruiert waren, ist nicht bekannt, bestimmt jedoch spielt Eiche eine wichtige Rolle, wie schon bei den Drachenschiffen der Wikinger oder den Koggen der Hanse. In später gebauten iberischen Schiffen finden sich Kork- und Steineiche für das Spantengerüst, die Planken sind meist aus Kiefernholz[54] (siehe Mahagoni, S. 266).

Mit den Entdeckungsfahrten beginnt der Wettlauf der europäischen Mächte um die Kolonien. Das 16. Jahrhundert steht im Zeichen von Eroberung, Ausbeutung und Besiedlung in Übersee. Der Seehandel wird zur Grundlage für die Entwicklung einer globalen Wirtschaft. Konflikte zwischen den europäischen Mächten nehmen zu und werden immer öfter auf den Meeren ausgefochten.

1588 kommt es zum ersten großen Seegefecht im Atlantik. Die spanische »Armada« ist auf dem Weg Richtung England. König Philipp II., Herrscher über das damals riesige spanische Imperium und überzeugter Katholik, will ein für alle Mal mit dem lästigen protestantischen Königreich auf der Insel aufräumen. Anschließend plant er, sich die aufständischen Protestanten in den

Niederlanden vorzuknöpfen, die sich 1581 in der abtrünnigen Republik der Sieben Vereinigten Niederlande organisiert haben, mit Holland als politischem Zentrum.

Was den Zorn des spanischen Herrschers zusätzlich erregt hat, waren englische Seefahrer, die im Auftrag ihrer Krone spanische Schatztransporte auf dem Weg nach Europa kaperten. Auch Überfälle auf Städte an der galizischen Küste erbittern die Spanier. 1587 überfällt der englische Freibeuter Francis Drake die spanische Flotte in Cadiz, dem größten spanischen Kriegshafen. Dabei versenken die Engländer 30 spanische Karavellen.

Die Armada umfasst trotzdem 130 Schiffe und ist damit die mächtigste Flotte, die bis dahin europäische Gewässer befahren hat. Philipp will als Erstes die englische Flotte vernichten. Anschließend soll seine Landarmee – 30 000 Mann, die im spanisch beherrschten Teil der Niederlande bereitstehen – auf die Insel übergesetzt werden und England erobern.

Dort ist Königin Elizabeth I. an der Macht, als letzte Vertreterin der Tudor-Dynastie. Ihr Großvater ließ die Werft in Portsmouth bauen. Ihr Vater Henry VIII. gilt als Begründer der »Royal Navy«, der königlichen Marine, und hat die Schiffswerft in Deptford an der Themse errichtet, heute ein Stadtteil Londons. Elizabeth ihrerseits ließ einige Jahre zuvor eine Werft in Chatham am Fluss Medway bauen.

Nach Scharmützeln vor der Isle of Wight gelingt es den Engländern, die Spanier bei Gravelines, östlich von Calais, in die Flucht zu schlagen, begünstigt durch einen Sturm, der Teile der Armada bis nach Norwegen treibt. Der Rest umrundet Schottland und kommt vor Irland in ein weiteres Unwetter. Nur etwas mehr als die Hälfte der stolzen Flotte findet den Weg zurück nach Spanien.

Der Sieg von Königin Elizabeth wird in einem berühmten Bild, dem *Armada-Portrait*, zelebriert. Die züchtige Kleidung und die Perlen symbolisieren Konstanz und Engagement ihres Regimes. Im Hintergrund segelt die englische Flotte in den ruhigen Gewässern der guten protestantischen Regierungsführung. Die spanischen Glaubensfeinde hingegen werden in der stürmischen See katholischer Tyrannei zerzaust. Elizabeths linke Hand ruht auf einem Globus, exakt über den spanischen Karibik-Kolonien, und unterstreicht die imperialen Ambitionen Englands. (Bild: Elizabeth I. ↪ Seite 48)

Gravelines und der englische Sieg führen ganz Europa vor Augen, dass der Schutz des eigenen Landes nun draußen auf dem Meer beginnt. England kann eine Invasion der Insel abwenden, und sichert gleichzeitig den protestantischen Provinzen in den Niederlanden das Überleben. Eine weitere Lektion: Ohne

Kriegsflotten ist auch der Austausch mit den Kolonien gefährdet, denn unbegleitete Handelsschiffe sind eine sichere Beute von anderen Mächten oder Piraten.

Mit der weitgehenden Vernichtung der Armada gerät auch die Dominanz des portugiesischen und spanischen Asienhandels unter Druck. Im Windschatten der englisch-spanischen Konflikte wagen sich niederländische Handelsschiffe immer weiter auf die Meere hinaus und erschließen neue Seewege. 1602 tun sich in Holland mehrere niederländische Kaufmannskompanien zusammen und gründen die *Vereenigde Oostindische Compagnie (V.O.C.)*, die *Niederländische Ostindien-Kompanie*. Diese erhält von der Republik der Vereinigten Niederlande Handelsmonopole sowie Hoheitsrechte für den Landerwerb, die Kriegsführung und den Bau von Festungen. Die V.O.C. ist global die erste Aktiengesellschaft, in der auch gewöhnliche Leute Anteile zeichnen können (siehe Teak, S. 96).

Der Start der Briten in den Welthandel ist etwas verhaltener, obwohl Königin Elizabeth I. bereits Ende 1600 über 200 englischen Kaufleuten das Recht gewährt hat, in Ostindien Handel zu treiben – nicht zuletzt aus der Sorge heraus, dass die Engländer auf den Asienrouten hinter die Niederländer zurückfallen. Aus diesen royalen Privilegien entsteht schließlich die *East India Company*, kurz *EIC*, die zum räumlich und personell größten Konzern werden wird, der auf der Welt je existiert hat, mit einer eigenen Armee mit mehr als einer Viertelmillion Soldaten (vgl. Teak, S. 118).

KRUMMHOLZ, KNIE UND PLANKEN

Der Bau der Handelsflotten sowie der Kriegsschiffe benötigt viel Holz, das meiste davon ist Eiche. Nun stehen nicht mehr die Eicheln für Jagdwild und Schweine im Zentrum, sondern der Rohstoff für die »hölzernen Wälle« auf See und für den interkontinentalen Transport der Handelsgüter.

Eichenholz ist zäh, kann unter Dampf gebogen werden, ist trotzdem wasserfest und nicht allzu schwer. Es wird in diversen Formen, Größen und Qualitäten benötigt, und je nach Königreich ist das eine oder andere Sortiment knapp. England mit seinen parkähnlichen Woodlands und Hecken verfügt über viel »compass timber«. So wird krummes Holz genannt, das aus den geschwungenen Ästen von frei stehenden Eichen gehauen wird. Krummholz liefert die Kernstücke des Spantengerüstes. In ganz Europa erhalten Eichen spezielle Schnitte, damit sie in die gesuchten Formen wachsen. Jüngeren Bäumen werden gar Gerüste angelegt, um die Äste in die Form von Spanten zu zwingen, doch sind dies eher Versuche geblieben.[55] Speziell gesucht sind jene Abschnitte, wo dicke Äste vom Stamm wegwachsen. Die Engländer sprechen von »knees«. Die »Knie« halten die Decks und die Spanten zusammen. Hier wirken die ganz großen Kräfte, die nur der natürlich gewachsene Faserverlauf von eichenen »Kniehölzern« aufzunehmen vermag. (Bild: Krumm- und Knieholz ↪ Seite 49) Diese Stücke sind jahrhundertelang die begehrtesten Produkte auf den Holzmärkten der seefahrenden Nationen. Ausgeleierte Elemente aus großen Schiffen werden in kleineren wiederverwendet, und zuletzt stützen die nautischen Kniehölzer noch Balkenlagen in Häusern. (Bild: Rezyklierte Kniehölzer ↪ Seite 49)

Es gibt wenige andere Baumarten, die der Eiche als Marineholz auch nur annähernd gleich sind. Unter der Wasserlinie wird manchmal Ulme als »thickstuff« eingesetzt, als robustes Starkholz, etwa für Kiel und Bug. Das wenig fäulnisresistente Buchenholz hingegen kommt nur an den wenigen Orten infrage, die trocken bleiben, denn Buche ist nicht wasserfest und verzieht sich stark bei Feuchtigkeit. Nadelholz, speziell Weißtanne und Kiefer (Föhre), wird in der Deckskonstruktion eingesetzt und vor allem für Masten und Spieren.

Im Zentrum jedoch steht die Eiche. Insgesamt benötigen die Bootsbauer im 18. Jahrhundert 4000 erwachsene Eichen bester Qualität für den Rumpf eines Kriegsschiffs, für ein großes sogar 6000. Dazu kommen Hunderte von Eichenfässern für Wein, Bier, Rum und Wasser, für gepökeltes Fleisch, Mehl und Reis oder für Schießpulver.

Der enorme Holzbedarf erklärt auch eine Konstante in der englischen Außenpolitik, die über die Jahrhunderte immer wieder zutage tritt: Für die Versorgung mit den Rohmaterialien für die Marine, von denen viele schon früh importiert werden müssen, zieht England zuerst alle Register der Diplomatie, und wenn diese nichts nützt, wird mit kriegerischer Härte vorgegangen.[56]

Ein zentrales Eichen-Sortiment ist in England bereits zu Tudor-Zeiten phasenweise rar: lange, astfreie Stämme, aus denen sich Planken spalten lassen. Solche wachsen nur im Hochwald. Zwar gibt es noch Hochwälder auf der Insel, aber nur noch weit entfernt vom Meer und den Werften. Auch die sagenumwobenen irischen Wälder sind längst geplündert und nach England exportiert worden. Die Royal Navy importiert daher schon im 16. Jahrhundert Eichen aus den baltischen Hochwäldern.

Was auf der Insel ebenfalls fehlt, ist Holz für die Masten. Gute Kiefern aus Schottland sind kaum noch vorhanden, das Land ist längst zu einer großen

Schafweide voller Ginster und Heide geworden. Bereits zu Tudor-Zeiten bezieht England Mastenholz aus Norwegen oder dem Baltikum.

1546 soll ein Agent von Karl V., Kaiser des Heiligen Römischen Reiches, König von Spanien und Vater von Philipp II., der englischen Marine Masten aus Wäldern in der Schweiz angeboten haben.[57] Im Kern geht diese Anekdote wohl auf die *Cosmographia*, einer »Beschreibung der ganzen Welt mit allem, was darinnen ist« des deutschen Geografen Sebastian Münster von 1544 zurück. Dieser berichtet, dass im Boowald, nahe von Zofingen im Aargau, die schönsten Tannen von ganz Europa stehen, mit Längen um die 40 Meter. Die Genuesen würden sie den Rhein hinunter ins Meer flößen und dann um Spanien herum ins Mittelmeer und nach Genua schleifen.[58]

EICHE – SCHLÜSSEL FÜR DIE KOLONISIERUNG

Wesentlich prekärer als in England ist die Holzsituation in der Republik der Vereinigten Niederlande. Holland – was »Holzland« bedeutet – scheint dem Namen nach einst reich an Wald gewesen zu sein. Doch um 1600 ist dies längst Vergangenheit. Damals haben die Vereinigten Niederlande die Handelsvereinigung der Hanse im baltischen Handel mit Getreide und Holz abgelöst. Neue Seewege nach Asien werden erschlossen und eine gewaltige Flotte aufgebaut. Doch alles Holz muss importiert werden, für die Schiffe, die Häfen, die Handelshäuser und die Deiche.

Bald nach 1600 kontrollieren die Niederländer weite Teile des heutigen Indonesien – und damit auch die Gewürzroute nach Europa. Deren Endpunkte bestehen noch heute: In Amsterdam ist es das Kontor der V. O. C., der Vereinigten Niederländischen Ostindien-Kompanie. In Batavia, dem heutigen Jakarta, stehen am Sunda Kelapa, dem alten Hafen, noch Reste der niederländischen Handelshäuser.

Mit der V. O. C. steigt die Republik der Vereinigten Niederlande zur damals größten Wirtschaftsmacht auf, mit Handelsposten auf der ganzen Welt. Das 17. Jahrhundert wird zum »Goldenen Zeitalter« für Holland. Nebst dem Gewürzhandel dominiert es nun auch die Nordseefischerei und den Handel mit Heringen. Die niederländischen Provinzen, im europäischen Wirtschaftsgeflecht jahrhundertelang marginal gelegen, steigen zur Zentralmacht in einem florierenden Handelssystem von jetzt globaler Dimension auf.[59]

Das Wachstum Amsterdams und die Wohlstandsvermehrung dort sind immens. (Bild: Amsterdam 1544 ↪ Seite 50) In der Keizersgracht wird eine neue städtische Konsumentenschicht in Hunderten Geschäften bedient, die oft Angebote auf mehreren Etagen bieten. Im Sommer kann man kleine Segelschiffe mieten, im Winter Schlitten. Es ist die Zeit von Vermeer, Rubens und Rembrandt. Um 1650 arbeiten in den Niederlanden 700 Maler, die jährlich etwa 70 000 Gemälde fertigstellen, insgesamt also mehrere Millionen Gemälde.

An Amsterdams Prunkgrachten erhalten die Patrizierhäuser große Fenster zur Straße hin. Der neue Reichtum, Gemälde und andere Statusobjekte werden darin ausgestellt und können so von den Passanten bewundert werden.[60] Die Fenster, die einen freien Blick ins Wohnzimmer gestatten, sind geblieben und zu niederländischem Kulturgut geworden. Andererseits: Nur 30 bis 40 Prozent der Menschen, die für die V. O. C. nach Asien reisen, schaffen die Rückkehr in die Niederlande. Viele kommen auf See um, andere sterben an Tropenkrankheiten.[61] Die latente Gefahr, Witwe zu werden, und die Tatsache, dass die Männer oft lange abwesend sind, sind ein wesentlicher Grund dafür, dass die Frauen nicht nur im Unternehmen des Ehegatten mitarbeiten, sondern auch selbstständig Geschäfte tätigen. Sie können Verträge unterzeichnen und haben Zugang zu den Zünften. Solche Rechte sind den Frauen im restlichen Europa vorenthalten; die Handlungsfreiräume manifestieren sich auch im Verhalten der Niederländerinnen: »In Holland kräht die Henne, während der Hahn nur gackert«, empfindet ein deutscher Zeitgenosse.[62]

Es ist möglich, dass Frauen in einzelnen Fällen auch in der Administration des vielleicht wichtigsten holländischen Geschäftsfeldes mitwirkten, welches das Goldene Zeitalter überhaupt erst ermöglichte: dem Aufbau einer nautischen Infrastruktur, in der allein die Handelsflotte 35 000 Schiffe umfasste[63], was damals zwei Dritteln aller Handelsschiffe in Europa entsprach. Gut die Hälfte davon war für eine lange Fahrt geeignet. Etwa hundert Werften, die meisten in der Umgebung Amsterdams, bildeten einen ausgedehnten protoindustriellen Hub für Schiffsbau.

Das Holz, importiert in diversen Massen, wird in Windmühlen aufgesägt. Allein entlang des Flusses Zaan[64], der die Stadt Amsterdam mit der Nordsee verbindet, entstehen im Laufe des 18. Jahrhunderts über 180 Windmühlen, die Sägen antreiben. (Bild: Säge-Windmühlen ↪ Seite 51) 65 Werften drängen sich zeitweise in dieser Region. Jährlich entstehen 500 neue Handels- und Kriegsschiffe, dazu Hunderte kleinerer Boote. Die Fabrikation erfolgt standardisiert und arbeitsteilig. Serienbau ist schneller und reduziert Kosten. Bis Ende des 17. Jahrhunderts laufen hier rund 40 000 Schiffe vom Stapel.[65] Viele davon sind Aufträge aus anderen Ländern und gehen nach Frankreich, Schweden oder Russland.

Amsterdam ist zu einem schwarzen Loch geworden, das Holz aus allen Richtungen anzieht. Am schwierigsten zu besorgen ist Eiche in langen Maßen mit feinen Jahresringen und möglichst ohne Astlöcher. Die Künstler malen darauf, die Fisch- und Weinhändler brauchen sie für Fässer, und vor allem im Schiffsbau werden Unmengen bester Qualität davon benötigt. Das ganze 17. Jahrhundert hindurch sind es jährlich etwa 400 000 Kubikmeter[66], die nach Holland geliefert werden, das entspricht rund 12 000 heutigen Transportcontainern pro Jahr.

Eine der wichtigen Holzquellen für Holland ist das Einzugsgebiet des Rheins, das ein vielfältiges Angebot bietet. In den tieferen Lagen gibt es Eichen, in den Hügeln und Bergen Weißtannen und Fichten. Die Nadelhölzer eignen sich als Masten oder Rammpfähle für Fundamente oder Hafenanlagen. In den Alpen wird »Holländerholz« über lange, abenteuerlich an Felswänden abgestützte Leitungen transportiert oder über aufgestaute Rinnsale aus den hintersten Tälern geflößt. In Alpnach in der Schweiz hält sich die Geschichte, dass Rotterdam auf Holz aus dem Alpnacher Wald steht.[67] Und die Leute von Steinmauern in Baden-Württemberg erzählen sich noch heute, dass das Rathaus von Amsterdam auf Eichen aus ihren Wäldern ruht.

Sind die Stämme im Wasser, werden sie erst zu kleinen Flößen zusammengezurrt, die mit der Breite des Rheins laufend größer werden. Wo Main und Neckar einmünden, sind es dann imposante Gefährte, in einzelnen Fällen 600 Meter lang, 50 breit und mehrere Stammlagen hoch. Solche Flöße werden von Hunderten von Floßknechten gesteuert. Eiche, die frisch geschlagen nicht schwimmt, wird auf den Flößen als »Oblast« transportiert, also bereits in Form von Spanten zugehauen oder zu Rohlingen für Fassdauben gespalten. Die Eichenbestände des Odenwaldes zum Beispiel sind schon im 16. Jahrhundert verkauft worden. Immer wieder kommt Holz aus dem Spessart, wo zum Beispiel 1827 rund 15 000 Holländer-Eichen gefällt werden. (Bild: Rheinfloß ↪ Seite 51)

Bedeutende Holzlieferanten für die Holländer sind Norwegen und das Baltikum, aber beide Regionen sind das auch für die Engländer. Diese konkurrierende Nachfrage ist ein wesentlicher Grund für vier Kriege, welche die beiden Seemächte Mitte des 17. Jahrhunderts gegeneinander führen. Es geht auch immer darum, dem eigenen Land die Wege zu den Holzquellen offenzuhalten und gleichzeitig die Gegner möglichst davon abzuschneiden oder deren Flotte zu schwächen und zu schädigen.

1666 zum Beispiel versenken die Engländer über 140 holländische Schiffe in der Vlie, einem der Zugänge von der Nordsee zur Zuidersee. Im Jahr darauf überfallen die Niederländer die Werft bei Chatham im Medway, wo ein großer Teil der englischen Kriegsflotte ankert. Mehr als ein Dutzend davon werden zerstört. Die *Unity* und die *Royal Charles*, die als Flaggschiff der Royal Navy gebaut wurde, nehmen die Niederländer als Prise mit nach Holland. Weil die *Royal Charles* zu viel Tiefgang für die dortigen Gewässer hat, wird sie ein paar Jahre später versteigert: als Eichenholzquelle zum Zerlegen. Ein Stück ihres Hecks, verziert mit dem Wappen des englischen Königshauses, ist heute im Rijksmuseum in Amsterdam ausgestellt. 2012 haben die Niederlande das symbolträchtige Stück für eine Ausstellung nach Großbritannien ausgeliehen und den Briten als versöhnliche Geste einen Spiegel geschenkt, der aus der *Royal Charles* stammt.[68]

»LA FRANCE PÉRIRA FAUTE DE BOIS«

Bei Weitem die beste Situation für die Versorgung mit Eichenholz besteht in Frankreich. Es gibt nicht nur ausgedehnte Ressourcen, Holz kann auch über große Distanzen transportiert werden. Über die Loire lässt sich Marineholz Richtung Atlantik zu den Werften in Rochefort und Brest schiffen. Über die Rhône werden Marseille und Toulon am Mittelmeer versorgt. Ein System von Binnenkanälen, über das sogar die Atlantikküste mit dem Mittelmeer verbunden ist, erhöht die Transportmöglichkeiten zusätzlich.

Frankreichs Handel mit Übersee bleibt lange im Schatten der Niederländer. Mitte des 17. Jahrhunderts beginnt sich dies unter dem Sonnenkönig Louis XIV. zu ändern. Treibende Kraft ist sein Marineminister Jean-Baptiste Colbert. Dieser gründet 1664 Handelskompanien für Asien und für den amerikanischen Raum. Zur Absicherung des Handels mit den Kolonien wird die Kriegsflotte verstärkt. Zusätzliche Werften tragen dazu bei, dass sich der Schiffsbestand der Marine bis Ende des 17. Jahrhunderts verdoppelt.

Doch rasch wird das Marineholz zur großen Sorge Colberts. »La France périra faute de bois«, Frankreich werde mangels Holz untergehen, warnt er. Um die Holzressourcen für den Schiffsbau zu schützen, lässt Colbert landesweit ein Inventar der marinetauglichen Holzvorräte erstellen. Die *Ordonnance des eaux et forêts* von 1669, ein frühes nationales Waldgesetz, zu dem Colbert wesentlich beiträgt, soll durch Verbote und Vorschriften zu einer besseren Waldbewirtschaftung und letztlich zu mehr tauglichem Marineholz führen.

Colbert engagiert sich auch ganz konkret für die Eiche. Spuren seiner Bemühungen finden sich noch heute im Wald von Tronçais, im Zentrum Frankreichs.

Hier hat er eine Million Eichen pflanzen lassen. Nach wie vor leben im ältesten Bereich dieses Waldes Bäume, die auf den vorausblickenden Minister zurückgehen.

BANK OF ENGLAND: FÖRDERUNG DES SCHIFFSBAUS ALS ZIEL

Das Erstarken der französischen Flotte bekommt 1693 ein englisch-niederländischer Handelskonvoi zu spüren, der von der Navy ungenügend abgesichert ist. Ziel des Konvois ist wie jedes Jahr das türkische Smyrna, das heutige Izmir. Vor der Südwestspitze Portugals wird die Handelsflotte von französischen Schiffen aufgebracht. Dutzende von Handelsschiffen mit einem Warenwert von einer Million Pfund Sterling gehen verloren. Die Folge ist eine Pleitewelle bei Londoner Händlern und Versicherern.

In England wird angesichts der neuen Stärke der Franzosen ein rascher Wiederaufbau der englischen Marine gefordert, die nach den Kriegen gegen die Niederlande nach wie vor geschwächt ist. Doch Englands königliche Finanzen sind erschöpft. In dieser Situation schließt sich eine Gruppe privater Gläubiger zusammen und legt 1694 eine Anleihe von 1,2 Millionen Pfund Sterling auf. Im Gegenzug erhält sie das königliche Privileg, die »Bank of England« als Aktiengesellschaft zu gründen.

Die Hälfte der Anleihe ist denn auch für den Wiederaufbau der Royal Navy vorgesehen, was gleichbedeutend mit einer besseren Absicherung der englischen Handelsflotte ist. Als die Bank of England ihren heutigen Sitz an der Threadneedle Street bezog, erinnerte man sich an den nautischen Gründungszweck und verzierte das Gebäude mit Medaillons von Handelsschiffen, die nach wie vor über den Fenstern der Front prangen.

OAKMANIA

Mitte des 17. Jahrhunderts ist den Menschen auf der Insel sehr bewusst, wie tief ihr Schicksal mit der Eiche verbunden ist. Der Baum ist zum Synonym für England geworden und omnipräsent, symbolisch, als Name für ein Pub oder als geschichtlicher Mythos. Als König Charles II. 1651 vor den Truppen des aufständischen Cromwell flüchten muss, versteckt er sich in einer hohlen Eiche bei Boscobel in Shropshire. Der Baum geht als »Royal Oak« in die Geschichte ein.

Um die Eiche geht es auch im Marsch der Royal Navy: »Heart of oak are our ships, heart of oak are our men …« Das Lied bezieht sich auf die »eichenen Wälle«, die Englands Feinde weit vor der Küste abfangen und der Insel eine Ewigkeit lang Frieden und Freiheit gesichert haben.

Zu Beginn des 18. Jahrhunderts schwimmt ein beträchtlicher Teil der europäischen Eichen auf den Weltmeeren – und Millionen von Bäumen ruhen bereits auf dem Meeresboden oder sind in Seeschlachten abgefackelt worden. Die durchschnittliche Lebensdauer der Schiffe, unter Berücksichtigung von schweren Wettern, Fehlern bei der Navigation, Piraten und kriegerischen Auseinandersetzungen, wird auf ein Dutzend Jahre geschätzt; es gibt nur vereinzelt Schiffe, die 20 oder auch einmal 50 Jahre halten[69], aber dann ein- oder zweimal von Grund auf renoviert worden sind.

Dass es bei der Versorgung der königlichen Werften mit Holz schon früh Praktiken gibt, wie sie im Rohstoffbereich auch heute immer wieder ruchbar werden, erfahren wir von Samuel Pepys. Pepys wird 1660 zum Sekretär des Navy Board ernannt, der für die königliche Flotte zuständigen Verwaltungsstelle, die auch für den Einkauf des Marineholzes verantwortlich ist. Pepys führt ein Tagebuch, das allerdings erst ein gutes Jahrhundert nach seinem Tod bekannt wird. Es enthält detaillierte Schilderungen seiner Zusammenarbeit mit William Warren, einem der wenigen Holzhändler, der die königlichen Werften versorgt. Monate, bevor ein großer Auftrag vergeben wird, übersendet dieser ein Paket mit Handschuhen für Pepys Gattin und Silbergeschirr für ihn, dann vierzig Goldstücke sowie eine »sehr hübsche Stute«, und schließlich bekommt Pepys für jeden Handel eine Zahlung unter der Hand[70].

Pepys gilt als hervorragender Administrator, der Marineholz auch in ausgetrockneten Märkten zu beschaffen versteht. Solche mehren sich zu seiner Zeit, auch als Folge des Großen Brandes von London Anfang September 1666. Das Feuer wütet drei Tage durch die mittelalterliche City of London und zerstört über 13 000 Häuser. Der Aufbau benötigt viel Holz: Dazu kommen noch die besonderen Bedürfnisse nach dem niederländischen Überfall auf dem Medway, der sich im Jahr darauf ereignet.

Gute englische Eichen für die Schiffe der Royal Navy, die auch Planken hergeben, kommen vor allem aus den königlichen Wäldern, dem Forest of Dean nördlich von Bristol oder dem New Forest westlich von Southampton, sehr selten aus privaten Wäldern wie dem Ashdown Forest in Sussex.[71] Doch auch diese Ressourcen beginnen, rar zu werden. Besorgt über den Holzmangel wendet sich die Admiralität für einen Rat an die Royal Society, die 1660 gegründete Gelehrtengesellschaft. Sie soll Verbesserungen vorschlagen, eine Aufgabe, die an John Evelyn übertragen wird, einem Architekten und Gartenbauer, dessen Familie mit dem Handel von Schwarzpulver zu Vermögen gekommen ist.

Evelyn legt 1662 sein Werk *Sylva* vor, einen Diskurs über Waldbäume und die Vermehrung von Bauholz in den Domänen seiner Majestät. Das Werk spricht die »unkluge Verringerung unseres Bauholzes« an und die »unwirtschaftliche Art des Abholzens und Zerstörens unserer Wälder und Forste«. Das Pflanzen von Eichen wird darin zu einem patriotischen Akt für Landbesitzer erhoben.

Ein Teil des Landadels, zum Beispiel der Parlamentarier Thomas Johnes, lässt sich von Evelyn anregen. Johnes soll auf seinem Gut in Wales über 900 000 Eichen gesetzt haben. *Sylva* wird zum Bestseller, erfährt mehrere Auflagen und Übersetzungen ins Französische und Niederländische.[72] Evelyn schreibt im Vorwort einer späteren Ausgabe, auf Anregung von *Sylva* seien Millionen von Eichen gepflanzt worden. Jedenfalls wird es dann Anfang des 19. Jahrhunderts heißen, eine gute Baumgeneration nach Erscheinen des Buchs, »dass es der Geist Evelyns« war, der die Eichen für jene Schiffe gepflanzt hat, die in den Kriegen mit dem revolutionären Frankreich und Napoleon zum Einsatz gekommen sind.[73]

Die beiden Zeitgenossen John Evelyn und Jean-Baptiste Colbert stehen geradezu symbolisch für die Unterschiede bei der Produktion der marinen Schlüsselressource in England und in Frankreich. Die Eichen auf der Insel wachsen in kleinen Wäldern, unendlich langen Hecken und riesigen Parks. Die Franzosen hingegen beschäftigen sich mit ausgedehnten Waldflächen, die sie geordnet zu nutzen und zu verjüngen versuchen.

Mit Colberts Forstgesetz von 1669 interveniert ein autoritärer Staat und sorgt durch Beispiel, Ermutigung und Zwang für eine kontinuierliche Forstpolitik auf Landesebene, um die notwendigen Ressourcen zu sichern. Selbst private Holzressourcen können für den Marinegebrauch requiriert werden. In England wird das Parlament von den Interessen der Landbesitzer kontrolliert, und diese halten sich von Regulierungen fern, die ihren eigenen Spielraum einschränken würden. Eichen wachsen zu lassen, ist hier ein edler Dienst des Landadels am Vaterland, aber Landeigentümer können sich auch weigern, Marineholz zu verkaufen oder dann entsprechend hohe Preise verlangen.[74]

Für die königlichen Forste gibt es in England immer wieder Anläufe, um diese besser zu bewirtschaften. So erlässt die Krone 1698 ein Gesetz zur Vermehrung und Erhaltung von Konstruktionsholz im New Forest, das schädliche Praktiken verbietet. Dazu gehört zum Beispiel der Kopfholz-Betrieb. Dieser wurde auch beim größten heute noch lebenden Baum des New Forest angewendet – der Knightwood-Eiche. Der Baum verzweigt sich auf drei Metern Höhe, weil der Stamm dort wiederholt gekappt wurde, letztmals vor 150 Jahren.[75] Der Kopfholz-Betrieb ist allerdings eine gute Strategie in einem königlichen Revier, das voller Hirsche ist. Nach dem Kappen schlägt der Baum meterweit über dem Boden wieder aus. Damit erhält man neues Holz und sichert gleichzeitig die Verjüngung, denn auf dieser Höhe können die frischen Triebe vom Jagdwild nicht abgeäst werden. Der Nachteil aus Sicht des Marineholz-Interessenten: Die guten ersten drei Meter des Erdstamms können nicht genutzt werden, und der verbleibende Stamm wird anfällig für Fäulnis.

Das Gesetz sieht auch die Förderung des Eichen-Nachwuchses im New Forest vor. Um 1780 werden hier 2500 Hektar mit Erdwällen eingefriedet. Innerhalb dieser »inclosures« bleiben gepflanzte Bäume während der ersten 20 Jahre besser geschützt. Bäume außerhalb der Einfriedungen, die sich als Marineholz eignen, werden mit dem königlichen Zeichen versehen. Dieses umgekehrte V ist nach wie vor an einigen Bäumen zu sehen. Zudem belegen heute über 200-jährige Eichen, dass die Pflanzmaßnahmen innerhalb der Inclosures ihr Ziel erreicht haben.

EICHENHOLZ – ENTSCHEIDEND WIE ERDÖL HEUTE

Ab 1750 werden die Schiffe noch einmal wesentlich größer[76] und damit definitiv zu schwimmenden Festungen. Ein Beispiel ist die »Victory«, das spätere Flaggschiff des englischen Seehelden Horatio Nelson. Die Victory liegt heute im Trockendock in Portsmouth, ist jedoch immer noch »in commission«, das heißt, sie steht nach wie vor in Diensten der Royal Navy. Heute verweilen wir ungläubig vor diesem riesigen Haufen Holz, einer komplex geriggten Kriegsmaschine, einst mit 800 Fässern Schießpulver im Bauch und einer Besatzung von 850 Mann. Auf Kiel gelegt wurde die Victory 1759 in der Werft von Chatham. Ihr Bau benötigte in einer ersten Phase mindestens 6000 gut gewachsene Eichen und dauerte sechs Jahre.[77] (Bild: Victory ↪ Seite 52)

Wie heikel selbst das als dauerhaft geltende Eichenholz ist, zeigt der Umstand, dass bei der Victory noch vor ihrem ersten Einsatz faulende Planken ausgetauscht werden müssen. Eiche hält sich hervorragend in direktem Kontakt mit Wasser, doch in den schlecht gelüfteten Tiefen auf der Innenseite des Rumpfs wird ihr Holz zum leichten Opfer von Pilzen. Das Modern der Pilzfäden verwandelt das Holz in eine schwammige Struktur, die Spanten oder Planken zum Brechen bringt. »Dry rot«, die trockene Holzfäule, die sich auch im Wald an totem Holz als würfeliger Bruch beobachten lässt, ist für jede Schiffsbesatzung so furchterregend wie die Totenkopfflagge.

Einmal, so eine Legende, soll ein Kriegsschiff gesunken sein, weil ein Matrose den Rumpf mit seiner Faust durchgeschlagen hat.[78] Samuel Pepys, der Tagebuchschreiber, berichtet von einer Inspektion von Laderäumen, bei der er auf große Fruchtkörper von Pilzen gestoßen ist.[79] Ab Mitte des 18. Jahrhunderts verschlimmert sich diese Problematik. Immer knappere Liefertermine erlauben es nicht mehr, die Eiche drei Jahre lang trocknen zu lassen. Pilze drohen vor allem, wenn Holz »grün« verbaut wird, also frisch gefällt und ohne Lagerung.

Ein anderer Holzfeind und seit der Antike gefürchtet ist der Schiffsbohrwurm. Es handelt sich um eine Muschelart, die sich von Zellulose ernährt und Holz im Salzwasser zu einem wabenförmigen Schwamm zerfrisst. *Teredo navalis*, so der wissenschaftliche Name des schlimmsten Zerstörers unter Dutzenden von Bohrwurmarten, fühlt sich im Salz- wie im Brackwasser wohl.[80] Süßwasser meidet er, und das ist auch ein Grund, warum die Engländer seit dem 17. Jahrhundert ihre Schiffe bevorzugt im Fluss Medway bei Chatham überwintern. Der Medway führt im Winter Süßwasser, was die Mollusken nicht vertragen.[81]

Zu den biologischen Herausforderungen kommen auf den Schiffen mechanische Kräfte hinzu, welche die Konstruktion enorm belasten. Wellen lockern die Kupfernägel und Holzzapfen, mit denen die Bauteile zusammengehalten und die Planken fixiert sind. Die Segel, die manchmal der Fläche eines halben Fußballfeldes entsprechen, übertragen enorme Kräfte auf Masten und Wanten, und Gefechtsfeuer erschüttern den ganzen Rumpf. Aus all diesen Gründen benötigen die Werften Jahr für Jahr etwa halb so viel Bauholz für Reparaturen, wie sie für Neubauten einsetzen.[82] Ein Schiff ist ein laufendes Bauprojekt, von der Kiellegung bis es versenkt wird oder verrottet.

Aus diesen Gründen hat Eichenholz Ende des 18. Jahrhunderts längst den strategischen Stellenwert, der heute dem Erdöl und anderen Schlüsselressourcen zukommt. Überall herrscht Knappheit, doch für alle Seemächte ist es existenziell.

EIN ENTSCHEIDENDES SEEGEFECHT

1792 beginnt mit den Koalitionskriegen eine lange Serie von Konflikten, die weit über den Kontinent hinaus Folgen haben werden (siehe Teak, S. 103). Auf ideologischer Ebene kämpfen die alten monarchischen Ordnungen gegen die neuen Ideen von Freiheit, Gleichheit und Brüderlichkeit, die sich im revolutionären Frankreich herauskristallisierten. Dieses steht mit seinen Verbündeten einer Koalition von europäischen Ländern gegenüber, die vom englischen Königreich angeführt und finanziell unterstützt wird. Großbritannien selbst agiert auf See, versucht seine Handelswege offen zu halten und gleichzeitig diejenigen von Frankreich zu schwächen, indem es französische Handelsschiffe und Häfen angreift oder blockiert.

1801 drohen die dänischen Sunde durch eine von Frankreich geführte antibritische Koalition gesperrt zu werden. Dieser gehört auch das dänische Königreich an. Eine Blockade würde unter anderem bedeuten, dass die englische Insel vom Holz aus dem Baltikum abgeschnitten wäre – eine dramatische Situation, denn Großbritannien bezieht mittlerweile Holz aus den Einzugsgebieten praktisch aller Flüsse, die in die Ostsee münden.[83] Die Versorgung mit Holz ist für England *das* zentrale außenpolitische Thema, wichtiger noch als der Import von Getreide.[84] Weil eine diplomatische Lösung nicht gelingt, entsendet Großbritannien eine Flotte in die Ostsee. Die Briten segeln nach Kopenhagen und zerstören in einem fünfstündigen gnadenlosen Kanonengefecht[85] die dänische Flotte und die halbe Stadt. Eine entscheidende Rolle dabei kommt dem Kommandanten der Mission zu, Horatio Nelson, Vizeadmiral und in England bereits damals ein Seeheld.

Zwei Jahre später übernimmt Nelson die Victory. Sie kommt frisch von Reparaturarbeiten aus Chatham, wobei diese nicht ganz abgeschlossen sind – kritische Holzelemente sind nicht erneuert, weil entsprechendes Rohmaterial nicht zu beschaffen war.[86] Wie zu Zeiten von Samuel Pepys liegt die Zuständigkeit für die Rohstoffversorgung und den Bau der Königlichen Flotte beim Navy Board, welches das Holz nach wie vor über Holzhändler auf dem freien Markt einkauft.

Doch gegen Ende des 18. Jahrhunderts funktioniert der Markt für Marineholz in England nach wie vor nicht sauber, sondern scheint mittlerweile von informellen Kartellen beherrscht zu sein.[87] Eine Handvoll Holzhändler sprechen nicht nur die Preise ab, sie schützen auch ihre Handelsnetze und versuchen, Bestrebungen, auch andere Holzarten einzusetzen, regelmäßig zu unterlaufen.

Fatal wirken sich die Mauscheleien während der Kriege gegen Frankreich aus. Fünf Händler dominieren in jenen Jahren den britischen Holzmarkt.[88] Als die Konflikte mit Frankreich 1803 in die Napoleonischen Kriege übergehen, die dann bis 1815 gegen Napoleon Bonaparte ausgefochten werden, sind die Holzlager der englischen Werften weitgehend erschöpft. Dies ist nicht nur eine Folge geschwundener Eichenbestände auf der Insel oder der Einkaufspolitik der Admiralität. Es ist auch der Unwille des Holzkartells, Holz zum offerierten Preis zu liefern[89], und dies mitten im britischen Existenzkampf gegen Frankreich.

Prekär ist insbesondere die Versorgung mit *knees*, dem »Knieholz«, jenen Eichenabschnitten, wo dicke Äste vom Stamm wegwachsen. Mit etwas gutem Willen müsste die Beschaffung dieses Sortiments, das in den englischen Parks und Hecken einfach zu finden ist, ein Leichtes sein. Die Kniehölzer sind absolut zentral, weil sie Planken und Decks zusammenhalten. Doch bei Wellengang und Kanonenfeuer leiern sie aus, und daher müssen sie in der ganzen Flotte laufend erneuert werden. Die Versorgungslage ist während der Franzosenkriege jedoch derart angespannt, dass etwa die Werft in Plymouth gebrauchte Stücke aus spanischen Kaperschiffen in britische Fregatten einbaut.[90]

Die englische Flotte blockiert zwei Jahre lang – 1803 und 1804 – die französischen Atlantik- und Mittelmeerhäfen. Damit sollen die britischen Handelsrouten gesichert und Frankreich vom Nachschub übers Meer abgeschnitten werden. Vor allem jedoch versucht Großbritannien damit zu verhindern, dass sich die französische Mittelmeer- mit der Atlantikflotte im Ärmelkanal vereinigen kann. Bonaparte überlegt wie Jahrhunderte vor ihm der spanische König Philipp II.: Gelingt es, Truppen über den Ärmelkanal zu bringen, beherrscht er London, die ganze Insel, die englische Flotte und damit den Globus. Tatsächlich zieht der Franzose in Boulogne, exakt vis-à-vis vom englischen Hastings eine Armee von 130 000 Mann und 2000 Transportschiffe zusammen.

Solange die britische Flotte die Franzosen in den Häfen hält, kann dieser Invasionsplan nicht umgesetzt werden. Horatio Nelson, mittlerweile Admiral der britischen Flotte, ist mit seinem Flaggschiff Victory im Blockadegeschwader des französischen Mittelmeerhafens Toulon engagiert. Zwei Jahre lang setzt er keinen Fuß an Land. Von seinen 20 Kriegsschiffen vor Toulon hält Nelson nur drei wirklich fit für den Einsatz[91], doch Reparaturen in England sind aufgrund des fehlenden Holzes und des langen Wegs kaum möglich. Der Admiral schickt daher immer wieder Schiffe für Flickarbeiten nach Gibraltar oder Malta, Großbritanniens kardinale Stützpunkte im Mittelmeer.

Bei der »Kent« sei der Rumpf vollkommen verzogen und das sechsjährige Schiff derart geschwächt, dass Geschütze entfernt werden mussten, beklagt sich Nelson.[92] Von anderen englischen Schiffen wird berichtet, dass die Rümpfe außenherum mit Seilen umwickelt wurden, um die Planken an Ort und Stelle zu halten.[93] Vizeadmiral Collingwood, der die Blockade des Hafens in Brest in der Bretagne leitet, schreibt, die Planken seines Flaggschiffs seien derart verrottet gewesen, dass nur noch das gegen den Bohrwurm aufgenagelte Kupferblech »zwischen uns und der Ewigkeit« gewesen sei.[94] Das ist wohl der Grund, warum Collingwood, wenn er auf Landurlaub war, stets einen Sack voll Eicheln mit sich trug, die er dann auf dem Landsitz seines Gastgebers an geeigneten Stellen aussäte.[95]

BRITANNIEN WIRD ZUM HERRSCHER DER MEERE

Für größere Reparaturen genügen die englischen »Trittsteine« im Mittelmeer nicht, die Schiffe müssen in die englischen Werften zurück. Das reißt immer wieder Lücken in die Blockadeflotte vor Toulon. Im März 1805 gelingt es der französischen Flotte, durch die Reihen der Briten zu brechen.

Nelson sucht die Franzosen auf der Hälfte der Weltmeere und trifft ein halbes Jahr später, am 21. Oktober, vor Trafalgar an der spanischen Küste wiederum auf die französische Flotte, die nun mit spanischen Schiffen verstärkt ist. Die Grausamkeit der anschließenden Schlacht spiegelt sich im Bild des englischen Malers William Turner. Er hat es siebzehn Jahre nach Trafalgar im Auftrag des Königs erstellt. (Bild: William Turner: Trafalgar ↪ Seite 52)

Gegen 8000 Menschen sind umgekommen. Nelson wird von der Kugel eines französischen Scharfschützen getroffen. Er stirbt während der Schlacht. Sein Leichnam wird, konserviert in einem Fass Rum, nach London gebracht und in einem mehrtägigen Staatsbegräbnis beigesetzt. Generationen von englischen Schulkindern pilgern noch heute im Marine-Museum in Greenwich an Nelsons Uniform mit dem Einschussloch vorbei oder besuchen die Victory in Portsmouth. Das trägt wohl auch dazu bei, die Sehnsucht nach den heldenhaften britischen Zeiten aufrechtzuerhalten und – Stichwort Brexit – den Blick auf heutige Realitäten zu vernebeln.

Die Schlacht von Trafalgar ist zweifellos ein kardinaler Moment in der Geschichte: Sie wird von den Briten gewonnen und sichert Großbritannien über ein Jahrhundert lang die Herrschaft über die Weltmeere. *Britannia rules the waves.* Mit der Niederlage Napoleons bei Waterloo ist die Invasion der Insel definitiv gebannt, die Handelswege stehen den Engländern in alle Himmelsrichtungen offen. Am Oberlauf der Themse liegen Eisenflöze und leicht ausbeutbare Kohle für die Industrialisierung, die nun rasch Fahrt aufnimmt. All das macht Großbritannien zur ersten globalen Supermacht.

Das nautische Britannien allerdings hat noch einen Schock zu verdauen. Heruntergewirtschaftete Eichenbestände auf der Insel, das Durchwursteln unter Jahrzehnten der Holzknappheit, ein Sieg zwar in der richtungsweisenden Seeschlacht von Trafalgar, trotz notdürftig zusammengeflickter Flotte: All dies führt im englischen Reich dazu, die Holzbeschaffung und die Konstruktionsprozesse in den Werften zu überdenken.

Eine der Reaktionen besteht darin, die Welt nach brauchbaren Hölzern als Ersatz für die Eiche zu durchkämmen, um so das Versiegen des traditionellen Schlüsselrohstoffs kompensieren zu können (siehe Teak, S. 100). Eine andere Strategie wird mit verbesserten Bautechniken der Segelschiffe verfolgt. Diese Entwicklung ist eng mit dem Schiffszimmermann Robert Seppings verknüpft, der 1803 Meisterschiffsbauer in der königlichen Werft in Chatham wird.

Seppings widmet sich sofort den Ursachen für die Weißfäule, die das Eichenholz speziell in den vergangenen Jahrzehnten oft bereits während der Bauzeit befallen hat. Er ortet das Problem bei verkürzten Lieferketten und fehlender Lagerung. Damit das Holz nicht mehr grün verbaut wird, lässt er 1809 Schuppen errichten, in denen es trocknen kann. Diese sind dick mit Teer bestrichen, um die Temperatur im Innern zu erhöhen und den Trocknungsprozess zu beschleunigen. Noch heute sind sie in Chatham zu sehen. Dort entsteht 1838 nach Seppings Entwürfen eine immense Dachkonstruktion über dem Trockendock No. 3, die den Bauplatz stützenlos überspannt. Damit sind die Schiffe während des drei bis fünf Jahre dauernden Baus, der seit je im Freien stattfindet, nicht mehr Nässe und Feuchtigkeit ausgeliefert. Die Form der Konstruktion und die verzinkten Dachplatten wirken auch heute noch futuristisch, eher wie aus der Raumfahrt als aus dem klassischen Fregattenbau. (Bild: Chatham, Trockendock No. 3 ↪ Seite 53)

Um den Rumpf der Kriegsschiffe zu versteifen und dabei doch Holz zu sparen, lässt sich Robert Seppings vom Schweizer Zimmermann Hans Ulrich Grubenmann und dessen berühmter Brücke in Schaffhausen inspirieren.[96] Wie Grubenmann bei den Brückenträgern nimmt Seppings die Scherkräfte, die zwischen den Spanten wirken, über diagonal laufende und sich kreuzende Balken auf. Er nennt die neuen Elemente *diagonal braces*, Diagonalstreben. Bei Seegang oder

Geschützfeuer bleibt der Rumpf dadurch steifer, die gezapften Verbindungen leiern weniger aus. Die Streben sind kurz, was den Einsatz von Resthölzern oder von Material aus abgerissenen Schiffen erlaubt.

Seppings fördert auch die vermehrte Verwendung von Eisen.[97] Kaum im Amt, führt er zur Verstärkung der Kniehölzer Flacheisen ein, die ins Holz eingelassen und verschraubt werden.[98] Später sind es gegossene Elemente, welche die eichenen Verbindungsstücke, die Jahrhunderte im Zentrum des Schiffsbaus standen, ganz ersetzen.[99]

Die Entwicklung weg vom rein hölzernen Windjammer geht nun rasch voran: Nach den »Knien« werden auch die anderen krummen Hölzer durch eiserne Spanten ersetzt, dann kommen die Eisenplatten und die Nieten, und neben den Masten wird Platz für einen Motorenraum gemacht. Bald übernehmen die Dampfmaschinen den Antrieb ganz. 1860 lässt die Royal Navy mit der »Warrior« das erste Eisenschiff zu Wasser.

Damals liegen viele der alten Schlachtschiffe bereits seit Jahrzehnten in den schlickigen Ecken der Häfen vertäut, von Chatham bis Toulon, überall in Europa. Sie sind zu »Hulks« geworden, ohne Aufhebens außer Dienst gestellt, die Masten entfernt. Kleinere dienen manchmal noch zum Transport von Kohle. Die großen werden von einem Satteldach geschützt, durch das manchmal ein Kaminrohr herausschaut – ein entwürdigendes Bild für die einstigen Schlachtrosse der Meere. Die Hulks dienen als Unterkunft für Kadetten, in Großbritannien vielfach auch als Gefängnisse, wo Verurteilte auf die Überführung nach Australien warten. (Bild: Hulk ↪ Seite 53)

Die Eiche, der entscheidende Baum für die frühe Globalisierung, beginnt seine jahrhundertelange Bedeutung für den Verkehr über die Meere sowie die Herrschaft auf See und über die Kolonien zu verlieren. Die Beschaffung der Schlüsselressource, die in allen Seefahrtländern so viel Kopfzerbrechen bereitet hat, ist Geschichte. England allerdings gerät für ein weiteres Jahrhundert in den Bann einer anderen Baumart – Teak aus Indien, Burma und Siam wird im 19. Jahrhundert für das British Empire zu einem der Hauptgründe für seine stete Ausdehnung von der indischen Westküste bis nach Burma (siehe Teak, Baum der Ewigkeit).

Damit geht auch die zweite große Ära, diejenige mit der Eiche als Baum der Könige, zu Ende. War die erste Phase als Baum der Bauern durch eine gewisse Beschaulichkeit gekennzeichnet, ist die zweite durch eine zunehmende menschliche Dynamik geprägt. In der ersten Ära ist die Eiche weit über ihr natürliches

Potenzial hinaus gefördert worden. Das Zeitalter der Entdeckungen und der lange Kampf der Seefahrtmächte hat sie wieder zurückgedrängt, mit Sicherheit hinter die große Verbreitung zurück, die ihr die Bauern über Jahrtausende ermöglicht haben. Mancherorts, wo sie natürlicherweise gedeiht, finden sich auch heute viel weniger Eichen, etwa im Süden Norwegens oder Schwedens. Auch im Einzugsgebiet der europäischen Ströme hat sie an Grund verloren.

EICHE ALS FUNDAMENT FÜR DAS NÄCHSTE VERKEHRSNETZWERK

Nach dieser langen Zeit im Zentrum von Macht und Markt hätte die Eiche wohl etwas Ruhe verdient, aber Mitte des 19. Jahrhunderts macht die Geschichte keine Pause. Rasch breitet sich in Europa ein neues Infrastrukturnetz aus: das der Eisenbahn. Der Bau der Schienentrassen verschlingt Millionen von Schwellen. Wiederum ist es die fäulnisresistente Eiche, die sich dafür am besten eignet. In Deutschland zum Beispiel liegen 1888 bereits mehr als 57 Millionen Schwellen in den Gleisen.[100] Die meisten sind aus Eiche und erst wenige aus Buchenholz. Buche ist mechanisch vergleichbar und kann ab den 1880er-Jahren mit Teeröl imprägniert und so vor Fäule geschützt werden. Buche wird damit vielerorts zum hauptsächlichen Schwellenholz. Eiche ist derweil derart rar geworden, dass es nur noch für spezielle Anwendungen eingesetzt wird, beispielsweise als Unterlage für Weichen.

Auch in der Schweiz setzt der Bau der Schienenstränge den Eichenbeständen hart zu. Der Schwellenmarkt hat sich sozusagen über Nacht gebildet und verlangt aus dem Nichts nach großen Mengen Eichenholz. Als Rohstoff für die technische Neuerung wird es gut bezahlt, und die waldbesitzenden Gemeinden sind nur allzu bereit, die Nachfrage zu decken. Mit dem Bahnbau werden neue Gebiete weit weg von den Flusstälern erschlossen, und damit kommen auch die letzten Eichenvorräte zur Nutzung. 50 Jahre Schwellenlieferung haben der Eiche weit mehr geschadet als 5000 Jahre Mastnutzung, bilanziert ein Kenner.[101]

ERSCHÖPFT

Mit dem Verschwinden der restlichen Eichen wird überall in Europa evident, dass die Wälder ausgepowert und erschöpft sind. Jahrhundertelang haben sie Rohstoff und Energie fürs Kochen und Heizen geliefert. In den Städten herrschte trotzdem chronischer Holzmangel. Die frischen Blätter haben die Ziegen erhalten, denn wenn kein Eschenlaub vorhanden war, gab es auch mal zähere Eichenblätter. Herbstlaub und Moos kamen als Dünger auf die Felder. All diese Nutzungen führen zu Verhagerung und Versauerung der Böden.

Holzmangel und Katastrophen, das sind die Eltern der Forstwirtschaft. Paradox mag erscheinen, dass die Eisenbahn, deren Bau die europäischen Eichenbestände noch vollständig ausgelaugt hat, letztlich einen entscheidenden Beitrag zum Wunder leistet, das die Natur zu vollbringen beginnt: Die allmähliche Rückkehr des Waldes in Europa. Die Bahn nämlich ermöglicht die Verteilung von Kohleenergie und Rohstoffen, und die einsetzende Industrialisierung entlastet den Wald von den vielen kleinen Nutzungen wie etwa Brennholz. In Bern zum Beispiel, wo die Versorgung mit Brennholz immer wieder an ihre Grenzen kam und die Bezüge nach sozialer Stellung der Familien exakt geregelt waren, kostete Kohle drei Jahre nach dem Anschluss an das Bahnnetz weniger als Brennholz.[102] In der Landwirtschaft wird die Dreifelderwirtschaft aufgegeben. Kartoffeln ersetzen das Getreide, und kleeartige Futterpflanzen erlauben es, das Vieh zeitweise im Stall zu halten. Dies wiederum ermöglicht es, den Mist zu sammeln und als Dünger gezielt auf die Felder auszubringen.

Es ist dieses Bündel von Innovationen und Entwicklungen, das vielerorts in Europa die Einführung neuer Forstgesetze ermöglicht, in der Schweiz beispielsweise das Eidgenössische Forstgesetz von 1876. Dieses ist auf die Erhaltung und Verbesserung der Schutzwälder in den Alpen ausgerichtet, was auch im Sinne vieler Städte in tieferen Lagen ist, die in den 1840er- und dann wieder in den 1860er-Jahren immer wieder von Hochwassern geplagt wurden. Das Volk hätte sich per Referendum gegen das Forstgesetz stellen können. Dass dies nicht geschah, ist auf die positiven Wirkungen des Bahnbaus, des Imports von Kohle (die bald billiger war als Brennholz), der Industrialisierung und der großen Produktivitätssteigerung in der Landwirtschaft zurückzuführen. Dadurch ist die alte Furcht vor Einschränkungen bei der Versorgung mit Holzenergie nicht wieder aufgebrochen, was zeigt, dass sich die Gesellschaft im Aufbruch befand und Perspektiven für die wirtschaftliche Entwicklung und die Energieversorgung vorhanden waren.

In der Schweiz kehrt der Wald zügig zurück. Landesweit nimmt er bis 1915 um 200 000 Hektar zu, was gut einem Viertel jener Fläche entspricht, die Mitte des 19. Jahrhunderts noch vorhanden war. Das überwiegende Gros entsteht aus Naturverjüngung, lediglich 17 000 Hektar werden aufgeforstet.[103] In vielen gepflanzten Beständen zeigt sich allerdings, dass sich die Natur nicht überlisten lässt. Insekten- und Pilzschädlinge decken forstliche Fehler rasch auf, etwa wenn Schädlinge Fichtenmonokulturen oder falsch gewählte exotische Baumarten dezimieren.

Dieses Schicksal tritt nicht nur in Aufforstungen auf zuvor landwirtschaftlich genutzten Böden auf, sondern auch in bestehendem Wald, speziell auch in Mittelwäldern tieferer Lagen. In ganz Mitteleuropa sind diese nach Jahrhunderten der Nutzung ausgezehrt, in der oberen Etage mögen noch ein paar krumme Eichen überlebt haben, die untere Schicht besteht aus erschöpften Hainbuchen und Haselbüschen. Mitte des 19. Jahrhunderts versucht die junge Forstwirtschaft, solche Bestände radikal umzugestalten. Alles kommt weg, die Wurzeln werden als Brennholz ausgegraben, die Brache dann mit Fichten, Kiefern oder Lärchen ausgepflanzt, um rasch neues Holz zu erzeugen. Auf diese Weise verliert die Eiche weiteres Terrain.

In der Schweiz lernen die Forstleute um 1900, die natürliche Verjüngungskraft der Bäume zu schätzen, und große Schläge, auf denen anschließend Bäume gepflanzt werden, werden zunehmend durch kleinflächige Verjüngungsverfahren ersetzt. Die biologischen und ökologischen Kenntnisse über den Wald nehmen in der ersten Hälfte des 20. Jahrhunderts stark zu und werden zur Lehre vom naturnahen Waldbau verdichtet. Deren Ziel ist eine auf die natürlichen Standorte abgestimmte Lebensgemeinschaft Wald. Diese soll auf Störungen von außen träge reagieren oder sich nach solchen rasch wieder erholen. Die Wälder sollen weitgehend selbstregulierend werden und stabil bleiben. Die Behelligung durch den nutzenden Menschen soll so gering wie möglich sein und sich am Maß der Natur orientieren.

Ziel der waldbaulichen Bemühungen ist nicht mehr ausschließlich Holz, sondern eine qualitativ hochwertige Lebensgemeinschaft Wald, die naturnah bewirtschaftet wird. Naturnahe Lebensgemeinschaften sind am ehesten in der Lage, Anforderungen wie Schutz- und Erholungswirkung zu erfüllen, auf die das Prinzip der Nachhaltigkeit im Laufe der Zeit ebenfalls ausgedehnt worden ist.

Für die Eiche ist die Entwicklung der Waldwirtschaft in diese Richtung nicht ideal. Kleinflächige Schläge und naturnahe Verjüngung fördern Baumarten wie die Buche, die schattentolerant sind. Für die Eiche sind dies jedoch Bedingungen, mit denen sie schlecht zurechtkommt. Große Erfolgsgeschichten mit der Eiche in der Hauptrolle stammen daher oft von Orten, wo sie auf großen Flächen verjüngt wurde.

MARINEHOLZ FÜR WEINFÄSSER

Diese Geschichten haben sich oft da ereignet, wo schon vor Jahrhunderten mit Weitblick und großzügig auf den Mangel reagiert wurde, der sich beim Marineholz abzuzeichnen begann. Ein Beispiel stammt aus Schweden. Das Land tritt 1815 beim Wiener Kongress Schwedisch-Pommern an Preußen ab. Dadurch gehen für Schweden auch ausgedehnte Eichenwälder verloren. Nun kommt Visingsö ins Spiel, eine Insel im Vättern-See in Südschweden. Die Legende sagt, dass das Eiland entstand, als der Riese Vist einen Büschel Gras in den See warf, damit seine Frau trockenen Fußes über den See schreiten konnte.[104] Visingsö gehört dem Königshaus, und darum lässt der schwedische König in den 1830er-Jahren dort für die künftige Versorgung von Marine und Handelsflotte 300 000 Eichen pflanzen.

1975, fast anderthalb Jahrhunderte später, meldet die Behörde für staatlichen Grundbesitz dem Chef des Stabes der schwedischen Marine, dass die Bäume nun bereit seien.[105] Die Marine, die ihre Schiffe inzwischen eher mit Stahl als mit Holz baut, zeigt kein Interesse mehr am Angebot. Die Visingsö-Eichen sind von den Forstbehörden all die Zeit nach bestem Wissen gepflegt worden und weisen lange, astfreie Stämme mit feinsten Jahresringen auf. Bäume, die zur Verjüngung und langfristigen Erhaltung des einzigartigen Waldes gefällt werden, liefern heute qualitativ hochwertiges Eichenholz für Innenausbauten, Möbel oder Fässer für Spirituosen.

Wunderbar ist auch die Geschichte des Waldes von Tronçais in Frankreich, wo Jean-Baptiste Colbert, der Marineminister von Louis XIV., in der zweiten Hälfte des 17. Jahrhunderts ausgedehnte Eichenpflanzungen anlegen ließ. Heute erstreckt sich dieses Waldmassiv über eine Fläche von weit mehr als 10 000 Hektar.[106] Der Eichenanteil liegt bei 80 Prozent. Tronçais wird seit 1835 ausschließlich als Hochwald bewirtschaftet und ist zu einem der wertvollsten Eichenhochwälder Europas herangewachsen.[107] Hier stehen auf großer Fläche sämtliche Entwicklungsstufen der Eiche, darunter viele außergewöhnliche Bäume, manchmal 40 Meter hoch, oder sehr alte Eichen mit Höhlen, von deren abgebrochenen Ästen oder Wipfeln der Boden stellenweise übersät ist. Entsprechend vielfältig ist die Fauna: Mehr als 20 Fledermausarten leben hier, diverse Spechte und sehr viele Käferarten wie der Hirschkäfer, der Große Eichenbock oder der metallisch grün oder blau glänzende Eichenprachtkäfer.

Die Bewirtschaftung als Hochwald bedeutet, dass die Bäume relativ eng im Bestand aufwachsen, sodass sich im Wettbewerb um das Licht hohe Stämme bilden. Die Jahresringe der Traubeneiche, die hier mehrheitlich vorkommt, sind fein, auch weil die Sommerniederschläge im Zentrum Frankreichs bescheiden sind. Weil die Bäume schon im Stangenholzalter geastet werden, sind auch im unteren Stammbereich kaum Astlöcher vorhanden. Auf diese Weise entsteht feines Holz mit einer regelmäßigen Maserung, das sich sehr gut spalten lässt – wie vor Jahrhunderten auch heute noch für die Herstellung von Fassdauben.

Von der ursprünglichen Pflanzung unter Colbert sind noch 13 Hektar übrig – *La Futaie Colbert*, wo zum Teil über 300-jährige Eichengreise leben. Der Hochwald von Colbert bildet heute zusammen mit einer anderen Fläche von rund 100 Hektar ein Reservat, das vollkommen der Natur überlassen ist. Weil die alten Eichen langsam, aber sicher absterben, haben die Forstleute des Office National des Forêts, der Behörde, die in Frankreich für den Schutz und die nachhaltige Bewirtschaftung der staatlichen Wälder zuständig ist, bereits einen anderen Waldteil mit Eichen aus einer Saat von 1808 als *Futaie Colbert II* ausgeschieden.

Wie die Schweden hat auch Colbert im 17. Jahrhundert die künftigen Bedürfnisse nicht korrekt eingeschätzt, denn auch seine Eichen haben das Meer nie gesehen. Das ist kein Drama, denn diese Bäume werden nun schon seit längerer Zeit für edlere Ziele verwendet. Bereits im 19. Jahrhundert sind sie sehr begehrt zur Herstellung von Barrique- und Pièces-Fässern, in denen die Spitzenweine aus Bordeaux oder dem Burgund reifen. Auch die besten Cognacs und anderes Gebrannte werden in Fässern aus Tronçais ausgebaut und für den Gaumen veredelt: Schwerter werden zu Pflugscharen, Marineholz wird zu Weinfässern.

Der Wandel des Eichenfasses vom einfachen Transportbehälter zum Geschmackslabor ist eine Entdeckung, die auf die langen Transportwege der Spirituosen durch Europa zurückgeht. Sie hängt mit den chemischen Eigenschaften von Eichenholz und dem Herstellungsprozess der Fässer zusammen. Seit je machen die Küfer die Dauben biegsam, indem sie diese mit Wasser benetzen und das noch offene Fass ausfeuern. Wein und Spirituosen, und speziell ihr Alkohol, laugen die Gerbstoffe und andere Verbindungen aus dem Holz heraus. Je neuer das Barrique-Fass und je länger die Flüssigkeit darin liegt, desto mehr dieser Stoffe werden ausgelaugt. Bei Wein entstehen auf diese Weise Geschmacksnoten wie Vanille, Veilchen, Waldboden, grüner Paprika oder tausend andere Nuancen, die uns die fantasievollen Degustationsnotizen der Weinpäpste weismachen wollen. Das Ausfeuern, bei dem die Innenwände mehr oder weniger verkohlen, das sogenannte »Rösten«, ist heute speziell bei den Barrique-Fässern eine Wissenschaft[108], denn der Röstgrad ist für die Intensität des Vanillegeschmacks im Getränk verantwortlich.

Es ist die Eiche, welche die Vollkommenheit der Bordeaux-Weine bewirkt. Früher mag der Transport durch Biskaya und Ärmelkanal die Reifung der Weine zusätzlich befördert haben. Sicher hat ihnen eine Fahrt über die raue See nicht geschadet, denn die Engländer sind von den Bordeaux-Weinen seit jeher angetan und schaffen es selbst in Konfliktzeiten mit Frankreich, die besten Tropfen auf die Insel zu bringen. Haut-Brion, einer der fünf Premier Grand Crus aus dem Bordeaux, wird 1661 im Kellerbuch von König Charles II. als »Hobriono« erwähnt. Der Marineadministrator Samuel Pepys vermerkt in seinem Tagebuch, dass er 1663 in der Royal-Oak-Taverne »Ho Bryan« genoss, der gut und speziell geschmeckt habe.[109]

Noch intensiver kann Eichenholz zur Reifung gebrannter Wasser beitragen, vor allem, wenn die Fässer über lange Distanzen bewegt werden. Dabei kommt es nicht nur zur Extraktion von Gerbsäure, zusätzlich wird das chemische Auseinanderbrechen und die Neuformation der Eichenmoleküle intensiviert, inklusive einer Verfärbung der Flüssigkeit.[110] Schlecht schmeckende Fuselöle entschwinden durch die Holzporen, und ebenso verdunstet ein Teil der Flüssigkeit, was zu einer Konzentration der Geschmacksstoffe führt. Wenn die Flüssigkeit in den Tropen ins Fass kommt und anschließend wochen- oder monatelang im Seegang geschlingert wird, wie beim Rum aus der Karibik, resultiert daraus ein bernsteinfarbenes, öliges Getränk mit komplexen Noten von Karamell und dunkler Schokolade und einem langen, süßen Abgang. (siehe Mahagoni, S. 243).

Über solche Geschichten, die ebenso zur Reifung von Champagner, Armagnac und vielen weiteren Produkten erzählt werden können, sind die Eichen von Tronçais zu einem äußerst begehrten und friedlichen Rohstoff außerhalb des Kriegshandwerks geworden. Abnehmer sind bekannte Küfereien, und sicher in einem Fall ist der Chef jeweils schon bei der Anzeichnung der Bäume zur Fällung dabei und transportiert die Stämme dann mit eigenen Mitteln zur Werkstatt, um die Herkunft garantieren zu können.

Tronçai produziert heute rund 70 000 Kubikmeter Holz pro Jahr.[111] Wenn ausschließlich Fässer daraus gebaut würden, könnten etwa zehn Prozent der aktuellen Fassherstellung in Frankreich abgedeckt werden, die bei rund 600 000 Fässern pro Jahr liegt. Das würde allerdings bei Weitem nicht ausreichen, um die heutige Jahresproduktion der französischen Weinbauern (über 40 Millionen Hektoliter) in Fässern zu lagern. Glücklicherweise hat sich Anfang des 20. Jahrhunderts die Glasflasche durchzusetzen begonnen.[112] Was als Reifungsprozess im Fass beginnt, kann sich beim Wein in der Flasche fortsetzen, auch dank einem natürlichen Verschluss, den eine enge Verwandte der Fasseichen ermöglicht – die Korkeiche.

Wir sind der Korkeiche bereits im Zusammenhang mit der Eichelmast begegnet. Darüber hinaus hat sie seit dem Aufkommen der Glasflaschen als Material für die Flaschenkorken weite kulinarische Bedeutung erlangt. Kork wird gewonnen, indem die dicke, korkige Borke vom Stamm abgezogen wird. Das zellbildende Gewebe bleibt erhalten und baut innerhalb von zehn Jahren eine neue, bis vier Zentimeter dicke Korkrinde auf. Bis zu zehn Ernten sind möglich, dann ist ein Baum etwa 120 Jahre alt. (Bild: Geschälte Korkeiche ↪ Seiten 54, 55)

Kork ist stark komprimierbar und elastisch, ideale Eigenschaften für die Verwendung als Flaschenkorken. Das Material ist undurchlässig für Flüssigkeiten und Gase, eine wichtige Qualität, um die Oxidation von Wein zu verhindern. Die besten Korken, unter denen sich auch Jahrzehnte nach der Abfüllung die Pracht der großen Weine offenbart, sind bis zu sechs Zentimeter lang und von makellos feinem Aufbau.

Kork wird auch als Bau- und Wärmedämmstoff, als Bodenbelag, für Schuheinlagen und viel anderes verwendet. Die zunehmende Nutzung im 20. Jahrhundert hat den Trend zur Umwandlung von Korkeichen-Hainen in Ackerland oder Viehweide abgemildert.[113] Damit sind Ökosysteme gepflegt und erhalten geblieben, die aus Sicht der biologischen Vielfalt sowie des Erosionsschutzes von großer Bedeutung sind.

Heute führt Portugal die globale Korkherstellung mit 85 000 Tonnen an, was fast der Hälfte der weltweiten Produktion entspricht. Die Montados, die Haine mit Korkeichen, bedecken 2015 in Portugal rund 720 000 Hektar, und die Korkindustrie trägt fünf Prozent zum Bruttoinlandprodukt bei. Portugal ist auch der größte Produzent von Flaschenkorken.[114]

Die Wertschätzung der Korken und des ploppigen Geräusches beim Öffnen der Flasche sind nicht nur Teil des Weinerlebnisses, sondern auch ein wesentlicher Beitrag zur Erhaltung der Haine. Ein Rückgang der Nachfrage, weil zunehmend Schraubverschlüsse oder Kunststoffprodukte verwendet werden, ist für die Haine eine Bedrohung, ebenso die falsche Furcht, die Korkgewinnung würde der Ressource schaden.[115] Eine Verminderung des Absatzes würde vielmehr den Unterhalt der Haine vernachlässigen, aber eine intensivierte Pflege ist vor dem Hintergrund klimatischer Veränderungen und zunehmender Waldbrandgefahr sehr wichtig.

HOFFNUNGSTRÄGER IM KLIMAWANDEL

Wenn wir das Schicksal der Eiche wie auf einem langen Faltblatt über die vergangenen Jahrtausende verfolgen, wird in dieser Chronik die erstaunliche menschliche Dynamik erkennbar, die diesen Baum begleitet und beeinflusst hat.

Nichts macht die Zeit derart sichtbar wie die Eiche, nicht nur zurück in die Vergangenheit, sondern auch nach vorne in die Zukunft. Ein Blick in diese Richtung zeigt, wie die Welt eben wieder dabei ist, sich zugunsten der Eiche zu verändern. Der Klimawandel hat begonnen, und der Anstieg der Temperaturen in den vergangenen Jahrzehnten ist mittlerweile eine gut dokumentierte und spürbare Realität. Auch die wissenschaftliche These, dass während der Vegetationszeit weniger Wasser zur Verfügung steht und Trockenheitsereignisse vermehrt Bäume zum Absterben bringen könnten, erhärtet sich.[116]

Die höheren Temperaturen dürften bis Ende des 21. Jahrhunderts – also in der für Bäume extrem kurzen Zeitspanne von nicht einmal einem dreiviertel Jahrhundert – zu einer dramatischen Verschiebung der Vegetationshöhenstufen führen. Dies bedeutet, dass Standorte, auf denen sich Pflanzenarten bis in die 1990er-Jahre vom Klima her wohlgefühlt haben, sich Ende unseres Jahrhunderts um etwa 600 Höhenmeter weiter oben finden werden.[117] Richtung Norden entspricht dies einer Verschiebung der Eichengrenze um rund 600 Kilometer. Für manche, an ihrem Wuchsort heute noch standortgerechte Baumarten bedeutet dies, dass sie bereits in wenigen Jahrzehnten an ihre ökologischen Grenzen kommen dürften.[118]

Die Limits werden für bestimmte Baumarten bereits heute sichtbar. Heftige Auswirkungen sind zum Beispiel bei der Buche zu beobachten, die auf eine konstant ausreichende Wasserversorgung angewiesen ist. In der Schweiz, mit einer großen Diversität an buchenreichen Wäldern, mehren sich in den letzten Jahren nach Trockenperioden ausgedehnte Schäden an Buchen. Dabei können diese oft in kurzer Zeit absterben. 2018, in der längsten und schwersten Dürreperiode seit Messbeginn, sind speziell im Jura Buchen in großer Zahl zugrunde gegangen. Eine drastische Folge im Raum Basel war, dass beliebte Erholungswälder für das Publikum geschlossen werden mussten, weil bei absterbenden Buchen große Äste abbrachen.

Robuster gegenüber den Veränderungen zeigen sich die Eichen, speziell die Trauben- und die Flaumeiche, wie dies auch in langjährigen Experimenten beobachtet wurde. Zwar reduzieren Eichen bei Trockenheit das Wachstum der Triebe und der Wurzeln, und auch die Blattbildung ist verringert. Doch die robusten Blätter funktionieren nach einer Verbesserung der Wasserverfügbarkeit rasch wieder, und anderthalb Wochen später verlaufen alle vitalen Prozesse wieder normal. Erst bei wiederholter Trockenheit verfärben sich die Blätter, und Teile davon verdorren, die Bäume sterben jedoch nicht ab.[119]

Vor allem der Traubeneiche wird ein großer Terraingewinn vorausgesagt. Die wärmeren und trockeneren Bedingungen stärken ihre Konkurrenzkraft, die Buche dagegen wird an Terrain einbüßen. Vor uns steht ein neues Eichen-Zeitalter.

VORWÄRTS IN EIN NEUES EICHEN-ZEITALTER

In der Schweiz sind die Forstleute seit Längerem dabei, die Eiche wieder vermehrt zu fördern. Und vor dem Hintergrund des Klimawandels werden diese Bemühungen intensiviert. Um die Eichenpopulationen zu vergrößern, sind Investitionen in die Verjüngung notwendig. Dazu greifen der Bund und die Kantone den Waldeigentümern mit Finanzhilfen unter die Arme. Diese sollen den Wald in die Lage versetzen, seine Funktionen auch unter veränderten Klimabedingungen zu erfüllen.

Die Voraussetzungen für eine erhöhte Anpassungsfähigkeit sind bei den Eichen vorhanden. Sie gehören zu den Waldbaumarten mit der größten genetischen Vielfalt.[120] Diese Vielfalt bildet die Voraussetzung für die Anpassung an sich ändernde Umweltbedingungen. Die Jahrtausende währende Nutzungsgeschichte, die seit der Jungsteinzeit belegt ist, und die Anpassung der Eiche an ökologisch unterschiedlichste Standorte haben zur großen genetischen Diversität zwischen Eichenpopulationen beigetragen. Ein intensiver Gen-Austausch durch Pollenflug zwischen weit entfernten Populationen und die Hybridisierung zwischen den unterschiedlichen Eichenarten sorgen dafür, dass immer wieder neue Gene aus anderen Umweltsituationen in bestehende Populationen »importiert« werden können. Diese werden in den durch die Klimaänderung geschaffenen neuen ökologischen Realitäten getestet und selektioniert.[121]

Die Fähigkeit der Eiche, sich auf neue ökologische Bedingungen einzustellen, kann im Hinblick auf ihre Anpassungsfähigkeit an den Klimawandel durch waldbauliche Maßnahmen gefördert werden. Die Rekombination genetischer Eigenschaften passiert bei der Samenbildung. Aus Sicht der evolutiven Anpassung macht es deshalb Sinn, die Verjüngung eines Bestandes früher und damit häufiger einzuleiten. Der Aufbau großer und vitaler Kronen unterstützt ein rasches Wachstum und kommt diesem Anliegen entgegen. Da jedoch bei gesunden Eichen der Wertzuwachs mit zunehmendem Alter exponentiell zunimmt[122], entwickeln die Forstleute Strategien, die über ein ganzes Eichenvorkommen gesehen beiden Aspekten Rechnung tragen, den genetischen ebenso wie den wirtschaftlichen.

Die Nachzucht von Eichen erfolgt über Pflanzung oder durch die Verjüngung und Vergrößerung bestehender Bestände. Bei der natürlichen Verjüngung wird der Altbestand in verschiedenen Schritten und im richtigen Maß ausgelichtet, um die Bedingungen für die Blüte und Fruchtbildung zu verbessern und den zukünftigen Jungpflanzen gute Wuchsbedingungen bei genügendem Licht zu garantieren. Diese vorbereitenden Holzschläge werden auf ein erwartetes Mastjahr ausgerichtet, sodass die vielen Früchte ein Heer von Eichenkeimlingen versprechen.

Eicheln sind heikle Früchte. Sie sollten vom Herbstlaub zugedeckt werden, um nicht auszutrocknen oder zu früh zu keimen. Dann kann der Keimling im Frühjahr den Nährstoffvorrat der Eichel voll nutzen. Im ersten Jahr schießen 30 bis 40 Zentimeter hohe Pflanzen heran. Bereits jetzt sollten sie von einem Nebenbestand aus Hagebuchen und Linden begleitet sein, welche die Eichenstämme später beschatten. Ist die neue Generation zufriedenstellend aufgegangen, können die Mutterbäume gefällt werden. Geschieht dies zu spät, können am Jungwuchs schwere Schäden entstehen.

Zur Sonnenwende im Sommer zündet die Eiche den Turbo und entfaltet einen zweiten, rötlichen Trieb. Er wird als Johannistrieb bezeichnet, weil er um den Geburtstag des Täufers Johannes am 24. Juni erscheint. Mit diesem zweiten Trieb kann die Eiche Schäden kompensieren, die im Frühjahr durch Insekten oder Spätfrost entstanden sind. Bei guten Wuchsbedingungen kann sogar ein dritter Trieb beobachtet werden, der im August für weiteres Höhenwachstum sorgt. Diese verschiedenen Wachstumsschübe helfen, Kirschbaum, Ahorn und andere Konkurrenz hinter sich zu lassen.

Mit etwa zehn Jahren kommen die Eichen ins Flegelalter: Ihr Gipfel treibt hin und her statt lotrecht nach oben, und nichts deutet darauf hin, dass daraus einmal schöne Bäume entstehen. Wichtig nun sind regelmäßige Durchforstungen. Stehen die Bäume nämlich zu dicht, treiben sie sich gegenseitig zu sehr in die Höhe, bilden zu schlanke Stämme und werden bei Nassschnee geknickt.

Im Alter um die Dreißig erfolgt die sorgfältige Einkleidung: Die Forstleute lesen aus dem Nebenbestand für jede Eiche eine oder zwei Linden oder Hagebuchen aus, welche sie weiterhin begleiten werden. Derart eingepackt bleibt die Eiche frei von Klebästen. Das sind Bündel von Zweigen, die sich am Stamm bilden, sobald die Sonne direkt darauf scheint. Klebäste sind wertmindernd, weil sie bei der Herstellung von hochwertigen Furnieren das regelmäßige Erscheinungsbild des Holzes stören.

Der Nebenbestand wirkt zusätzlich bodenpflegend, denn besonders die Laubstreu der Linde verrottet leicht, ganz im Gegensatz zu den Eichenblättern, sodass die biologische Aktivität des Bodens im gemischten Bestand wesentlich größer ist als im reinen Eichenbestand. Zudem bewahren Hagebuchen und Linden den Boden vor Austrocknung und Verhärtung. Was die Forstleute dem Nebenbestand jedoch keinesfalls gestatten, ist das Hineinwachsen in die Kronenschicht der Eichen. Diese brauchen genügend Licht und viel Platz, um große Kronen für ein rasches Wachstum auszubilden.

Früher, als Eichen vor allem in Mittelwäldern gezogen wurden, blieben sie oft weit über ein Jahrhundert im Wald. Heute erlaubt ein aktiver, auf Vitalität ausgerichteter Eichenwaldbau auf guten Standorten die Produktion von Wertholz im Zeitraum von gut 100 Jahren. Wenn sich also Menschengenerationen später die Forstleute an die Verjüngung des Altholzes machen, können die eingekleideten Eichen Stück um Stück gefällt werden. Selbst die zuletzt noch als lockerer Schirm verbleibenden Samenbäume – die qualitativ besten – bleiben so mehr oder weniger frei von Klebästen.

Schöne Eichen nachzuziehen, gelingt am einfachsten, wenn die Verjüngungsfläche mindestens einen halben Hektar groß ist. Verjüngungsflächen in dieser Größenordnung wagen heute viele Forstleute einer sensibilisierten Öffentlichkeit nicht mehr zuzumuten. Selbst kleine Flächen werden heute oft als Kahlhiebe und als Zerstörung des Waldes wahrgenommen. Auch Plastikrohre zum Schutz der Jungeichen finden wenig Akzeptanz, doch ungeschützt sind Eichen dem Verbiss durch Reh oder Hirsch ausgesetzt und darum chancenlos. Holzzäune sind gerade bei größeren Verjüngungsflächen eine interessante Alternative, insbesondere, wenn Jäger oder andere Freiwillige mithelfen und die Installationskosten auf diese Weise weniger ins Gewicht fallen.

Es ist auch möglich, Eichen als Einzelbäume im Dauerwald aufzubringen, wobei dies hohe waldbauliche Anforderungen stellt. Im Dauerwald werden bei einem Holzschlag nur einzelne oder kleine Gruppen von Bäumen entnommen. Dauerwald eignet sich vor allem für Schattenbaumarten und zielt darauf ab, den Boden möglichst durchgehend bedeckt zu lassen. Auf diese Weise soll die Stabilität des Bestandes und dessen Resilienz im Hinblick auf den Klimawandel erhalten bleiben.

Um Lichtbaumarten im Dauerwald nachzuziehen, sind kleine, mosaikartig verteilte Lücken notwendig, in denen zum Beispiel eine Eiche ohne Überschirmung in freiem Licht aufwachsen kann.[123] Das gelingt dann am besten, wenn die Forstleute jeden Baum persönlich kennen und während all der Jahre, die sie ihre Schützlinge begleiten, immer wieder eingreifen, um rechtzeitig den notwendigen Raum für die Entfaltung der Krone zu schaffen.

Falls Alteichen in der Nähe sind, gibt es oft auch einzelne Keimlinge, die sich allenfalls freistellen lassen. Um die Verjüngungssituation zu verbessern, gehen die Forstleute neuerdings vermehrt einen Pakt mit einem alten Eichenverbündeten ein, dem Eichelhäher. Eichelhäher sammeln im Herbst Eicheln und andere Samen, die sie als Winterfutter vergraben oder an Orten deponieren, die für die Vögel auch bei Schnee erreichbar sind. Ein Häher kann gleichzeitig mehrere Eicheln im Kehlsack transportieren und verbreitet auf diese Weise jeden Herbst Tausende davon[124] – und dies in alle Himmelsrichtungen und im günstigen Fall auch auf neue Meereshöhen. Von den versteckten Früchten finden die Vögel jedoch nur einen Bruchteil wieder, der Rest kommt dann im Frühjahr zur Keimung. Wo Eichenverjüngung erwünscht ist, stellen die Forstleute deshalb Tische oder Kästen mit Eicheln auf, den Rest erledigen Eichelhäher oder auch Eichhörnchen.[125]

Aus Sicht der biologischen Vielfalt, für welche die Eiche als Leuchtturmart gilt, ist eine Anwendung möglichst verschiedener waldwirtschaftlicher Systeme förderlich. Dazu gehören Hochwald ebenso wie Mittel- und Niederwald, und künftig vermehrt auch Ansätze wie der Dauerwald. In einem derartigen Mix steigt auch die Chance, dass Alteichen stehenbleiben, die allmählich zu Totholz werden.

Ob die Anpassungsfähigkeit innerhalb der mitteleuropäischen Eichenarten ausreicht, wird sich weisen, speziell für die tiefen Lagen. Im schweizerischen Mittelland ist davon auszugehen, dass künftig Standortbedingungen herrschen, wie gegenwärtig in der Toskana oder in Südfrankreich. Allenfalls können die diversen Waldleistungen dort nur erhalten werden, wenn im Süden vorkommende Baumarten in den Norden geholt werden. Das könnte etwa die Zerreiche (*Quercus cerris*) sein, die bereits heute auf der Alpensüdseite im Tessin natürlich vorkommt. Eine forstlich assistierte Migration wäre nichts Neues, sondern würde dem entsprechen, was die Menschen vor Jahrtausenden taten, als sie zusammen mit den Eicheln aus den eiszeitlichen Refugien nach Mitteleuropa zurückwanderten. Damals ging es um die Eicheln als Nahrung, heute steht die Erhaltung der diversen Waldfunktionen im Fokus, speziell auch der Artenvielfalt.

Vielleicht kommen wir in absehbarer Zeit wieder an einen Punkt zurück, an dem vor vielen Generationen auch unsere Vorfahren standen und der wesentlich zur Erfolgsgeschichte der Eiche beigetragen hat: Zunehmend finden sich in den medialen Foren Rezepte für die schmackhafte Zubereitung von Eicheln, und ein Beitrag im *Scientific American* hat vor ein paar Jahren die Frage gestellt, ob die Wiedereinführung von Eicheln für die menschliche Ernährung realistisch und nicht nur eine verrückte Idee sei. Der Artikel kommt zu dem Schluss, dass Eicheln in der Küche durchaus wieder einen prominenten Platz einnehmen können, wenn sie nachhaltig geerntet und die bitteren Tannine entfernt werden.[126] Jedenfalls stehen wir in der langen Eichenchronik am Beginn einer neuen Ära. In der Auflistung dieses Eichenporträts nach der Eiche als Baum der Bauern und dann der Könige im dritten Abschnitt, in dem den Menschen auch wieder eine wichtige Rolle zukommen wird: als Baum der Zukunft. Auch am Anfang der Zukunft steht die Eiche.

TEAK

BAUM DER EWIGKEIT

Teak ist für die Ewigkeit. In hinduistischen Glaubensgemeinschaften, die Vishnu verehren, ist der Teakbaum der Ort, wo die Seelen nach dem Tod verweilen, bis sie in einem neuen Körper wiedergeboren werden.[127, 128] Vishnu ist im hinduistischen Götterhimmel der Jüngling mit blauer Hautfarbe und den vier Armen, er ist das erneuernde Wesen, aus dem alles Lebendige entsteht, auch der heilige Fluss Ganges, der seiner großen Zehe entspringt.[129]

Für ihre Wiedergeburt bleibt den Seelen viel Zeit, denn für einen Tropenbaum ist Teak ausgesprochen langlebig. Auf 500 Jahre wird ein Baum im Parambikulam-Tiger-Reservat im indischen Staat Kerala geschätzt. Mit 47 Metern ist er auch einer der höchsten Teakbäume, aber nicht ganz so dick wie ein Baum bei Sagaing in Myanmar, der rund 2,7 Meter Durchmesser aufweist. Mit einer Dicke von 3,2 Metern nochmals mächtiger ist ein Baum im Norden Thailands, im Ton-Sak-Yai-Nationalpark östlich der Stadt Uttaradit, dem auch das absolut höchste Alter aller Teakbäume nachgesagt wird: 1500 Jahre.

EWIGES HOLZ

Nahezu unvergänglich ist auch das Holz des Teakbaums. In den hinduistischen Höhlentempeln von Salsette, nördlich von Mumbai, wurde gut erhaltenes Teakholz gefunden, das über 2000 Jahre alt sein dürfte.[130] Auch der Turm zu Babel ruhte wohl auf Teak aus Indien. Ende des 19. Jahrhunderts kam in Fundamenten eines der Tempeltürme bei Babylon Teak zum Vorschein. Die Bauten gehen zurück auf chaldäische Zeiten, etwa 1000 Jahre vor Christus. Als der babylonische König Nebukadnezar II. den Bau im 7. Jahrhundert vor Christus vollenden ließ, lag das Holz wohl bereits im Fundament.[131]

Noch vor unserer Zeitrechnung beginnt der Teak-Handel vom Westen des indischen Subkontinents an die Küsten der Arabischen Halbinsel bis ins Zweistromland – das sind Distanzen zwischen 1500 und 3000 Kilometern Luftlinie. Das Holz wird vor allem zum Bau von Handelsschiffen wie den omanischen Dhau verwendet. Teak ist sehr wertvoll. In einem Geschenkpaket, das der Sultan von Delhi im 14. Jahrhundert dem König von Persien zukommen lässt, findet es sich zusammen mit Diamanten sowie Sandel- und Ebenholz.

Die bemerkenswerte Dauerhaftigkeit von Teak ist auf diverse Öle zurückzuführen, die ihm auch den aromatischen Duft von weich gegerbtem Leder verleihen. Dieser kann auf gehobelten Flächen noch nach Jahrzehnten durch Anhauchen wiedererweckt werden. Bekannte Parfümeure nutzen den exotisch-rauchigen Wohlgeruch, etwa Dunhill im *Desire Red* oder Ferrari im *Light Essence*.[132]

Die Öle und diverse Kautschukkomponenten im Kernholz wirken als Schutzbarriere und machen das Holz weitgehend resistent gegen Pilz- und Insektenbefall. Das macht das goldbraune Kernholz zur ersten Wahl für alles, was den Elementen ausgesetzt ist. Exponiert verwittert es sehr langsam und nimmt ein silbriges Grau wie menschliches Haar an.

Teak verzieht sich nicht und bleibt auch unter extremen Bedingungen formstabil. Das Kernholz ist nicht sehr hart, lässt sich leicht bearbeiten und nimmt eine schöne Politur an. Es ist elastisch und doch zäh, spaltet nicht und reißt nicht auf. Es ist resistent gegen Termiten und kann auch nach Hunderten von Jahren problemlos wiederverwendet werden. Mit all diesen Eigenschaften ist es den meisten Hölzern überlegen und gilt unter den Nutzhölzern als Goldstandard.

Der Teakbaum spielt aber auch eine wichtige Rolle in der Volksmedizin, speziell in der ayurvedischen Medizin, und er ist heute noch wichtig für die Gesundheitsversorgung der ländlichen Bevölkerung seines Verbreitungsgebiets. Die Blätter wirken blutstillend und entzündungshemmend. (Bild: Teaksprössling ↪ Seite 128) Ein Sud der Rinde ist abführend, dient als Wurmmittel und wird bei Verbrennungen eingesetzt. Er wirkt antibakteriell und gegen Lepra sowie Staphylokokken, die gegenüber bestimmten Penicillinen resistent sind. Blütenöl fördert den Haarwuchs und soll Schlangenbisse heilen.[133]

BAUM DER TROPISCHEN MONSUNWÄLDER

Der Teakbaum ist eine Art der Monsunwälder Süd- und Südostasiens, die durch ausgeprägten Wechsel der Trocken- und Regenzeiten gekennzeichnet sind. Im Naturwald erheben sich seine Kronen zusammen mit vielen anderen Baumarten, mit denen Teak in Gesellschaft lebt, über ein dichtes Unterholz, oft große Bambusbüsche. (Bilder: Teakwald ↪ Seiten 128, 129) Von November bis Januar, der ersten Phase der Trockenzeit, ist es angenehm und schattig im Wald, Luftfeuchte und Tau halten alles frisch und grün. Im März und April fallen die Blätter, die Farben verlieren sich, der Wald wird trocken und etwas trostlos. Die Teakblätter, oft groß wie Regenschirme, liegen ausgedörrt am Boden und brechen mit lautem Knacken unter den Stiefeln. Jetzt ziehen die Dschungelfeuer über den Boden und die Strahlen der grimmigen Sonne sind nicht zum Aushalten.[134]

Zur Regenzeit von Mai bis Oktober treiben die frischen Blätter, und die Blütenrispen des Teakbaums entfalten sich mit vielen kleinen, weißen Blüten. Der Boden bekleidet sich jetzt dicht mit Kräutern und Farnen. In den Baumgabeln leuchten die grünen Trichter der Vogelnest-Farne, und festgeklebt an den Stämmen treiben die Geweih-Farne neue Blätter.[135]

Teak wächst auf Sandstein, Granit, Kalkstein – eigentlich auf allen geologischen Unterlagen. Allerdings muss der Boden durchlässig sein. Bei stauendem Bodenwasser, etwa im Auenwald, fühlt sich der Baum nicht mehr wohl und bildet unregelmäßig geformte Stämme mit einer geriffelten Borke.[136]

Das natürliche Vorkommen von Teak erstreckt sich über zwei große Areale, die von den Ebenen des Ganges und dem Brahmaputra-Delta getrennt sind. Das westliche liegt zwischen den beiden Küsten Indiens, ohne die trockenen Bereiche in Zentralindien. Das östliche Naturareal beginnt an der Westküste von Myanmar und reicht bis an den trockenen Nordosten Thailands. In Thailand wächst Teak vor allem im Norden und bis nach Laos hinein, der Mekong bildet die nordöstliche Grenze.

Ob Teak auch in Indonesien natürlich ist, wird seit Langem debattiert. Als die Holländer Ende des 16. Jahrhunderts nach Java kommen, finden sie große Bestände von fast reinen Teakwäldern entlang weiter Strecken der nördlichen Küste. Der Streifen ist 50 bis 100 Kilometer breit und reicht stellenweise bis in die Mitte der Insel.[137]

Zu Beginn des 20. Jahrhunderts jedoch präsentiert der holländische Forstmann Th. Altona eine Reihe von waldbaulichen und kulturgeschichtlichen Belegen dafür, dass Teak gar nicht zur ursprünglichen Vegetation Javas gehört, sondern schon früh eingeführt worden ist. Im ostjavanischen Distrikt Bojonegoro etwa fällt ihm auf, dass Teakbäume häufig in regelmäßiger Distanz zueinander wachsen. Zudem sind heimische Baumarten, von denen es auf Java Hunderte gibt, in den Teakbeständen kaum je zu finden.[138] Schließlich ist Teak in diesem Gebiet die einzige Baumart, die ihr Blattkleid während der trockenen Monate regelmäßig verliert.[139]

Altona kennt die Rolle, die Teak im Hinduismus als Hort der Seelen innehat. Er geht daher davon aus, dass die Bäume auf Java ursprünglich aus Südindien stammen und mit hinduistischen Mönchen auf die Insel gelangt sind. Dort wurden sie dann zuerst um die Klöster und Heiligtümer gepflanzt, wie dies heute noch beispielsweise im Norden Thailands üblich ist.[140] Der javanische Name von Teak ist *Jati*, der gleiche Name wie in der Sprache Kannada[141] der südindischen Region Karnataka. Altona kennt zudem den eindrücklichen Teakbaum in Bojonegoro, von dem eine Fotografie erhalten ist und der in seiner uralten Mächtigkeit wie ein riesiger Nistkasten für Geister und Seelen wirkt. (Bild: Teakbaum in Bojonegoro ↪ Seite 130)

Als weiteren Beleg sieht Altona Berichte von den Bismarckinseln an, die nördlich von Papua-Neuguinea liegen. Auf Neu-Mecklenburg und Neu-Pommern, zu Altonas Zeit Teil von Deutsch-Neu-Guinea, gibt es isolierte, wenige Hektar große Haine mit Teakbäumen, die zum Teil zwei bis drei Meter Durchmesser aufweisen. Diese Wäldchen sind kaum mit anderen Baumarten gemischt und scharf vom umgebenden Eukalyptuswald getrennt. Es handelt sich um die östlichsten Vorkommen von Teak in Südostasien.[142]

So wie sich die Haine vom übrigen Wald abheben, unterscheidet sich auch die in der Umgebung lebende Bevölkerung. Die Haare der Menschen dort sind gerade und nicht gekraust wie sonst in Melanesien. Ihre Verstorbenen werden – wie bei den Hindu – eingeäschert, während sonst in Melanesien Begräbnisse oder andere Totenrituale die Regel sind. Altona geht daher davon aus, dass es diese Menschen waren, die Teak aus dem indischen Kulturraum auf die abgelegenen Inseln gebracht haben.[143]

Tatsächlich reichen die kulturellen Beziehungen zwischen dem indischen Subkontinent und Südostasien weit zurück. Im 7. Jahrhundert beginnt der Aufstieg des buddhistischen Handelsreichs Srivijaya mit einer ersten Hauptstadt im Süden Sumatras. Dessen Lebensgrundlage ist der Seehandel zwischen Indien, den weit verstreuten Inseln Südostasiens und China. Dabei werden nicht nur Waren verbreitet, sondern auch kulturelle und damit religiöse Einflüsse, sicher auch Kulturpflanzen. In der zweiten Hälfte des 8. Jahrhunderts wird die Hauptstadt des Srivijaya-Reichs nach Zentraljava verlegt, in eine der fruchtbaren Reisebenen nördlich des heutigen Yogyakarta. Damals entstehen dort eindrückliche Bauwerke wie Borobudur, die weltweit größte buddhistische Tempelanlage, oder die hinduistische Tempelanlage Prambanan.

Wie sich diese kulturell-religiösen Einflüsse über Tausende von Kilometern ausgebreitet haben, ist nicht direkt dokumentiert. Im Vordergrund steht die These einer Kulturverbreitung über Brahmanen-Priester und buddhistische Mönche[144] aus dem indischen Raum. Die Priester werden an die Fürstenhöfe geladen, denn als Hüter der sakralen Rituale haben sie die Macht, die Fürsten familiengeschichtlich mit der hinduistischen Götter- und Kastenwelt zu verbinden und damit deren gesellschaftliche Stellung zu stärken.[145] Ein König, der sich als Avatar einer hinduistischen Gottheit in irdischen Sphären bewegt, ist ausreichend legitimiert, um über seine Untertanen zu herrschen.

Die Frage um die Ursprünge des javanischen Teaks, die zu Beginn des 20. Jahrhunderts speziell unter holländischen Forstleuten mit Verve diskutiert wurde, ist in den letzten Jahren auch mit genetischen Methoden untersucht worden. Die Ergebnisse deuten darauf hin, dass die javanischen Bäume aus dem Norden des indischen Verbreitungsgebietes sowie aus Laos und Thailand stammen.[146] Altonas These war, dass Teak ab dem 3. Jahrhundert aus Südindien nach Java gekommen ist.[147] Die genetische Forschung geht von einem späteren Zeitpunkt aus, doch dies muss kein Widerspruch zu Altona sein. Es ist denkbar, dass ein früher Import effektiv aus Südindien erfolgte, die entsprechenden Gene jedoch heute nicht mehr vorhanden sind, respektive von den später eingeführten Herkünften verdrängt wurden.

Dies alles bedeutet, dass Teak global eine der ersten Baumarten ist, die fern ihres natürlichen Wuchsareals eine bedeutende Verbreitung gefunden hat – etwa zehn Prozent der Insel könnten vor Ankunft der Europäer damit bedeckt gewesen sein.[148] Dass sich Teak in Java in wenigen Jahrhunderten so rasch ausbreiten konnte, ist durchaus erklärbar. Klima und Boden entsprechen dem Baum gut. Fördernd ist zudem die althergebrachte bäuerliche Tradition, die Wälder zu Beginn der Trockenzeit durch Bodenfeuer zu reinigen. Dies vertreibe Schlangen und Tiger, und in der Asche unter den Bäumen sprieße neues Alang-Alang-Gras als Futter für das Vieh.[149] Dieser Brauch verschafft Teak, das relativ brandresistent ist, einen Konkurrenzvorteil gegenüber anderen Arten, die gegenüber Feuer viel empfindlicher sind.

Dass sich Teak auf Java als eigentlich exotische Baumart rasch und weit verbreiten konnte, hat jedoch nicht nur mit religiös-kulturellen oder günstigen natur- und kulturräumlichen Bedingungen zu tun. Vielmehr dürfte der Baum aktiv gefördert worden sein, denn im tropischen Klima ist sein widerstandsfähiges Holz für Erschließungen und Bauten unerreicht und darum sehr begehrt.

Auf Bali, wo der Hinduismus überlebt hat, er noch heute dominierende Religion ist, und wo Teak nicht so verbreitet war wie auf Java, durften früher nur Brahmanen und andere Mitglieder hoher Kasten Teak als Baumaterial verwenden – zum Beispiel für den Königspalast in Ubud. Jedermann hat jedoch das Recht, aus dem Wurzelstock eines Teakbaumes eine Statue des Halbgottes Garuda zu schnitzen.[150] Garuda ist das Reittier des vierarmigen Vishnu, halb menschen-, halb falkengestaltig. Er ist allgegenwärtig und stets aufmerksam, schützt die Menschen, indem er Schlangen verschlingt und dabei auf magische Weise immun ist gegen deren Gift. Alle Menschen benötigen daher einen Garuda aus dauerhaftem Holz.

JAVA – »INSEL DES TEAKS« FÜR DIE HOLLÄNDER

Anfang des 17. Jahrhunderts beginnt die Kolonisierung von Java durch die Holländer. Teak wird in den 300 Jahren ihrer Präsenz eine kapitale Rolle als Schlüsselressource spielen. Ziel der Holländer ist, das Gewürzgeschäft mit Europa vom heutigen Indonesien aus zu betreiben. 1602 legt die »Vereenigde Oostindische Compagnie«, die Niederländische Ostindien-Kompanie, kurz V. O. C., in Amsterdam und anderen Orten der Vereinigten Provinzen der Niederlande Bücher zur Anteilszeichnung auf. Obwohl sich die Aktionäre für zehn Jahre verpflichten müssen, kommen insgesamt 6,5 Millionen Gulden zusammen, zu heutigem Wert etwa eine Viertelmilliarde Euro.[151] Die V. O. C. erhält vom niederländischen Staat nicht nur Handelsmonopole, sondern auch weitgehende Hoheitsrechte für Landerwerb sowie für den Bau von Festungen. Die V. O. C. kann auch Kriege führen, wenn sie es für nötig hält, und das tut sie auch öfters.

Der holländische Überseehandel hatte vor 1600 einige Rückschläge erlitten, und die Niederländer gehen nun nicht nur punkto Kapitalausstattung, sondern auch im nautisch-navigatorischen Bereich sehr umsichtig ans Werk. Der Theologe, Astronom und Kartograf Petrus Plancius, der in der *Oude Kerk* in Amsterdam predigt, weiht Steuerleute und Kapitäne in die Geheimnisse der globalen

Navigation ein.[152] Holländische Seeleute, die in portugiesischen Diensten waren, sind mit wertvollen Daten und viel Wissen über die transatlantischen Gebiete zurückgekehrt.[153] Deren Navigationskünste erlauben es den Holländern, auf südlicheren Routen nach Java zu segeln und so den Portugiesen auszuweichen.

Neben Navigationswissen und ausreichendem Kapital wird in fernen Landen auch die Infrastruktur benötigt, um die Schiffe nach den harten Hinfahrten zu unterhalten – und natürlich das entsprechende Holz dazu. Noch bevor die Niederländer 1619 beim javanischen Dorf Sunda Kelapa die Hafenstadt Batavia, das heutige Jakarta, gründen, beginnen sie nordwestlich davon auf der Insel Onrust mit dem Bau einer Werft. Für Reparaturen der holländischen Schiffe, die aus baltischer oder deutscher Eiche gefertigt sind, eignet sich Teak sehr gut. Das Vorhandensein von Teak war – neben dem Reichtum Javas an Reis – ein wesentlicher Grund für die Holländer, sich gerade auf dieser Insel niederzulassen.

Holz wird auch für die Siedlungsentwicklung benötigt. Batavia wird auf den Ruinen eines sundanesischen Ortes gebaut, den niederländische Truppen 1619 zerstört hatten, und entwickelt sich im 17. Jahrhundert rasch. In Javas Wäldern wachsen natürlicherweise etwa 1500 verschiedene Baumarten. Die Holländer bezeichnen diese Naturwälder, durchaus abwertend, als »Wildhout«, wilder Wald.[154] Für große Projekte wie Gebäude bevorzugen sie Teak – wie auch die javanischen Herrscher im Osten der Insel.

Mit zunehmender Handelstätigkeit steigt der Bedarf für Gütertransporte zwischen den Inseln. Gewürznelken und Muskatnuss wachsen vor allem auf den Molukkeninseln mit dem Hauptort Ambon, rund 2500 Kilometer von Batavia entfernt. Pfeffer gedeiht vorwiegend auf Sumatra. Später kommen auch Seide und Porzellan aus China und Japan dazu. Alle Güter werden von der V. O. C. nach Batavia transportiert. Dort erfolgt die Bündelung für den Transport nach Amsterdam, der einmal pro Jahr, wenn der Monsun günstig weht, stattfindet.

Im 17. Jahrhundert baut die V. O. C. deshalb zwei separate Flotten auf. Zwischen Batavia und Amsterdam verkehren die großen *Retourschepen*, die Retourschiffe, welche die interkontinentalen Routen von Europa nach Asien und zurück segeln. Die zweite Flotte dient dem innerasiatischen Handel. Dieser weist eine hohe Frequenz auf und ist etwa zehnmal größer als der Fernverkehr[155], wobei die Boote kleiner und viel zahlreicher sind als die Retourschiffe.

Für diesen innerasiatischen Handel pflegen die Holländer bis in die 1630er-Jahre, vorgefertigte Bausätze für Eichenschiffe von Holland nach Batavia zu transportieren.[156] Eiche jedoch wird in tropischen Gewässern stark vom Schiffsbohrwurm angegriffen, einer Muschelart, die sich von Zellulose ernährt und Holz im Salzwasser zu einem wabenförmigen Schwamm zerfrisst – ein Schrecken für die Seefahrt seit der Antike. Kolumbus etwa hat geschildert, wie ein Teil seiner Schiffe praktisch unter den Füßen der Mannschaft auseinanderfiel (siehe Eiche, S. 70).

Viel resistenter gegen den Schiffsbohrwurm als Eiche ist Teak. Darum beginnt die V. O. C., ihre Boote für den innerasiatischen Handel in Java aus Teak zu bauen. 1779 sind dies über hundert Schiffe, das größte darunter hat 1200 Tonnen Transportkapazität.[157] Der Holzeinschlag wird jährlich auf 75 000 Balken[158] geschätzt, was ebenso vielen Teakbäumen entsprechen dürfte. Diese Zahl könnte jedoch wesentlich zu tief liegen, weil darin der Bedarf der vielen privaten Werften an der javanischen Nordküste, die ebenfalls für die Holländer produzieren, nicht berücksichtigt ist.

Die V. O. C. geht 1800 in den Konkurs, und ihre Aktivitäten werden vom holländischen Staat übernommen. Danach steigt die Teakernte kontinuierlich an, 1865 sind es 175 000 Stämme.[159] Mit der Übernahme des Staates wird auch ein Forstdienst mit zwei Inspektoren eingerichtet. Dies belegt die große Bedeutung von Teak für die Niederländer, die den Handel nun straff kontrollieren. 1810 lassen sie zwei Millionen Teakpflanzen setzen, eine Aufforstung von etwa 650 Fußballfeldern[160] und global wohl die größte gepflanzte Waldfläche bis zu jenem Zeitpunkt.

TEAK FÜR ENGLISCHE SCHIFFE

Noch wichtiger als für die Holländer wird Teak für die Engländer. Ihr Bedarf daran ist einer der wesentlichen Gründe für den expansiven Zug des British Empire Richtung Osten, über den indischen Subkontinent hinaus nach Myanmar und letztlich bis nach Siam, dem heutigen Thailand, das von den Engländern nur deshalb nicht erobert wurde, weil die siamesische Regierung mit den Begehren des Empires äußerst geschickt umzugehen verstand.

Die Geschichte von den Engländern und dem Teak beginnt an der Westküste Indiens, dem Land mit der größten Ausdehnung von Wäldern, in denen Teak wächst. Die ersten Europäer, die indisches Teak für den Schiffsbau verwendeten, waren jedoch die Portugiesen. Sie haben *tekka*, wie der Baum in Kerala im Südwesten Indiens heißt, als *teca* ins Portugiesische übernommen, aus dem dann das englische Teak wird.

Seit Vasco da Gama 1498 in Calicut im indischen Süden einlief, kommen die Portugiesen mit Karavellen nach Indien, die mit Pinienholz beplankt sind und in tropischen Gewässern stark unter Schiffsbohrwurm und Fäulnispilzen leiden. 1680 lassen sie dann im heutigen Vasai nördlich von Mumbai erstmals eine Fregatte ganz aus Teak bauen.

Im Laufe des 18. Jahrhunderts beginnen sich auch die Engländer für Teak zu interessieren. Eiche in geeigneter Form und Stärke, ein machtstrategisch äußerst wichtiger Baustoff für England, ist damals auf der Insel und dem europäischen Kontinent zunehmend schwieriger zu bekommen.

Die Zuwendung Englands zum indischen Teak erfolgt in zwei Schritten. Den ersten macht die *East India Company*, kurz EIC, die 1600, praktisch zeitgleich mit der holländischen V.O.C., gegründet wird – ebenfalls als Aktiengesellschaft. Wie die V.O.C. wird die EIC mit einer aus heutiger Sicht unverschämten Machtfülle ausgestattet, die dazu führen wird, dass sich Handel und Geschäft oft mit Gewalt paaren. Bereits 1600 hatte Königin Elizabeth I. der EIC das ausschließliche Recht verliehen, östlich des Kaps der Guten Hoffnung, und damit auf dem indischen Subkontinent, Handel zu treiben. Später kommen weitere royale Privilegien dazu, wie die Erlaubnis, Festungen zu bauen oder Krieg zu führen. Damit soll die East India Company gleich lange Spieße erhalten wie die Vereenigde Oostindische Compagnie (siehe Eiche, S. 60).

Die East India Company wird auf ihrem Höhepunkt der größte Konzern sein, der je auf der Welt existiert hat. Der Übergang von kleineren, familienbasierten Unternehmen, die vor 1600 den Handel dominierten, zu interkontinental agierenden Aktiengesellschaften wird sich als einer der bedeutendsten und durchaus zwiespältigen europäischen Beiträge zur Transformation der Erde erweisen. Dies wirkt sich bereits früh und oft dramatisch auf die Wälder aus. Und an keiner Baumart ist dies derart klar verfolgbar wie beim Teak.

Die East India Company errichtet einen ersten indischen Schwerpunkt in Bombay, dem heutigen Mumbai. Für den Verkehr mit Indien lässt die EIC bis Anfang des 19. Jahrhunderts etwa 800 größere Handelsschiffe, sogenannte »Eastindiamen«[161], bauen. In einer ersten Phase werden diese in England hergestellt, in Deptford an der Themse, heute ein Stadtteil Londons, wo die EIC schon kurz nach ihrer Gründung eine eigene Werft betreibt. Die rege Schiffsbautätigkeit der EIC führt immer wieder zu Konkurrenz mit der Royal Navy. Die EIC wird von der Navy daher episodisch angewiesen, den Holzverbrauch zu vermindern, etwa 1771 mit der Anordnung, die Transportkapazität je Schiff unter ein bestimmtes Maß zu reduzieren.[162]

Die Konkurrenz mit der Navy um den Rohstoff zwingt die East India Company schon früh, andere Lösungen zu finden. Fündig wird sie im traditionellen Bootsbau an der Westküste Indiens, wo in den 1730er-Jahren erste Schiffe für die EIC auf Kiel gelegt und vollkommen aus Teak gebaut werden. Dutzende kleinere Schiffe folgen, und bis Ende des 18. Jahrhunderts werden auch große Projekte realisiert. Die Fregatte »Bombay« geht 1793 vom Stapel. Sie verfügt über 38 Kanonen und kann für den Warenhandel, aber auch als Kriegsschiff eingesetzt werden.

Doch im Vergleich zur East India Company ist die Royal Navy erzkonservativ (vgl. Eiche, S. 67). Das Navy Board, das für die Holzbeschaffung der Kriegsflotte zuständig ist, unternimmt zaghafte Versuche mit Eichen aus den nordamerikanischen Kolonien, doch diese sind nicht von langer Dauer. Die amerikanischen Hölzer verpilzen während des Transports, und das Holz kommt auch mechanisch nicht an englische Qualitäten heran.

Zu einem Umdenken führen erst die Kriege mit den Franzosen um die Wende vom 18. zum 19. Jahrhundert. Diese bringen einiges ins Bewusstsein: die heruntergewirtschafteten Eichenbestände auf der Insel, das Improvisieren beim Unterhalt der Flotte, ein Sieg zwar in der richtungsweisenden Seeschlacht von Trafalgar, der jedoch mit einer notdürftig zusammengeflickten Flotte zustande kam. All das führt im englischen Reich dazu, die althergebrachten Vorurteile gegenüber allem, was nicht englische Eiche ist, zu überdenken (vgl. Eiche, S. 74).

Zudem verschärft sich ab 1806 die Liefersituation für europäische Eiche noch einmal. Napoleon Bonaparte hat im Jahr zuvor bei Trafalgar 1805 den größten Teil seiner Flotte verloren und muss die Pläne für eine Invasion Großbritanniens fallen lassen. Seine einzige Chance, das Inselreich zu schwächen, liegt in einer Wirtschaftsblockade Großbritanniens, und er ordnet deshalb eine Kontinentalsperre an. Diese verfügt für alle europäischen Staaten ein Handelsverbot mit Großbritannien. Eines der zentralen Ziele ist, die britische Kriegsmarine von der Versorgung mit Eichenholz abzuschneiden.

England beginnt nun, die ganze Welt nach geeignetem Schiffsholz zu durchkämmen. Admirale und Diplomaten, Kapitäne und Konsuln in jeder Ecke des Empires werden aufgefordert, Holzproben nach England zu schicken. Eingereicht werden etwa Stinkholz aus Südafrika oder Jarrah aus dem Westen Australiens. Hölzer wie Thingam, Pubutukawa, Molave oder Mangachapuy werden geprüft.[163] Als die Crew der *Boyd* in Neuseeland Kauri-Fichten laden will, soll sie von Kannibalen verzehrt worden sein.[164] Mahagoni, das die Spanier in ihren Werften in Havanna einsetzten, ist zu teuer für den englischen Markt und wird nur sparsam verwendet, etwa für die würdevoll dunkle Ausstattung von englischen Clubs.

Bald sehen die Holzlisten der englischen Werften aus wie ein globales Botanikregister und verzeichnen nicht mehr ausschließlich europäische Baumarten wie Eiche, Ulme, Buche, Fichte und Tanne. Als erfolgreichster Weg für die Royal Navy erweist sich jedoch derjenige, welchen die *East India Company* bereits Mitte des 18. Jahrhunderts eingeschlagen hatte: mit Teakholz von der Westküste Indiens zu arbeiten.

TEAKREICHE WÄLDER ALS TEIL DER KULTURLANDSCHAFT

Die Küstenlandschaft im Westen des indischen Subkontinents besteht im Querprofil aus einer etwa 100 Kilometer breiten Ebene zwischen Meer und den Westghats, einem Bergzug, dessen Flanken zuerst sanft und dann immer steiler ansteigen. Die Ghats beginnen im Norden der Westküste und verlaufen auf einer Länge von etwa 1600 Kilometern parallel zur Küste fast bis zur Südspitze des Subkontinents.

Die Ghats sind bis zu 2000 m ü. M. hoch und kämmen während des Monsuns im Mai sintflutartige Regen aus, die 6000 mm pro Jahr überschreiten können. Hier haben sich vielfältige Pflanzengesellschaften herausgebildet. Verbreitet sind tropische Mischwälder, die zum Teil hohe Anteile an Teak aufweisen. Noch in den 1780er-Jahren berichtet Henry Dundas, damals Schatzmeister der Royal Navy, dass die Teakvorräte an der indischen Westküste »nahezu unerschöpflich« seien, eine Einschätzung, die er wohl vom weitgereisten Geografen und Funktionär der East India Company, James Rennell, übernommen hat.[165]

Was Rennel beobachtete, waren jedoch nicht unberührte Wälder. Botaniker gehen vielmehr davon aus, dass solche schon damals auch in den Ghats nur noch auf kleinen Flächen vorkamen.[166] Vielmehr waren die meisten zugänglichen Wälder durch Jahrtausende dauernde Nutzungen mitgeformt.

Dies gilt auch für den flachen Küstenstreifen, der von Reisfeldern geprägt ist und damals noch viel Wald aufweist. Wo die Flanken der Ghats ansteigen – wo das meiste Teakholz herkommt –, beobachten die Engländer Wechselfeldbau. Angehörige der Bergstämme fällen hier in der Trockenzeit *Kumri*, ein kleines Stück Wald, lassen die geschlagene Vegetation trocknen und stecken sie anschließend in Brand. In die fruchtbare Asche sähen sie Trockenreis und Gemüse. Nach zwei, drei Ernten wird der Anbau durch austreibende Wurzelstöcke und rasch wachsende Kräuter zu stark behindert. – Zeit, um weiterzuziehen und ein neues *Kumri* zu fällen.

Auf den verlassenen Flächen verjüngt sich Teak sehr gut[167], denn die offene Situation ist für den Teakbaum, der in der Jugend viel Licht benötigt, ideal. Wechselfeldbau ist einer der Wege, wie »Dschungel« entsteht, Wald, wie er im »Jungle Book« von Rudyard Kipling beschrieben wird. Der Ausdruck ist abgeleitet aus dem Sanskrit-Wort *jangal*, das in der englischen Interpretation die Bedeutung »verworrenes Dickicht« erhalten hat. Auf dem indischen Subkontinent beschreibt »Dschungel« das Ergebnis einer Störung der Vegetation, das wilde Durcheinander, wenn die tropischen Waldpflanzen nach einem Windwurf oder einem Holzschlag wieder zurückkommen, oder wenn die Waldvegetation verlassene Felder zurückerobert.

Teak ist ein typisches Dschungelholz: Ähnlich wie in Java ist Teak auch an der indischen Südküste durch den Landbau gefördert worden, und mancher Teakstamm, aus dem englische Schiffe entstanden sind, dürfte auf einem ehemaligen Rodungsfeld gewachsen sein. Botaniker gehen gar davon aus, dass der Wanderfeldbau langfristig den Vegetationscharakter beeinflusst hat. Danach haben sich immergrüne Regenwälder mit der Zeit zu laubwerfenden Monsunwäldern entwickelt, die das Laub in der Trockenzeit verlieren und reich an Teak und Bambus sind.[168]

Die Ghats werden jedoch nicht nur landwirtschaftlich genutzt, sondern auch für die Holzgewinnung, speziell von Teak und Sandelholz. An der Westküste haben sich in den vielen Jahrhunderten der Holznutzung komplexe Eigentumsrechte, Ernteweisen und Handelsbeziehungen herausgebildet.

Über allem stehen die hinduistischen Rajas oder islamischen Sultane, die in ihren Herrschaftsgebieten jeweils die Oberhoheit über den Wald und speziell über Teak sowie Sandel- und Rosenholz beanspruchen, wie dies auf dem ganzen indischen Subkontinent üblich ist. Als faktische Eigentümer sind die Adligen berechtigt, Nutzungsrechte zu vergeben, etwa als Privileg an verdiente Einzelpersonen, etwa Beamte, an Bauern als Pächter oder über eine Versteigerung. Die Rechte sind geografisch oder auf eine bestimmte Anzahl Stämme begrenzt und können als Gegenleistung eine Abgabe an den Raja beinhalten, pro Stamm oder pauschal.[169]

EINE BIOCHEMISCHE SUBTILITÄT MIT GLOBALEN AUSWIRKUNGEN

Ende des 18. Jahrhunderts kommt das beste Teak für den Schiffsbau aus den Wäldern der Malabarküste. Diese umfasst das südliche Drittel der Westküste Indiens und gehört zum Machtbereich von Tipu Sultan, dem Herrscher des Königreichs Mysore. Als solcher beansprucht er die Oberhoheit über die Wälder und hat die Kontrolle über das Teakholz. Dies an die Engländer abzugeben, ist er nicht bereit. Tipu Sultan wehrt sich, wie bereits sein Vater, militärisch gegen den zunehmenden Einfluss der East India Company und führt drei Kriege gegen die Engländer.

Schon damals werfen kriegerische Konflikte in Europa ihre Schatten auf die ganze Welt. Um sich die Engländer vom Hals zu schaffen, setzt Tipu Sultan auf die Franzosen und beschäftigt französische Truppen und Ausbilder für seine Armee. Er selber erklärt sich 1794 zum »Citoyen Tipu«, gründet einen Jacobiner Club und setzt in Mysores Hauptstadt Seringapatam einen Freiheitsbaum.[170] 1797 bietet er dem Direktorium, der letzten Regierung der französischen Revolution, einen Freundschaftspakt an.

In jenem Jahr erobert Napoleon Bonaparte mit der französischen Revolutionsarmee die Lombardei und im Folgejahr die Schweiz, Rom und Neapel. Einzig das englische Inselreich, inklusive seiner begehrenswerten Gebiete in Indien, entzieht sich den Franzosen bisher. Bonaparte plant, die britische Vormachtstellung im Mittelmeerraum mit einer Besetzung Ägyptens zu beenden und gleichzeitig die Warenströme des legendär fruchtbaren Landes unter die Kontrolle Frankreichs zu bringen. Nach Einnahme Ägyptens will Bonaparte weiter nach Indien vorstoßen, um gemeinsam mit indischen Fürsten die Engländer zu vertreiben. Frankreichs Außenminister Talleyrand schlägt im Jahr nach Tipu Sultans Angebot vor, 15 000 Mann von Suez nach Indien zu senden, um unter anderem Mysore im Kampf gegen die Engländer zu unterstützen.[171]

Die ägyptische Expedition Bonapartes scheitert jedoch. Die Engländer zerstören vor Abukir im Nil-Delta die Flotte, mit der die französische Armee nach Ägypten gelangt ist. Das französische Heer ist damit von der Heimat abgeschnitten und wird später von den Engländern geschlagen, die Soldaten auf englischen Schiffen und gegen Bezahlung nach Frankreich gebracht.

Auch in Mysore dreht sich das Schicksal zugunsten Großbritanniens. Tipu Sultan verliert erst einen guten Teil seines Gebietes mit den Wäldern an die Engländer und später sein Leben. Damit hat sich die Bedrohung durch Frankreich auch in Indien erledigt. Lange hat sich die East India Company vor allem für den Pfeffer und andere Gewürze interessiert. Mit der Eroberung von Mysore ist nun auch der Weg zu wichtigen indischen Teak-Ressourcen offen. Inzwischen hat dieses Holz in England einen geradezu mystischen Ruf erlangt.

Wenig später gibt die Royal Navy bei der East India Company den Bau einer Fregatte mit 36 Kanonen in Auftrag, die in Bombay gebaut wird. Die *Salsette* läuft 1805 vom Stapel. Sie ist das erste Schiff der Royal Navy, das ganz aus Teak gebaut ist. Bis 1809 folgen zwei weitere Fregatten mit 36 Geschützen, sowie etliche kleinere Boote. Die Anzahl und auch die Größe der Schiffe verdoppeln sich ab 1810 – nun läuft jedes zweite Jahr ein Schiff mit 74 Kanonen vom Stapel.[172]

Bombay entwickelt sich zu einem neuen Zentrum des Schiffsbaus. In den 1780er-Jahren sind viele Werften von der East India Company ermuntert worden, von Surat ganz oben an der Westküste in das weiter südlich gelegene Bombay zu ziehen.[173] Surat liegt am nördlichen Rand des natürlichen Verbreitungsgebietes von Teak, und die Holzversorgung ist dort zunehmend schwierig geworden, eine Folge der seit Jahrhunderten andauernden Schiffsbautätigkeit für den arabischen Raum und für die Portugiesen.

Den Umzug nach Bombay machen auch die parsischen Reeder und Händler mit, die im Handel von Baumwolle mit China engagiert und oft mit den Familien der Bootsbauer verwandt sind. Alle sechs Werften in Bombay sind im Besitz von Parsen, einer aus Persien an die indische Westküste eingewanderten ethnisch-religiösen Gruppe. Ihr Glaube geht auf den Religionsstifter Zarathustra zurück, der in Europa als Inbegriff des Weisheitslehrers gilt.

Die bedeutendste Werft ist 1736 von der Familie Wadia gegründet worden, die ebenfalls Parsen sind. In der Wadia-Werft arbeiten Familienmitglieder bis 1913, und die Firma besteht noch heute. Der bekannteste Bootsbaumeister ist Jamsetjee Bomanjee Wadia, der ab 1792 in seinen 17 Jahren als Werftleiter rund 60 Schiffe baut, 16 davon für die Royal Navy.[174]

Am 26. Mai 1819 hämmert Jamsetjee Bomanjee nach der Kiellegung der *Trincomalee* den traditionellen silbernen Nagel in die Struktur.[175] Das Silber hat dem Schiff das gewünschte Glück gebracht: Es liegt nach einem langen, ereignisreichen Leben noch heute im Hafen von Hartlepool im Nordosten Englands. Es gibt keinen eindrücklicheren Beleg für die Langlebigkeit und Seefestigkeit von Teakholz als die *Trincomalee*, die nun seit mehr als 200 Jahren schwimmt. 65 Prozent des Rumpfs bestehen aus dem Holz der Wadia-Werft, während es bei der *Victory*, dem eichenen Flaggschiff Nelsons, das in Portsmouth auf dem Trockendock liegt, gerade noch um die 15 Prozent sind.[176]

Die Schiffsbauer in Indien befestigen Spanten und Planken traditionell mit Eisenbolzen und -nägeln. Europäische Eichenschiffe hingegen werden durch Holzstifte zusammengehalten, die in vorgebohrte Löcher getrieben werden. Der Einsatz von Metall ist effektiver und erlaubt es den Werftarbeitern in Indien, Schiffe in einem einzigen Jahr fertigzustellen. Ihre Kollegen in England benötigen dazu drei bis fünf Jahre.

Die unterschiedliche Bauweise mit Eiche oder Teak ist auf eine biochemische Subtilität zurückzuführen. Die Öle im Teakholz wirken nämlich konservierend auf Eisen – ganz im Gegensatz zu den Gerbsäuren des Eichenholzes, welche die Rostbildung beschleunigen. Darum sind Verbindungsstellen mit Beteiligung von Eiche und Eisen über kurz oder lang dem Verfall ausgeliefert. Dies ist auch der hauptsächliche Grund, warum Eisen im europäischen Schiffsbau lange nur spärlich eingesetzt wird – wenn überhaupt, dann möglichst weit oberhalb der Wasserlinie.

Auch bei der Verwendung von Konstruktionselementen aus Eisen ist die East India Company der Admiralität und dem Navy Board um Jahrzehnte voraus. Bereits in den 1780er-Jahren erhielten die EIC-Schiffe Kniehölzer, die mit geschmiedetem Flacheisen verstärkt sind, später sind es gegossene Stücke. Das ist auch bei der *Trincomalee* aus der Wadia-Werft der Fall (siehe Eiche, S. 61).

Chemische Unterschiede zwischen Holzarten bestimmen also die Schiffsbautechnik wesentlich mit, und wir werden sehen, dass dies wiederum ein weiteres Jahrhundert lang weitreichende Politikentscheide im Britischen Imperium beeinflussen wird, um die Versorgung mit Teak zu sichern und stets genügend davon zur Verfügung zu haben.

ALTE ÄNGSTE UM DIE NEUE EICHE

Bombay als neues Schiffsbauzentrum gewinnt zu Beginn des 19. Jahrhunderts laufend an Bedeutung. Die Tatsache, dass die Royal Navy nun auf Teakschiffe setzt, löst einen Rush auf die Ressource aus. In etlichen Fällen lässt die Navy beim Bau eines Schiffes ein Doppel der Spanten und Planken erstellen. Dieser Bausatz gelangt anschließend mit dem neuen Schiff nach England und wird erst dort zu einem Zwillingsgefährt zusammengebaut.

Für den neuen Kunden, die Royal Navy, bauen die Werften in Bombay zwischen 1793 und 1815 neun Schiffe.[177] Noch wichtiger als Auftraggeber bleibt die

East India Company mit 50 gebauten Schiffen im gleichen Zeitraum. Die totale Tonnage der Handelsflotte der EIC vervierfacht sich zwischen 1788 und 1860.[178] Berechnet man 4000 Eichen, die in England für ein Schiff verbaut werden, benötigen die Bombay-Werften in dieser Periode Teak in einer Größenordnung von einer Viertelmillion Stämmen. Es muss in Bombay um einiges emsiger zugegangen sein, als jemals in den englischen Werften entlang der Themse.

Teak wird Englands neue Eiche. Der tropische Baum ist nun auch für das Inselimperium ein wahrhaft königlicher Baum, von zentraler Bedeutung für die Seefahrernation, die sich auch dank dieser Ressource allmählich zum größten Reich der Erde, zum British Empire in seiner ganzen Machtausdehnung entwickelt. Teak wird zu einer neuen hölzernen Obsession für England, wie es jahrhundertelang die Eiche war, und seine Verfügbarkeit wird laufend und mit Argwohn überprüft.

Die intensiveren Holzschläge, die der Schiffsbau verursacht, hinterlassen an der Malabarküste mittlerweile ihre Spuren, in der Landschaft ebenso, rasch danach auch in der Wahrnehmung der Verwaltungen, von der East India Company in Bombay bis in die Büros der Admiralität in London. Plötzlich ist eine englische Urangst wieder da: diejenige um das Holz, dieses Mal die Angst vor einer Verknappung der eben in ihrer exzellenten Bedeutung erkannten Ressource Teak.

Bereits 1805 beklagen sich die Parsi darüber, nicht genügend Holz zu erhalten. Andererseits berichten Reisende von schwindenden Waldflächen entlang der Küste und im Hinterland von Bombay. Dies hat sicher mit den Holzschlägen zu tun, doch was den Kolonialbeamten nun mit einem Mal und viel stärker ins Auge sticht, ist der traditionelle Wechselfeldbau mit den temporär waldfreien *Kumri*, den die Angehörigen der Bergstämme an den Flanken der Ghats betreiben.

In der East India Company etabliert sich umgehend das Narrativ, dass die einst unermesslichen Teakwälder der Malabarküste durch »die Nachlässigkeit der Einheimischen« zerstört würden.[179] Gleichzeitig verlangt die Admiralität in London ein geplantes und geregeltes Vorgehen, um die Werften in Bombay jederzeit mit ausreichend Teak für die Schiffe der Royal Navy zu versorgen.

Die East India Company entschließt sich daher, einen Waldaufseher für die Malabarküste zu berufen.[180] Dazu setzt sie 1806 einen Polizeioffizier, Captain Josef Watson, als »Conservator of Forests« ein.[181] Als Rechtsgrundlage beruft sich die EIC dabei auf das Regime von Tipu Sultan, der bereits die Oberhoheit über die Bäume beansprucht hatte. Die EIC sieht sich als dessen Rechtsnachfolgerin und leitet daraus ihr eigenes Besitzrecht am Teak ab. Die Nutzung der Wälder wird generell verboten, auch für die einheimische Bevölkerung, und Holz kann nur noch mit Erlaubnis der EIC geschlagen werden.

Die Einsetzung des Waldaufsehers in Malabar ist die Geburtsstunde der kolonialen Waldadministration in Indien. Es werden noch viele weitere Schritte zum Aufbau einer Forstorganisation folgen, stets mit dem Ziel, die Ansprüche des Empires in Indiens Wälder sicherzustellen. Doch bereits dieser erste Versuch ist mit Unzulänglichkeiten und Konstruktionsfehlern befrachtet, welche die Forstdienste Indiens bis heute beschäftigen.[182]

Ein zentrales Problem der imperialen Aneignung des Waldes liegt in der Spaltung, die zwischen den Bedürfnissen der lokalen Landbevölkerung und jenen einer weit entfernten Kolonialmacht entsteht. Die Aufgabe Watsons ist es, die Teakressourcen im Interesse Englands zu nutzen und vor störenden Kräften möglichst zu schützen. Die ländliche Bevölkerung hat ganz andere Interessen. Sie benötigt zwar ebenfalls Holz, wenn auch meist lediglich in kleinen Dimensionen. Sie braucht aber auch Blätter zum Dachdecken, Brennholz zum Kochen, Gras und Laubfutter für das Vieh, Laubstreu als Gründünger, Früchte und Gewürze, Wildhonig, Wachs und Wurzeln sowie Ausgangsstoffe zum Färben, Gerben, oder als Medizin. Zudem Gummi und Harze sowie Dornen für Viehzäune.

Die enge Verzahnung der landwirtschaftlichen Nutzungssysteme mit dem Wald verträgt sich nicht mit den kolonialen Vorstellungen und Zielen. In den Arbeitsplänen und in der Korrespondenz der Forstbeamten erscheinen die Bauern, implizit oder ganz offen, als Störfaktor, als Hindernis für eine gute Bewirtschaftung des Teakkapitals. Aus Sicht der Landbevölkerung wiederum ist die Vereinnahmung von Wäldern, in denen Dörfer traditionelle Rechte besitzen, eine Usurpation ihrer Rechte durch die East India Company.

Damit ist das Kraftfeld aufgespannt für das Teakdrama an der Malabarküste: Das Britische Empire hat eben erst jene Schlüsselressource entdeckt, die geeignet ist, seine Macht auf den Weltmeeren zu sichern. Die East India Company muss jedoch bald feststellen, dass das Monopol, das sie beansprucht, nicht weit ins Hinterland reicht und sie den weitläufigen Raum der Malabarküste auch nicht zu kontrollieren vermag.[183] Zu groß ist der Widerstand der lokalen Bevölkerung. Die Bauern und auch alle am Holzhandel Beteiligten, von den Händlern bis zu den Schiffsbauern, wehren sich gegen die imperiale Störung der traditionellen Rechte und Rohstoffflüsse.

Das Nutzungsverbot provoziert nicht nur Unmut, sondern fördert auch Holzfrevel, Schwarzmarkthandel und Gewalt. 1822 kritisiert Thomas Munro, der britische Gouverneur in Bombay, die East India Company dafür, den regionalen Holzhandel mit Regulierungen »aus Zeiten der normannischen Forstgesetze« zu behindern, eine Anspielung auf die Zeiten Wilhelm des Eroberers, der 1079 den südenglischen New Forest als Jagdgebiet unter königlichen Schutz stellen ließ – mit Bewirtschaftungsverboten für die lokale Bevölkerung, und unter Androhung von drastischen Strafen bis zur Blendung (siehe Eiche, S. 34).

Munro empfiehlt die Aufhebung aller Beschränkungen. Wenn die englische Marine Holz für ein paar Schiffe benötige, solle sie dieses doch einfach auf dem freien Markt einkaufen. Tatsächlich löst die East India Company im Folgejahr das Forstdepartement inklusive dessen Erlasse kurzerhand auf.

Doch damit fangen die Verheerungen in den Wäldern Malabars erst recht an. Die Abschaffung des kolonialen Regelwerks bedeutet nämlich keineswegs, dass die traditionelle Rechtestruktur wieder in Kraft tritt. Zwar haben in diesen Wäldern mündlich überlieferte Nutzungsregeln gegolten, zu schlagendes Holz wurde vom Dorfvorsteher oder vom Priester zugewiesen, Bäume wurden mit einer zuvor geweihten Säge gefällt.[184] Doch die kolonialen Eingriffe haben dies alles durcheinandergebracht.

Statt der ursprünglichen Regelungen und lokalen Bräuche tritt vielmehr tiefe Rechtsunsicherheit ein. Die Folge dieses Vakuums: Wo die Bäume niemandem mehr gehören, machen sich alle an das Teak und das Sandelholz heran. Unabhängig von Alter und Umfang der Bäume werden diese auch spekulativ gefällt, in der Hoffnung, dass sie sich dann schon verkaufen lassen.

Zwar schafft es die East India Company, die Werften in Bombay lebensfähig zu erhalten und irgendwie mit ausreichend Holz zu versorgen. Doch dies ist nicht, wie von der Admiralität in London verlangt, auf Basis einer soliden Planung geschehen, mit nachhaltiger Waldbewirtschaftung und einem organisierten Holzhandel. Eher sind die alten Dramen der englischen Holzversorgung wieder aufgetaucht, dieses Mal in Indien.

Nach Auflösung des Forstdepartements und der Tolerierung einer Laissez-faire-Wirtschaft wird es an der Malabarküste Jahrzehnte dauern, bis ein nächster Anlauf zur Sicherung einer geregelten, nachhaltigen Waldbewirtschaftung stattfindet. Dies hat auch damit zu tun, dass sich die East India Company vor dem Hintergrund der unsicheren Teakversorgung an der Westküste längst nach neuen Quellen umgesehen hat. Teak und einige andere Baumarten sind denn auch wichtige Gründe für die EIC, sich in Zentralindien zu etablieren und später bis in die vorgelagerten Hügel des Himalaya und an die Grenze zu Nepal vorzudringen.

BURMA – HEIMSTÄTTE DES TEAKS

Der indische Subkontinent ist nicht der einzige Erdstrich, wo Teak wächst. Seit dem 18. Jahrhundert berichten Reisende immer wieder von Vorkommen mit geradezu mystischem Renommee in Burma, dem heutigen Myanmar. In diesem geheimnisvollen Land versucht die East India Company seit 1612 Fuß zu fassen und sich im Delta des Irrawaddy niederzulassen.[185] Die Etablierung stabiler Handelsbeziehungen mit dem buddhistischen Königreich ist jedoch nie gelungen.

Selbst auf dem diplomatischen Parkett haben es die Engländer schwer. Über Jahrhunderte zeigen die burmesischen Könige den Briten die kalte Schulter.[186] Einer der Gründe dafür: Burmesische Monarchen sind nicht gewillt, mit Funktionären eines Unternehmens zu verhandeln – sie fordern ein Gegenüber von angemessenem Rang. Doch ein Treffen auf höchster Regierungsebene wird nie zustande kommen. Entsprechend schwer ist die Aufgabe für englische Gesandte, welche die East India Company versucht, an den Höfen zu platzieren. Der 1796 in die damalige burmesische Hauptstadt Amarapura entsandte Captain Cox zum Beispiel erhält in seinen zwei Jahren Anwesenheit ein einziges Mal eine Audienz beim König.[187]

In Burma ist Teak wie überall in seinem natürlichen Verbreitungsgebiet königliches Eigentum.[188] Spätestens seit dem 18. Jahrhundert setzen die Könige auch Waldhüter ein, die Frevler büßen oder festsetzen können.[189] Selbst die Herrscher in den Shan-Bergen, dem hügeligen Grenzgebiet zu Siam, können Teak nur mit einer Bewilligung des Königs nutzen.[190] Pro Stock ist eine Abgabe fällig, die in die königliche Schatulle fließt – eine beträchtliche Einnahmequelle für den Staatshaushalt.

Traditionell darf die Bevölkerung Teak für ihre Häuser nutzen, aber nur in geringeren Dimensionen, zum Beispiel für Pfosten, auf denen die Häuser stehen. Der hauptsächliche Baustoff der ländlichen und auch der städtischen Architektur ist Bambus, der, in Längsrichtung gespalten, zu Wänden oder anderen Bauelementen geflochten wird.[191]

Der Hintergrund für den allmächtigen royalen Anspruch ist die Tatsache, dass Teak der wichtigste Baustoff für die Paläste, die Klöster oder für öffentliche

Bauten wie Brücken ist. Steine sind in den ausgedehnten Schwemmebenen kaum vorhanden, sodass Teakstämme das beste Baumaterial sind, leicht zu transportieren, enorm belastbar und genügend voluminös, um damit rasch bauen zu können.

Im buddhistischen Burma laufen die Machtwechsel oft brutal und blutig ab, und dies viele Male in der Geschichte. Dies ist auch ein wesentlicher Grund, warum seit jeher immer wieder die Hauptstädte verschoben und neue Paläste gebaut werden. Auch die Staatsgrenzen, vor allem mit Siam, dem heutigen Thailand, werden wiederholt in wechselseitigen Eroberungszügen Richtung Osten oder Westen verschoben. Auch dann werden neue Hauptstädte nötig. Die ehemaligen Palastgelände sind heute auf Google Earth gut auszumachen; sie erscheinen als große Vierecke, welche die Stadtmauern mit den Wassergräben nach wie vor markieren. In Bagan, der ältesten Hauptstadt des burmesischen Reiches, lässt sich das Gelände um den Golden Palace erahnen, in Shwebo, Inwa, Bago und Mandalay sind die Grenzen deutlich erkennbar.

Für eine neue Hauptstadt genügt manchmal auch ein böses Omen, zum Beispiel ein Geier, der sich auf der Turmspitze des Palastes niederlässt. Wenn bald darauf dieser Turm Feuer fängt, ist das ein eindeutiges Zeichen. 1823 ließ König Bagiydaw exakt aus diesem Grund die Hauptstadt von Amarapura nach Ava verlegen[192], nur wenige Kilometer entfernt auf der anderen Seite des Flusses Myitinge. Solche Entscheidungen erfolgen auf Anraten der königlichen Astrologen und Berater, vielfach weise Brahmanen aus Manipur, die dann auch den günstigsten Zeitpunkt für die Neugründung der königlichen Niederlassung bestimmen.

TEAK UND ELEFANTEN: SIAMESISCHE ZWILLINGE

Neben Teak halten die burmesischen Könige ein weiteres Monopol über ein Waldwesen: das über die Elefanten. Elefanten haben in allen Teakkulturen eine große praktische, aber auch religiöse Bedeutung. Ihr natürlicher Lebensraum deckt sich zu einem guten Teil mit dem Areal, in dem Teak vorkommt. Seit vielen Jahrhunderten werden einzelne freilebende Jungelefanten gefangen und anschließend durch einen Burschen betreut und abgerichtet. Der Elefant und sein *U-si* werden das ganze Arbeitsleben zusammenbleiben, manchmal 30 oder 40 Jahre.

In ganz seltenen Fällen gelingt der Fang eines weißen Elefanten, oder eine als Arbeitselefant gehaltene Kuh bringt ein solches Kalb zur Welt. Ein derartiges

Ereignis ist in den buddhistischen Ländern Burma und Siam von größter Bedeutung. Die Mutter von Prinz Siddhartha, der später zum Buddha wurde, soll von einem weißen Elefanten geträumt haben, der in ihrem Schoß verschwand und auf diese Weise ihre Schwangerschaft ermöglicht hatte.[193] Darum sind weiße Elefanten heilig.

Weiße Elefanten sind nicht schneeweiß, ihre Haut ist vielmehr von hellem Mausgrau, oft mit rosa Flecken. Burmesische Spezialisten erkennen weiße Elefanten an der Anzahl der Zehennägel an den hinteren Füßen: Es müssen fünf Nägel sein und nicht vier. Hat ein normal schwarzer Elefant die heilige Anzahl Zehennägel, ist es ein Wesen, das aufgrund eines sündigen früheren Lebens herabgestuft wiedergeboren wurde.[194]

Weiße Elefanten gelangen stets in die Obhut der Könige. Sie bringen ihrem Besitzer Glück und Wohlstand, vermitteln Prestige und politische Macht. Könige im Teakareal haben sich jahrhundertelang immer wieder Kriege um weiße Elefanten geliefert. Die seltenen Tiere haben ihre Bedeutung bis heute nicht verloren. Bhumibol Adulyadej, der 2016 verstorbene König von Thailand, hat elf weiße Elefanten besessen. Auch in Naypyidaw, der Hauptstadt Myanmars, leben sechs weiße Elefanten.[195] Generäle des Militärregimes sollen sie regelmäßig besuchen.

Im Alltag der Teakländer sind Arbeitselefanten seit Jahrhunderten unentbehrlich. Nur sie können die schweren Teakstämme in oft steilem und rutschigem Gelände bewegen und an den nächsten Bach schleppen. (Bild: Arbeitselefant in steilem Gelände ↪ Seite 130) Wenn dann die Monsunregen einsetzen und Hochwasser die Stämme mitreißen, können sie sich an engen Stellen verkeilen – bei der Auflösung solcher Blockaden kommen die geschicktesten Tiere zum Einsatz. Weiter unten, wo die Wasser breiter und ruhiger werden, helfen die Elefanten beim Zusammenstellen der Stämme zu Flößen. Und am Bestimmungsort schleppen sie das Holz zum Depot oder zum Bauort. Wenn ein neuer Palast und eine neue Hauptstadt entstehen, sind Hunderte Elefanten im Einsatz.

PALÄSTE WIE AUS 1001 NACHT

In Myanmar, dem früheren Burma, ist von den alten königlichen Residenzen nur noch ganz wenig übrig geblieben, fast alle Gebäude sind Bränden zum Opfer gefallen. Die Zerstörung der Paläste war stets eines der Hauptziele der Angreifer. Rauch und Feuer signalisieren, dass die Angreifer den Wassergraben des Palastgeländes und ebenso die Teakpalisaden unmittelbar um den Königssitz herum überwunden haben. Die Gemächer und die Schatzkammer, aus der die Armee finanziert wird, werden geplündert, und damit ist alles, was den alten König und sein Reich ausmachte, erobert.

So ist dies 1599 im heutigen Bago geschehen, als der Palast von König Bayinnaung, einem Herrscher der Taungoo-Dynastie, abgefackelt wurde. 1990 sind Teile davon freigelegt und wieder aufgebaut worden. Die Grabungen im Bereich der ehemaligen Audienzhalle legten 222 Fundamentspfeiler aus Teak frei, die einst in die lehmigen Sedimente des Bago-Flusses getrieben wurden. Über der oberen Stirnseite der Stämme liegen massive Teakbretter als Auflage für das Fundament aus Backsteinen und Erde, auf dem der Palast errichtet war. Die Teaksäulen, auf denen die Dachkonstruktion ruht, waren exakt auf die Fundamentspfeiler gestellt, so wie dies auch bei der Rekonstruktion wieder geschah. (Bild: Rekonstruierter Palast von Bago ↪ Seiten 130, 131)

Bei den Grabungen kam ein Teil dieser massiven, historischen Teakpfeiler zum Vorschein. Diese Hölzer vermitteln auch einen Einblick in das gesellschaftliche Gefüge und die religiösen Sitten, wie sie traditionell herrschten. Viele Pfeiler weisen auch nach 400 Jahren gut lesbare Inschriften auf, die in die Stirnflächen der Stämme eingekerbt sind. Es handelt sich um Namen von Regionen, Orten oder Beamten, die mit Teakholz aus ihrer Heimat zum Bau des Palastes beigetragen haben. (Bild: Jahrhundertealte Inschriften der Stifter ↪ Seite 131)

Diese Gaben waren von hoher symbolischer Bedeutung, für die keine Mühe zu groß war: Die Hölzer kamen beispielsweise aus Màgaung, einem kleinen Ort in der Ebene des Irrawaddy. Die Strecke zum Palast in Bago beträgt etwa 200 Kilometer. Moulmein, der Herkunftsort eines anderen Pfeilers, liegt etwa gleich weit entfernt, wobei der Weg von Moulmein nach Bago durch sumpfige Ebenen und breite Flussdeltas führt.

Hinter dem immensen Transportaufwand steckt ein zentrales Element des Buddhismus in seiner burmesischen oder thailändischen Variante. Es geht um »merit making«, den Erwerb von Verdiensten für die Speisung eines persönlichen religiösen Guthabens, das im nächsten Leben zu besseren Daseinsumständen und zur Weiterentwicklung eines Persönlichkeitswesens führt, auf dem langen Weg hin zur Erleuchtung. Mit guten Taten wie der Spende von Holz für den Königspalast erwirbt man sich Verdienst für das künftige und auch Schutz vor den Unbilden im jetzigen Leben. Auch der König kann seinerseits als Spender von Teak Verdienst erwerben, wenn er für Klöster und andere wichtige Bauten unentgeltlich Holz zur Nutzung freigibt.

Verdienst kann auch mit einem verstorbenen Menschen geteilt werden, um den Entschlafenen in seiner neuen Existenz zu unterstützen und gleichzeitig das Konto des Spenders zu speisen. Dieser Brauch ist einer der Gründe dafür, dass in Mandalay das wohl eindrücklichste Vermächtnis traditioneller burmesischer Palastarchitektur bis heute erhalten geblieben ist: das Shwenandaw-Kloster.

Mandalay ist die letzte Königsstadt Burmas, deren Bau 1857 von König Mindon angeordnet wird. Die Hofastrologen errechnen den günstigsten Baubeginn der Palastgebäude auf 1859, doch mit den Gemächern des Königs wird früher begonnen. Dazu werden Teile des Palastes in der alten Hauptstadt Amarapura zerlegt und in Mandalay wieder aufgebaut.

Trotzdem benötigt der geplante Palast mit mehr als hundert Bauten auch viel neues Teak.[196] Hinzu kommt das Material für die vielen kleineren Häuser innerhalb des Palastgeländes sowie für die neue Stadt, die außerhalb des Wassergrabens entsteht.[197] Die zwei Jahre zwischen königlicher Weisung und Baubeginn genügen wohl nur knapp, um das nötige Holz in den Lagern und im Wald zu beschaffen.

König Mindon hat seiner Bevölkerung durch den Bau von Mandalay Wohlstand, Reichtum und neuen Glanz für Buddhas Lehre versprochen, und tatsächlich gehören die 25 Jahre unter Mindon zu den besten und friedlichsten, die Burma erlebt hat.[198] Als Mindon 1878 stirbt, folgt ihm Thibaw, einer seiner 30 Söhne[199], auf den Thron. Thibaw hat Jahre in einem Kloster verbracht und die buddhistischen Schriften studiert.[200] Er fürchtet jedoch, dass der Geist seines Vaters in dessen Gemach, wo er gestorben ist, spuken könnte. Zwölf Tage nach dessen Tod lässt Thibaw daher dieses Gebäude zerlegen und außerhalb des Palastgeländes als Kloster, eben das Shwenandaw-Kyaung, das Kloster des Goldenen Palastes, wieder aufbauen.

Thibaw wird der letzte burmesische König sein. Sieben Jahre nach seiner Thronbesteigung wird das British Empire auch noch den Rest des Königreichs Burma übernehmen. Der Palast in Mandalay dient nun als britisches Truppenquartier, die prächtigsten Räume werden zum Offiziersclub, die königliche Münzstätte wird zur Bäckerei.[201] Während des Zweiten Weltkriegs dient der Palast als Nachschubdepot der Japaner und wird im März 1945 durch alliierte Bombenangriffe in Schutt und Asche gelegt. Nur das Shwenandaw-Kloster außerhalb der Mauern überlebt als Meisterstück der Teakbaukunst bis heute. (Bild: Shwenandaw-Kloster ↪ Seite 132)

Dieses Kloster steht auf 150 Teakpfosten, welche die Plattform aus Bohlen auf zwei Meter über den Boden heben. Unten an den äußersten Pfosten halten aufgebäumte Drachen böse Geister ab. Auf der Plattform stehen lange, ebenmäßige Teaksäulen, welche die vier Ebenen der Dachkonstruktion stützen. Der Blick auf die Wände zwischen den Dachebenen zeigt einen filigranen Figurenreichtum. *Nat-saw*, schützende Geisterwesen aus vorbuddhistischer Zeit, wechseln sich ab mit Motiven aus buddhistischen Mythen, etwa geflügelten Pferden oder Devas, himmlischen Wesen mit gottähnlichen Eigenschaften. (Bild: Fassade Shwenandaw-Kloster ↪ Seiten 132, 133)

All diese Elemente sind in Teak geschnitzt, das auch hier seine unerreichte Wetterfestigkeit zeigt: Nach mehr als 200 Jahren sind die meisten Motive der feinen Schnitzereien noch gut zu erkennen. Fäulnis ist keine vorhanden, doch das Tropenklima hat auch das Teak mitgenommen: Innerhalb eines Jahresrings ist das weiche Holz mit den weitlumigen Zellen, das beim Austreiben der Blätter gebildet wird, stärker erodiert als das dichte, später in der Vegetationszeit angelegte Gewebe. Vom Wetter abgetragen ist auch die äußere Vergoldung, die der Bau in seiner früheren Erscheinungsform im Palastgelände bekommen hat.

Erhalten ist hingegen die Vergoldung in den beiden großen Innenräumen. Nur in den unteren Bereichen, wo die Besucherinnen und Besucher beim staunenden Wandeln durch die Hallen ihre Hände entlangstreichen lassen, ist das Edelmetall weggewischt. Zwölf Säulen markieren den heiligen Bereich im Hauptsaal. Dort sitzt eine Statue des Buddhas auf einem Podest. Sie enthält im Inneren, so die Überlieferung, die Kleider König Mindons, die Thibaw dazu verbrannt hatte. Dieser Aschekern ist mit Lack aus dem Saft des Sumachbaums überzogen, der Lack dann vergoldet (Bild: Buddha, Shwenandaw-Kloster ↪ Seite 133).

Historische Teakbauten außerhalb der Palastgelände sind in Myanmar heute noch oft zu finden. Es sind Hunderte von Klöstern oder Unterständen, die vielerorts für Reisende errichtet wurden. Ein prächtiges Kloster ist Bagaya in der ehemaligen Königsstadt Inwa. Der Teakbau steht auf 267 Pfosten von eindrücklicher Dimension. (Bild: Pfosten für die Plattform des Bagaya-Klosters ↪ Seite 133) Zum Teil dürften sie auf den ursprünglichen Bau von 1593 zurückgehen, der in den 1820er-Jahren einem Feuer zum Opfer fiel und später wiederaufgebaut wurde.

DREI KRIEGE FÜR VIEL TEAK

Als sich die East India Company in den 1820er-Jahren für Burma und sein Teak zu interessieren beginnt, besteht nur eine vage Ahnung, was dieses Land an kulturellen und natürlichen Ressourcen zu bieten hat. Zwar haben Reisende immer wieder von bedeutenden Holzvorkommen berichtet, doch erst 1885, nachdem sich das British Empire Burma in drei Kriegen komplett einverleibt haben wird, ist ein Überblick möglich.

Der erste Krieg zwischen Burma und den Engländern bricht 1824 aus. Nach einer Reihe von Scharmützeln an Burmas Nordwestgrenze und einem burmesischen Vorstoß auf einen britischen Grenzposten bei Chittagong erklären die Briten Burma den Krieg. Als die englischen Truppen zwei Jahre später nur noch wenige Tagesmärsche vor der Hauptstadt Ava, dem heutigen Inwa, stehen, unterzeichnen die Burmesen einen Friedensvertrag.

Bemerkenswert an diesem Abkommen ist, dass sich die Engländer nicht nur Gebiete im eigentlichen Konfliktraum sichern, sondern auch das weit über tausend Kilometer entfernte Tenasserim im Südosten Burmas beanspruchen. Damit legt das British Empire seine Hand auf das schmale Landstück, das zwischen dem Fluss Salween und der Grenze zu Siam liegt – und damit auf eines jener Gebiete, die als außerordentlich reich an Teak gelten.

Die Bestätigung für den Holzreichtum erhalten die Engländer durch den Direktor des Botanischen Gartens in Kalkutta, Nathaniel Wallich, den sie für eine Einschätzung nach Tenasserim senden. Wallich berichtet 1827 zurück, dass diese Wälder als Lieferanten für Teak unübertrefflich seien.[202] Er rät dringend, die Bestände unter strenge staatliche Aufsicht zu stellen, um sie vor rascher Plünderung zu schützen. Um eine Kontrolle über die Holzströme zu behalten, richtet die englische Verwaltung in Moulmein einen Holzhof ein, den alle Holzflöße passieren müssen und wo das Holz deklariert werden muss. Auch der Verkauf ist ausschließlich aus diesem Holzhof möglich.

Nach zwei Jahren wird dieses Regime jedoch aufgegeben. Offenbar haben britische Holzhändler Druck auf die East India Company ausgeübt. Dabei spielt als Präzedenzfall auch die indische Malabarküste eine Rolle, wo die EIC wenige Jahre zuvor die Waldaufsicht abgeschafft hatte. Derselbe ökonomische Freigeist wie an Indiens Westküste hat nun auch Burmas Ostküste erreicht.[203]

In Tenasserim kommt sofort Goldgräberstimmung auf. Wie an der Malabarküste sind auch hier englische wie einheimische Akteure beteiligt.[204] Eine zentrale Rolle im Teakgeschäft spielen die Karen, eine Volksgruppe, die das bergige

Grenzgebiet zwischen Burma und Siam besiedelt. Die Karen fällen und transportieren die Bäume mit ihren Elefanten, sind aber auch am Handel beteiligt. Über die größten Konzessionen allerdings verfügen Privatpersonen und Firmen englischer Herkunft. Messrs. Cockerell & Co. besitzen eine Lizenz für 10 000 Teakbäume und zusätzlich eine für 1500. Aber auch Captain Biden und Captain Clarke verfügen über Konzessionen wie etliche andere Armee- und Marineoffiziere im Ruhestand.[205]

Wie sich der Boom auf den Wald auswirkt, wird im Einzugsgebiet des Ataran, einem Fluss, der von Süden her Richtung Moulmein fließt, rasch sichtbar. Ab 1829 beginnt die Schlagfront zügig voranzuschreiten. Etwa 1847 ist der Höhepunkt mit rund 7500 geernteten Teakbäumen pro Jahr erreicht. Weitere sechs Jahre später können gerade noch 1000 Bäume pro Jahr geschlagen werden.[206]

Aus dem verschlafenen Dorf Moulmein ist mittlerweile eine geschäftige Stadt geworden. Werften in altem Stil gab es hier bereits, und rasch sind neue dazugekommen. Nun stellen dampfgetriebene Sägewerke das Holz bereit. Zwischen 1830 und 1855 werden in Moulmein 123 große Schiffe vom Stapel gelassen.[207] Ein Teil des Teaks geht in den Export nach England oder Indien.

So kommt es, dass bereits Mitte der 1840er-Jahre ein guter Teil der Wälder von Tenasserim ökonomisch erschöpft ist. Teak zu ernten, lohnt sich dort vorläufig nicht mehr. Obwohl die Nutzungsquoten chronisch überschritten wurden, hat die britische Verwaltung nie eine Konzessionslizenz widerrufen. Mit schwindenden Ressourcen nehmen auch Bestechung und Korruption zu. Ein Forstmann in englischen Diensten stellt in den 1850er-Jahren fest, dass der Holzhandel in Burma zu einem Feld der raffiniertesten Gaunereien geworden ist.[208]

Damit hat sich in Tenasserim die Geschichte der Malabarküste wiederholt. Der Freihandel hat bei der Ausbeutung der Teakressourcen die Oberhand behalten über eine staatlich kontrollierte nachhaltige Nutzung, die von den Freihändlern als interventionistisch empfunden wurde. Doch Laisser-faire ist im Wald kein Weg, die Bewirtschaftung nachhaltig zu organisieren. Auf diese Erkenntnis wird die englische Verwaltung später reagieren.

EISEN, TEAK UND EIN WEITERER RESSOURCENKRIEG

Während die Holzproduktion in Tenasserim sinkt, nimmt der englische Teakhunger stetig zu. Dies hat nicht zuletzt mit der Technik des Schiffsbaus zu tun, die sich Mitte des 19. Jahrhunderts rasch ändert. Die große Triebkraft ist dabei die industrielle Revolution, in der Eisen zum Massenwerkstoff wird. England verfügt sowohl über leicht zu nutzende Kohleenergie wie über Eisenflöze, und beide Rohstoffe lagern oft nahe beieinander. Die englische Jahresproduktion von Roheisen liegt 1785 bei 45 000 Tonnen und steigt bis 1830 auf 700 000 Tonnen. Neun Jahre später sind es bereits 1 700 000 Tonnen.[209]

Seit Robert Seppings zu Beginn des 19. Jahrhunderts im Schiffsbau die ersten Bauelemente aus Eisen eingeführt hat, breitet sich der Einsatz des Metalls stetig aus (siehe Eiche, S. 75). Das Krummholz für die Spanten wird durch Eisenprofile ersetzt. Nur die Beplankung bleibt vorderhand aus Holz – und da ist Teak erste Wahl, denn mit dem öligen Baustoff verträgt sich Eisen am besten von allen Hölzern.

Technischer Höhepunkt dieser Kompositbauweise sind dic schnellen Klipper, die jedes Jahr den frisch geernteten Tee aus China nach London bringen – je früher ein Teeklipper dort einläuft, desto höher ist der Gewinn. Eines dieser Schiffe ist uns erhalten geblieben, die *Cutty Sark*, die 1869 gebaut wurde und heute in Greenwich auf Trockendock liegt. Der lange, schmale Rumpf wird durch eng stehende Eisenspanten geformt, auf die Teakplanken geschraubt sind. Deck und die Aufbauten bestehen ebenfalls aus dem wetterfesten Holz. (Bild: Cutty Sark ↪ Seite 134)

Der steigende Einsatz von Eisen im Schiffsbau zieht auch die Nachfrage nach Teak mit. Ein weiteres Mal nach der Eiche gerät eine Holzart ins Zentrum der Schiffsbautechnik. (Bild: Cutty Sark, Teakplanken auf Eisenspanten ↪ Seite 134) Das wiederum wird ein weiteres Jahrhundert lang die Politikentscheide des Britischen Imperiums prägen, um an den Schlüsselrohstoff Teak zu kommen und sich stets genügend davon zu sichern. Auch Ende der 1860er-Jahre, als sich Eisen in einem weiteren Entwicklungsschritt auch für die Außenhaut der Schiffsrümpfe durchgesetzt hat, der Suezkanal 1869 eröffnet wird und Dampfmaschinen die Segel ersetzen, bleibt Teak für Deck und den Innenausbau erste Wahl.

Derweil richten die Engländer ihr Interesse für das Holz vom erschöpften Tenasserim Richtung Bago Yoma, eine 500 Kilometer lange und 80 Kilometer breite Hügelkette, welche die Flussebenen des Irrawaddy und des Sittang trennt. Die Sicherung dieses legendären Teak-Reservoirs ist denn auch ein wesentlicher Grund für den Zweiten Anglo-Burmesischen Krieg, der von den Engländern 1852 durch eine Blockade des Hafens der burmesischen Hauptstadt Rangun provoziert wird.[210]

König Mindon, 1853 eben auf den Thron gelangt, macht den Engländern unverzüglich ein Friedensangebot. Doch die britische Armee ist bereits weit gegen Norden vorgestoßen. Mindons Emissäre treffen in Myedè, am nordwestlichen Fuß des Bago Yoma, auf sie. Die Engländer sind eben dabei, Grenzen um einen an Teak reichen Waldgürtel abzustecken und stellen die burmesische Delegation vor vollendete Tatsachen.[211] Mit dem Bago Yoma kommt die britische Kolonialmacht in den Besitz von weiteren ausgedehnten Teakgebieten. Das Königreich Burma hingegen ist nun vollkommen ohne Verbindung zum Meer, und jeder grenzüberschreitende Handel benötigt die Zustimmung des British Empire.

Praktisch zeitgleich mit dem Zweiten Anglo-Burmesischen Krieg setzt die britische Kolonialverwaltung eine andere technische Entwicklung in Gang: den Bau der indischen Eisenbahnen. Die Auswirkungen auf die Wälder und das Teak sind nicht unmittelbar sichtbar, aber sie werden verheerend sein. 1852 beginnen an der Malabarküste die Arbeiten mit der Linie von Bombay zu den Ghats, und im Osten des Subkontinents startet der Bahnbau von Kalkutta zu den Kohlefeldern von Raniganj.[212] 15 Jahre später sind schon 19 der größten indischen Städte miteinander verbunden.

Strategische Priorität hat der Abschnitt, der die fruchtbaren Ebenen von Uttar Pradesh mit dem Punjab verbindet, denn hier ist es 1857 zum Sepoy-Aufstand gekommen, dem letzten Versuch nordindischer Rajas, die britische Fremdherrschaft noch abzuschütteln. Mit raschen Truppentransporten auf der Schiene wollen die Engländer ähnliche Ereignisse künftig verhindern. Nach Niederschlagung des Aufstands kommt es 1858 zur Auflösung der East India Company. Ihre Besitzungen und Machtbefugnisse werden an die britische Krone übertragen. Indien wird zur Kronkolonie Britisch-Indien. Rund drei Jahrzehnte später, nach dem Dritten Anglo-Burmesischen Krieg, kommt 1886 auch das letzte verbliebene Stück des Königreichs Burma dazu.

Über die Eisenbahnen werden riesige Gebiete, deren Wirtschaft bis dahin lokal oder regional ausgerichtet war, an die internationalen Rohstoffmärkte angeschlossen, und immer größere Teile Indiens geraten nun in den Sog des British Empire und dessen globale Handelskreisläufe. Mit Baumwolle aus dem Hinterland von Bombay werden die Webmaschinen in der britischen Tuchmetropole Manchester gefüttert, Indigo aus der gerodeten Ganges-Ebene dient zum Färben jenes Tuches, das als »Denim« nach Nordamerika gelangt und zu Bluejeans für Cowboys und Goldschürfer verarbeitet wird. Im Gegenzug erschließen die indischen Bahnen auch einen bedeutenden Markt für englische Industrieprodukte wie maschinengewobene Baumwollstoffe, welche die einheimischen Güter rasch verdrängen und das indische Handwerk zersetzen.[213]

Die Schienenstränge, die dies alles ermöglichen, verschlingen enorme Holzmengen, rund 1800 Schwellen pro Meile. Die bis 1920 gelegten 37 000 Meilen benötigen gut 66 Millionen Schwellen – allein für die erste Schienengeneration.[214] Auch hier ist Teak das bevorzugte Holz. Teak liegt problemlos 15 Jahre lang, bevor die Schwelle ersetzt werden muss, doppelt so lang wie andere Hölzer.

Für den Wald sind die Auswirkungen des Bahnbaus viel dramatischer als all die Schläge für das Schiffsholz in den 100 Jahren zuvor. »Das Bahnnetz wächst und im Bereich der Bahnlinien verschwinden die Wälder mit unglaublicher Schnelligkeit.«[215] Der Betrieb der Dampflokomotiven benötigt viel Brennholz. Wo eben noch Wald stand, beginnen sich Felder auszudehnen.

CHIRURGEN, DIE ERSTEN UMWELTAKTIVISTEN

Der koloniale Holzhunger hinterlässt nicht nur deutliche Spuren der Zerstörung in der Landschaft. Er bewirkt auch, dass sich in den 1850er-Jahren eine neue Sichtweise auf die Wälder zu etablieren beginnt, die diese nicht mehr nur als Holzlieferant, sondern wesentlich umfassender wahrnimmt, als ganzheitliche Ökosysteme, wie dies in heutiger Formulierung umschrieben würde. Veränderungen des Wasserabflusses und bei den Niederschlägen werden nun mit der fortschreitenden Entwaldung in Zusammenhang gebracht. Dies wiederum scheint Hungersnöte auszulösen und Volksunruhen Vorschub zu leisten, wie sie Ende der 1830er-Jahre in Madras und anderen Gebieten auf dem Subkontinent auftreten.

Treibend bei der Entwicklung dieser neuen Sichtweise sind Ärzte und Chirurgen, die für die East India Company arbeiten. Diese sind, lange vor der modernen medizinischen Entwicklung mit synthetischen Medikamenten, stets auch in Pflanzenmedizin und entsprechenden botanischen Kenntnissen geschult. Das versetzt sie offenbar auch in die Lage, Beobachtungen im Feld zu ganzheitlichen Zusammenhängen zu verknüpfen.[216]

»Das Klima betrifft die ganze Gesellschaft.« Diese Aussage stammt von Hugh Cleghorn, einem schottischen Chirurgen, Arzt und Botaniker, der in den 1850er-Jahren in Mysore arbeitet. Er vergleicht den Report, den der Arzt und Botaniker Francis Buchanan ein halbes Jahrhundert zuvor über die Wälder der

Malabarküste verfasste, mit der Situation zu seiner Zeit und erkennt, wie stark die Teakwälder dezimiert worden sind. 1851 fasst Cleghorn die damaligen Erkenntnisse zum Zustand der indischen Wälder in einem Exposé für die *British Association for the Advancement of Science* zusammen. Sein Fazit: Die Vorstellung, man habe es auf dem Subkontinent mit »unerschöpflichen Dschungeln« zu tun, stimme nicht mehr, der Holzhunger habe inzwischen überall Verwüstung angerichtet und es drohe Mangel an dieser wichtigen Ressource.[217] Seine Darlegung wird zu einer der Grundlagen für die Wahrnehmung der Umweltzerstörung im kolonialen Indien.

Auch Alexander Gibson, ein Kollege von Cleghorn, erkennt die wachsenden Probleme. Gibson leitet seit 1838 den Botanischen Garten von Dapuri, ist wiederholt für seine pharmakologischen und epidemiologischen Arbeiten ausgezeichnet worden und hoch respektiert in der East India Company. Der Dritte im Bund dieser »Umweltchirurgen« ist Edward Balfour, der in Madras wirkt und bereits in den späten 1830er-Jahren versucht hat, die Kolonialbehörden für ein Waldschutzprogramm zu gewinnen.

Dieses Dreigestirn, alle schottischer Abstammung, propagiert nun konsequent seine Ideen für den Schutz und die nachhaltige Bewirtschaftung des Waldes. Ihre Kausalitätskette von der Entwaldung über eine Störung des Wasserhaushalts mit Hungersnöten und Volksunruhen als letzte Konsequenz, ist eine mächtige These. Die Kolonialregierung fürchtet nichts mehr als Aufstände infolge von Hunger und gerät durch die Analysen der Chirurgen entsprechend unter Druck.

Das Vertrauen in die Unendlichkeit der Teakwälder und das Laisser-faire einer unbeaufsichtigten Holzwirtschaft, wie sie ab 1824 an der Malabarküste und anschließend im burmesischen Tenasserim üblich waren, führen auf den Holzweg, das zeigen die Mediziner überzeugend auf. Debattiert wird nun die Rolle des Staates bei der Bewirtschaftung der Wälder. Es braucht eine forstliche Organisation. In Bombay beginnt die regionale Kolonialregierung, eine Einrichtung für die Bewirtschaftung des Waldes zu schaffen.[218]

1847 wird Alexander Gibson als Konservator des Bombay Forest Department gewählt. Priorität dieses Departments ist es, negative Einflüsse auf die Leistungen, welche die Wälder für Mensch und Umwelt erbringen, zu verhindern. Zwar bleibt die Holzproduktion ein wichtiger Zweck, sie muss sich jedoch den übergeordneten Absichten unterordnen.[219] Damit wird vor fast 200 Jahren ein Zielsystem formuliert, wie es heute für nachhaltige Waldbewirtschaftung üblich ist.

In Madras, weiter im Süden, wird Hugh Cleghorn 1855 vom dortigen Gouverneur gebeten, ein Forstamt einzurichten und nach dem Vorbild Bombays eine systematische Waldbewirtschaftung aufzubauen.

Die Erkenntnis, dass Waldzerstörung und die Degradation von Umwelt, Lebensraum und Gesundheit Hand in Hand gehen, wird inzwischen auch auf höchster Verwaltungsebene der East India Company wahrgenommen. Als der neue Generalgouverneur von Indien, James Broun-Ramsay, der spätere Lord Dalhousie, im Januar 1848 in Indien eintrifft, reist in seiner Entourage auch Joseph Dalton Hooker mit.[220] Hooker ist Direktor der Royal Botanical Gardens in Kew, einer der herausragenden Botaniker des 19. Jahrhunderts und steht als guter Freund von Charles Darwin im Zentrum der globalen Umweltdiskussion, die damals überall in Europa und in den Kolonien anzulaufen beginnt. Wir werden Hooker im Porträt über den Kautschukbaum wieder begegnen (siehe Kautschuk, S. 193).

Mit den Umweltmedizinern in Indien steht Hooker in aktiver Korrespondenz und dürfte deren Bedenken auch mit dem Generalgouverneur diskutiert haben. Zu Beginn der 1850er-Jahre jedenfalls hat auch Lord Dalhousie die entsprechenden Botschaften verinnerlicht[221] und ist sich der Bedeutung des indischen Waldes und der Verantwortung des Staates für dessen Erhaltung sehr wohl bewusst.

DALHOUSIE UND DIETRICH BRANDIS

Dalhousie wird in den acht Jahren seiner Amtszeit auf dem indischen Subkontinent tiefe Spuren hinterlassen. Kurz nach seiner Ankunft beginnt er mit der Annexion verschiedener Fürstenstaaten, darunter dem Punjab. Dabei sichert er der britischen Krone auch den Koh-i-Noor als Beute, mit über hundert Karat einer der weltweit größten Diamanten. Königin Victoria trägt ihn als Brosche, und später wird der Stein in die Krönungskrone von Elizabeth II. eingearbeitet. Anlässlich der Krönung von Charles III. 2023 ist der Diamant nicht verwendet worden. Die indische Regierung hat im Vorfeld signalisiert, dass Indien den Koh-i-Noor als Staatseigentum betrachtet, das während der Kolonialzeit entwendet wurde.[222]

Dalhousie vergrößert das indische Eisenbahnnetz und initiiert das Telegrafensystem. Bereits 1854 sind Calcutta und Agra miteinander verbunden, über eine Distanz von fast 1300 Kilometern. Zudem initiiert er eine Reihe sozialer und administrativer Reformen. Unter Dalhousie erfolgt nach dem Zweiten Anglo-Burmesischen Krieg auch die Besetzung und Eingliederung der Provinz Bago. So rasch wie möglich setzt Dalhousie dort einen Forstinspektor ein, mit dem Ziel, die an Teak reiche Hügelkette des Bago Yoma vor Raubbau zu schützen. Allerdings verlässt der erste Inspektor die Stelle rasch wieder.

In diesem Zusammenhang äußert sich Dalhousie in einem Memorandum zu seinen Vorstellungen im Waldbereich. In diesem Schreiben, das als *Charter of the Indian and Burma Forests*[223] in die Geschichte eingeht, spiegelt sich, was Dalhousie von Joseph Dalton Hooker und den Umweltmedizinern über die Ausbeutungsgeschichte an der Malabarküste und in Tenasserim übermittelt bekommen hat. So kritisiert er die oft englischstämmigen Holzhändler scharf. Dalhousie macht klar, dass Laisser-faire-Praktiken in Bago ebenso dazu führen würden, dass Kapitalisten und Holzspekulanten hohe Gewinne einstreichen und der Regierung der »volle Wert« ihrer Wälder vorenthalten bliebe. Der Generalgouverneur drängt daher darauf, die Holznutzung durch lokale Kleinunternehmer, die vom staatlichen Forstdienst eng begleitet sind, durchführen zu lassen.[224]

Die Charta bekräftigt die Eigentumsrechte der Kolonialregierung an den Wäldern, wie sie die Engländer von den traditionellen Rechten der hinduistischen Rajas und islamischen Sultanen abgeleitet und wiederholt verteidigt haben. Das Holz soll zu jenem Preis verkauft werden, den der Markt zu zahlen bereit ist. Die Holzhändler sollen nicht länger gegen eine feste Gebühr unbegrenzt Holz extrahieren können, ohne Rücksicht auf Verjüngung und Erholung der Wälder. Die Zeit der exzessiven Gewinne, wie sie Jahrzehnte an der Malabarküste oder in Tenasserim die Regel waren, soll der Vergangenheit angehören.

Die Abkehr von der Laisser-faire-Politik bedingt allerdings ein wesentlich stärkeres Engagement des Staates. Es braucht Forstleute und Feuerwächter, um den Wald zu überwachen. Indien wird jetzt zu einem Labor für den aufkommenden Berufszweig der Waldmanager. Forstleute und Spezialisten aus der ganzen Welt bringen ihre Erfahrungen aus den Wäldern ihrer jeweiligen Heimat ein und herrschen ein paar Jahre im riesigen Imperium der indischen Bäume mit.

Die neue koloniale Eigentums- und Bewirtschaftungsordnung mit der zentralen Rolle des Staates wird später globale Bedeutung erhalten, denn auf dieser rechtlichen Grundlage entwickeln sich die Politiken und Praktiken der Naturschutzbewegung in einer ersten Phase des Umweltschutzes. So nimmt die indische Waldgesetzgebung voraus, was in den USA zwei Jahrzehnte später als Grundlage zur Schaffung des Yellowstone als erstem Nationalpark dient.[225]

Das amerikanische Konzept, das durch einen totalen Schutz und einen vollkommenen Nutzungsverzicht in Nationalparks charakterisiert ist, unterscheidet sich von den Zielen Dalhousies darin, dass die Holzressourcen in Indien nach wie vor genutzt werden sollen. Priorität haben die Ziele des britischen Imperialstaates. Neben Bahnen und Telegrafenlinien benötigen auch die anderen Infrastrukturvorhaben, zum Beispiel Bewässerungskanäle, Straßen oder Plantagen, viel Holz und die entsprechenden Finanzen.

Nachhaltig Nutzholz für all diese Bauten zu liefern – dazu soll auch die neu annektierte burmesische Provinz Bago beitragen. Dalhousie setzt dort schließlich den deutschen Botaniker Dietrich Brandis als Forstinspektor ein. Brandis tritt die Stelle 1856 an. Doch Bago hat damals noch ein riesiges Waldgebiet[226], das fast 70 Prozent der Waldfläche des heutigen Deutschlands entspricht.[227] Für Brandis ist dies eine enorme Herausforderung. Zudem weiß kurz nach der englischen Annexion niemand, wie sich die burmesische Bevölkerung gegenüber Repräsentanten der neuen Machthaber verhalten wird. Außerdem fehlt beim Forstmann aus Europa ökologisches oder waldbauliches Wissen über die Wälder, das bei der lokalen Bevölkerung sicher vorhanden ist. Brandis wendet sich darum als Erstes den Wäldern zu und versucht, sich einen Überblick über den Bago Yoma zu verschaffen.

Über eine Zeitspanne von fünf Jahren ist Brandis immer wieder monatelang im Wald unterwegs, meist zu Fuß oder auf Elefanten, selbst in der Nacht, wenn große Strecken zwischen Waldmassiven zu überwinden sind. Wadenbinden schützen vor Blutegeln. Er arbeitet »in brennender Hitze wie im strömenden Regen ... den ganzen Tag, bergauf bergab, in der Hand ein festes Bambusrohr mit starker Eisenspitze ... als Messstock und um die in Burma nur allzu häufigen Schlangen totzuschlagen«[228]. Der Übersetzer, den Brandis aus Rangun mitgebracht hat, erträgt die unbewegte Waldhitze nicht und muss seine Arbeit bald quittieren.[229] Das Essen ist eintönig: Reis, Wildbret, Konserven und Tee. Als Brandis erstmals Malaria hat, ist er vom »Waldfieber« einen Tag und eine Nacht lang besinnungslos und von Frösten geschüttelt.

Brandis und seine Begleiter, meist vom Bergvolk der Karen, die mit Elefanten umgehen können und das Leben im Dschungel gewohnt sind, arbeiten sich in Linien durch den Wald, die 320 Meter auseinanderliegen. Sie erfassen alle Teakbäume und weisen diese vier verschiedenen Stärkeklassen zu. Die erste enthält die Baumriesen mit 58 Zentimetern Stammdurchmesser auf Brusthöhe und die noch mächtigeren Exemplare. In die vierte und kleinste Klasse werden die

Bäume unter 30 Zentimetern Durchmesser und auch die Sämlinge eingeteilt. Notizbücher sind wegen Feuchte und Schweiß unpraktisch, deshalb zählt der Forstinspektor mithilfe von Kerbhölzern – dünnen Bambusstreifen mit eingeschnittenen Rillen und im Ganzen zehn Segmenten. Pro Stärkeklasse hält er einen Streifen in der Hand, jede Teakpflanze wird durch Abknicken eines Bambussegments verzeichnet.[230]

»Das Resultat dieser aufreibenden Arbeit war, dass ich meiner Sache sicher war«, so Brandis. Eine zentrale Erkenntnis ist, dass Teak selten in Reinbeständen wächst. Vielmehr kommt Teak im Bago Yoma gemischt mit anderen Baumarten vor, der Anteil an Teak macht im Schnitt zehn bis zwölf Prozent aus. Die rund 1,8 Millionen Hektar Wald, die Brandis mit seinen Linieninventaren erfasst hat – so rechnet er hoch –, enthalten fast 600 000 hiebsreife Teakbäume mit einem Durchmesser von 58 Zentimetern und mehr.[231] Das Wuchsalter, um diese Dimension zu erreichen, schätzt er auf 62 Jahre.[232]

Mit diesen Daten berechnet Brandis die nachhaltig nutzbare Holzmenge auf der erfassten Fläche. Er kommt auf rund 24 000 Stämme mit Durchmessern von 58 Zentimetern oder dicker, die Jahr für Jahr genutzt werden können. Diese werden immer wieder ersetzt durch den Einwuchs jüngerer Bäume aus der unteren Stärkeklasse, die dann bei der nächsten Nutzung rund 30 Jahre später schlagreif sind.

Eine erfreuliche Beobachtung, die der Forstinspektor auf seinen Märschen durch den Dschungel macht, ist die regelmäßige Verbreitung von jungen Teakpflanzen, selbst in der Nähe hiebsreifer Bäume. Die Jungen werden durch den Holzschlag Licht erhalten und ihre Eltern mit der Zeit ersetzen.

Brandis' anstrengende Waldarbeit führt dazu, dass erstmals weltweit ein Tropenwald auf der Basis von gemessenen Daten und forstwissenschaftlichen Erkenntnissen bewirtschaftet werden kann. Die Schlagführung erfolgt zerstreut im Wald, durch Selektion einzelner Stämme und nicht etwa durch Kahlschläge. Dank der Agilität der Elefanten können die Bäume einzeln gefällt werden, auch wenn sie weit auseinander wachsen. Die Waldflächen werden nach einem vorgegebenen Zyklus etwa alle 30 Jahre aufgesucht. In jedem Fall bleibt ein Minimum an Samenbäumen stehen, um die natürliche Regeneration von Teak zu gewährleisten.[233] Jahre später hat Brandis bei erneuten Messungen festgestellt, dass seine ersten Zuwachsschätzungen zu optimistisch waren, und er hat die Unterlagen entsprechend korrigiert.

Brandis ist einer der ersten Forstleute, der sich von der Fläche als Planungsgrundlage gelöst hat und den Wald selektiv nutzen kann, ohne dabei die Kontrolle über die Nachhaltigkeit der Nutzung zu verlieren. Bis in die 1850er-Jahre haben die Förster weltweit den Holzvorrat und -zuwachs über die Fläche gesteuert. Einen Wald mit Bäumen, die ihre Schlagreife mit hundert Jahren erreichen, teilte man in ein Schachbrett mit hundert Feldern auf, und jedes Jahr wurde eines der Felder kahl geschlagen. Auf diese Weise wurde versucht, das nachhaltige Gleichgewicht zwischen Zuwachs und Nutzung zu erhalten.

Das Selektionssystem zielt darauf ab, nur die reifen Bäume zu ernten, und große Lücken im Kronendach zu vermeiden. Der Wald bleibt gemischt, sowohl was Arten wie Alter der Bäume betrifft. So bleibt auch die Bodenfruchtbarkeit kontinuierlich bewahrt, und ebenso die Widerstandsfähigkeit gegenüber Schädlingen oder Krankheiten.[234]

Auf seinen Erkundungen durch den Wald und ebenso durch die Administration der englischen und der burmesischen Welten hat Brandis viel erfahren, viel gelernt und dabei manchen Streit ausgefochten. So musste er sich immer wieder zur Praxis des Gürtelns von Teak äußern, dem Durchtrennen der Rinde oberhalb der Wurzelanläufe. Damit wird das Holz noch am stehenden Baum zum Austrocknen gebracht, bevor der Baum nach zwei bis drei Jahren gefällt wird. Diese Praxis, so Brandis, wird von den einen als nutzlos oder barbarisch bezeichnet, von anderen als schädlich für das Holz oder dann als »Ausbund deutscher Theorien«.[235]

In Wirklichkeit handelt es sich beim Gürteln um eine Praxis, welche die Burmesen seit undenklicher Zeit anwenden. Teakholz ist nur schwimmfähig und flößbar, wenn es trocken ist. Wird ein Baum grün gefällt, trocknet das Holz ungleichmäßig, wird später unruhiger und weniger haltbar. Das Gürteln von Teak ist überall in seinem natürlichen Verbreitungsgebiet Tradition. Selbst auf Java, wo diese Baumart außerhalb ihres natürlichen Wuchsareals große Verbreitung gefunden hat, gibt es Hinweise, dass Gürteln lange vor der Ankunft der Holländer üblich war.[236]

Was Brandis auf seinen Forschungszügen vorerst nicht versteht, ist die Tatsache, dass Teak in diesen artenreichen Wäldern mit weit über tausend verschiedenen Baumarten[237] das einzige vermarktbare Holz sein soll. Einmal stößt er auf einen *Terminalia*, den ein Sturm umgeworfen hatte. Der Stamm ist makellos und auf mehr als 30 Metern astfrei, das Kernholz dunkelviolett gesprenkelt, ideal aus seiner Sicht für hochwertige Möbelstücke. Sein burmesischer Begleiter lacht, als er ihn darauf anspricht, und meint: »Sollte der Herr nächstes Jahr hierherkommen, wird er diesen Stamm als Haufen von braunem Schimmel vorfinden, wenn er denn von den Dschungelfeuern verschont geblieben ist.«

Diese Antwort wird Brandis immer wieder bestätigt. Es ist die Haltbarkeit des Teakholzes selbst im tropischen Klima, die dem ewigen Holz den hohen Marktwert verleiht. Es gibt zwar einige wenige Bäume mit ähnlich dauerhaftem Kernholz wie Teak, aber ihr Holz ist derart hart und schwer, dass es kaum zu bearbeiten ist und auch nicht geflößt werden kann. Teak, so die Folgerungen von Brandis, »nimmt unter den Hölzern den Platz ein, den der Diamant unter den Edelsteinen und das Gold unter den Metallen hat«[238].

DIE RÜCKKEHR DER TEAKBARONE

Auf Basis seiner Inventare und der Berechnung der nutzbaren Holzmenge macht sich Brandis an die Organisation der Waldnutzung. Wie von Dalhousie vorgegeben, arbeitet er vorerst direkt mit lokalen Händlern zusammen, die Ernte und Transport organisieren. Dadurch tritt der Staat quasi an die Stelle der englischen Holzbarone. Teak können die Europäer jetzt nurmehr auf staatlichen Auktionen erwerben. Diese finden auf Holzplätzen in Rangun statt, wo das auf dem Irrawaddy geflößte Teak angelandet wird.

Doch der Versuch, die Privatwirtschaft aus dem Wald herauszuhalten, stößt auf erbitterten Widerstand. Dalhousies Charta wird von den mächtigen und gut vernetzten europäischen Holzhändlern als offen feindselig empfunden. Angeführt wird die Auflehnung vom Schotten William Wallace, der in den 1850er-Jahren zusammen mit seinen Brüdern in den Teak-Handel in Moulmein eingestiegen ist. Später hat er direkt mit König Mindon lukrative Rechte für Schlagkonzessionen jenseits der burmesisch-britischen Grenze ausgehandelt.[239]

Wallace argumentiert rabiat wirtschaftsliberal: Die unternehmerische Rolle des Forstministeriums sei unnatürlich, die Einmischung ins privatwirtschaftliche Geschäft ein »lächerliches Spektakel« und widerspreche den Wirtschaftsprinzipien, welche Großbritannien zu internationaler Macht und Ruhm verholfen hätten. Wallace verlangt stattdessen ein Lizenzsystem, bei dem die Unternehmen die Bäume selbst auswählen und aus dem Wald bringen können. Zuwiderhandlungen gegen das Waldgesetz würden ohnehin nicht vorkommen, behauptet Wallace, weil die Lizenznehmer von den zu erwartenden Strafen abgeschreckt würden.[240]

Wiederum interveniert die Holzlobby ganz oben in der Administration der Kronkolonie und vermag sich letztlich durchzusetzen. Doch Brandis erwirkt, dass die Nutzung der besten Waldgebiete, die er von seiner Inventararbeit her kennt, weiterhin durch den Forstdienst organisiert wird. Zudem bleibt es Aufgabe des Forstdienstes, die Bäume in den privaten Konzessionen auszulesen und zu gürteln.[241]

Brandis selbst hat inzwischen erkannt, dass ihm das Personal fehlt, um die riesige Fläche des Bago Yoma zu überwachen. Nicht nur hat er zu wenige Leute, diese sind generell auch nur rudimentär ausgebildet sowie unterbezahlt. Betrug ist daher nicht weit; hier wird gegen Trinkgeld ein Auge zugedrückt, dort illegal Holz verkauft.

Partner bei solchen Betrügereien sind die Holzhändler, je mächtiger desto dreister. Wo die Grenze zwischen British Burma und dem Königreich Burma durch teakreiche Bestände läuft, kommt es vor, dass Holz aus dem britischen in den burmesischen Teil des Landes geschmuggelt wird, um über den Irrawaddy als burmesisches Holz abgabefrei wieder in britisches Gebiet eingeführt zu werden.[242]

1871 entdecken die Behörden im Einzugsgebiet des Sittang, auf der östlichen Seite des Bago Yoma, einen besonders unverfrorenen Fall mit fast 10 000 illegal gefällten Teakstämmen.[243] Involviert ist auch die Bombay Burmah Trading Corporation Limited, kurz BBTC, der wir noch einige Male begegnen werden. Einer der Mitbegründer dieser Firma ist ausgerechnet William Wallace.[244] Brandis' Kommentar dazu: »Dies zeigt, wie falsch die eloquent und enthusiastisch vorgetragene Argumentation ist, dass die Bewirtschaftung der burmesischen Wälder gefahrlos der Privatwirtschaft überlassen werden kann.«[245]

DIE AUFLÖSUNG TRADITIONELLER RECHTE UND WACHSENDER WIDERSTAND

Dietrich Brandis hat auf seinen Reisen durch das Land auch tiefe Einblicke in die Menschen und ihre Gebräuche erhalten. Er bemüht sich, mit den Bewohnern im Wald und der angrenzenden Bevölkerung zusammenzuarbeiten, ihnen akzeptable und lohnende Beschäftigung zu vermitteln und sie als Verbündete für den Waldschutz zu gewinnen.[246]

Doch auch die Landbevölkerung wehrt sich gegen die forstlichen Vorschriften. Sie empfindet die Begrenzung des Zutritts zum Wald und die damit verbundene Beschneidung von Gewohnheitsrechten als tiefgreifende Einschränkungen. Sie reagiert mit latentem Widerstand gegen die Forstadministration und die neuen Waldgesetze.

Teaksprössling ↪ Seite 92

Teakwald ↪ Seite 93

Teakbaum in Bojonegoro ↪ Seite 94

Arbeitselefant in steilem Gelände ↪ Seite 111

Rekonstruierter Palast von Bago ↪ Seite 112

Jahrhundertealte Inschriften der Stifter ↪ Seite 112

Shwenandaw-Kloster ↪ Seite 113

Buddha, Shwenandaw-Kloster ↪ Seite 114

Fassade Shwenandaw-Kloster ↪ Seite 114

Pfosten für die Plattform des Bagaya-Klosters ↪ Seite 114

Cutty Sark ↪ Seite 117

Cutty Sark, Teakplanken auf Eisenspanten ↪ Seite 117

Medaillon von Dietrich Brandis, British Imperial Forest School ↪ Seite 139

König Chulalongkorn 1897 in der Schweiz ↪ Seite 142

Warten auf das nächste Hochwasser ↪ Seite 144

Teakstäbe für Jachtdecks ↪ Seite 150

Teakpflanzung von 1857 ↪ Seite 158

Taungya, Trockenreis mit Teak ⥽ Seite 155

Speziell verzahnt mit dem Wald ist die Lebensweise der Karen. Die Stämme dieser Volksgruppe leben im Bago Yoma und im Shan-Gebirge zwischen Myanmar und Thailand. Die Karen betreiben Wechselfeldbau, den sie *Taungya*, »Feldbau in den Hügeln«, nennen. Dieser funktioniert ähnlich wie die *Kumri* an der Malabarküste. Gegen Ende der Regenzeit wird ein Stück Dschungel gerodet, und wenn das Gemenge aus Bambus und Ästen in der heißen Jahreszeit im April zundertrocken ist, wird es in Brand gesteckt. Haufen weißer Asche verbleiben zwischen schwarz verkohlten Stümpfen und Stämmen, und dort hinein werden Trockenreis, Kürbisgewächse und Baumwolle gepflanzt.

Dietrich Brandis begreift rasch, dass die *Taungya*-Wirtschaft für die Verjüngung von Teak auch eine Chance ist. Wie an der Malabarküste bieten die offenen Flächen für Teak als lichtliebende Baumart gute Wuchsbedingungen, sei es für natürlich angeflogene Samen oder für gepflanzte Bäume. Der Forstinspektor findet in Moung Tsandoon, einem Karenbauern, der auch als Förster für ihn arbeitet, einen Partner, der die Idee aufnimmt und zusammen mit dem Reis auch Teak ausbringt. Bei einem Besuch dieser Felder zwölf Jahre später findet Brandis ein wiederum zu Dschungel gewordenes *Taungya* mit 18 Meter hohen Teakbäumen.[247]

Dies bleibt jedoch vorerst eine Ausnahme, denn die Auffassungen über den Wald zwischen Karen und Kolonialstaat unterscheiden sich diametral.[248] Die Briten sehen den Rohstoff Teak im Vordergrund, doch in der Kultur der Karen spielt der Baum kaum eine Rolle. Ein englischer Forstmann wundert sich darüber, dass ausgerechnet dort, wo Teak wächst, kein großes Interesse an Teak besteht, einem Material, das überall sonst in der Welt ein Rohstoff für die Industrie und eine Quelle des Wohlstands ist.[249]

Die Angehörigen der Bergstämme sehen die Wälder und Bäume vielmehr als Nährstoffquelle in Form von Asche für ihre Feldfrüchte. Sie benötigen vor allem Bambus für die Häuser, Waldfrüchte, Blätter, Fasern und Medikamente und natürlich die Fläche und den Boden für den Reis, ihre Hauptnahrung. Bis die Karen auf eine Dschungelfläche zurückkehren, um sie wiederum für ein Feld abzubrennen, dauert es 15 bis 25 Jahre. Das ist eine wesentlich kürzere Periode als die mindestens 80 Jahre, bis Teak als Nutzholz schlagreif ist. Teak in die *Taungyas* zu sähen, sagt ein Karen, bedeutet, »unseren Kindern das Essen aus dem Mund zu stehlen«[250].

Brandis muss also versuchen, verschiedenste Ansprüche unter einen Hut zu bringen: jene des Kolonialstaates, der Holz will; diejenigen der Holzhändler und auch die traditionellen Bedürfnisse der lokalen Bevölkerung.

IMPERIALE ANSPRÜCHE ZERRÜTTEN DIE LOKALEN BEZIEHUNGEN

Fünf Jahre nach seiner Ankunft in Burma wird Dietrich Brandis 1861 nach Kalkutta versetzt, wo er vorerst die britische Kolonialregierung in Forstsachen berät. 1864 wird er zum Generalinspektor für die Wälder von ganz Indien ernannt, und die nächsten 25 Jahre wird Brandis mit dem Aufbau des Forstwesens in Britisch-Indien beschäftigt sein.

Seine größte Herausforderung besteht im Bereitstellen der immensen Holzmenge, die der imperiale Kolonialstaat verschlingt. Dazu braucht es ausgebildetes Personal, und darum gründet Brandis 1864 auch die »British Imperial Forest School« in Dehra Dun, im heutigen indischen Bundesstaat Uttarakhand. (Bild: Medaillon von Dietrich Brandis, British Imperial Forest School ↪ Seite 134)

Brandis stützt sich auf seine Erfahrungen in Burma und arbeitet ein erstes Forstgesetz aus, das für die gesamte indische Kronkolonie und Britisch-Burma gilt. Es tritt 1865 in Kraft. Das Gesetz regelt den Schutz und die Nutzung der Wälder, wobei existierende Rechtsverhältnisse und speziell die Gewohnheitsrechte der Landbevölkerung, wie sie Brandis bei seinen Waldbegehungen kennengelernt hat, weitgehend respektiert werden.

Diese ursprünglich verständnisvolle Haltung gegenüber der Landbevölkerung und ihren traditionellen Rechten wird 13 Jahre später stark abgeschwächt mit dem *Indian Forest Act* von 1878, einem Gesetz, das in seinen Grundzügen bis heute Gültigkeit hat. Es teilt die Wälder Britisch-Indiens in drei Zonen ein: *reserved* und *protected forests* sind durch den Forstdienst kontrolliert, die *village forests* durch die Dörfer, die an diese Wälder angrenzen.

Die ersten beiden Kategorien sind dort geplant, wo noch gute Holzvorräte vorhanden sind oder eine besondere Schutzwirkung des Waldes besteht. Die Kolonialverwaltung strebt mit diesem Gesetz den ungehinderten Zugang zu den natürlichen Ressourcen an. Im Gesetzestext ist auch der Einfluss des »Revenue Departments« stark zu spüren, der für die Staatseinkünfte zuständigen Verwaltungsstelle, die entgegen der Ansicht von Brandis die Einkünfte aus dem Holzhandel als koloniale Pfründe betrachtet.[251]

Für das British Empire ist es selbstverständlich, dass die Wälder des indischen Subkontinents eine staatliche Ressource sind, und deren Holz der Sicherheit des Mutterlandes sowie dem gesellschaftlichen Fortschritt des Koloniallandes zu dienen hat. Die Forstgesetze für die indische Kronkolonie von 1865, 1878 und auch von 1927 bauen die Verfügungsgewalt des Zentralstaates über die Wälder denn auch laufend aus.

Doch damit wird das Herzstück des erfolgreichen Managements von natürlichen Ressourcen angegriffen: Die Beziehung der lokalen Bevölkerung zu den Wäldern, die sie seit Jahrhunderten als die ihren wahrnimmt und nutzt. Der schleichende Ausschluss aus ihren Wäldern ist aus Sicht der ländlichen Bevölkerung ein schwerer Machtübergriff.

Viele Dörfer auf dem indischen Subkontinent verlieren mit dem Indian Forest Act von 1878 die Hälfte ihrer Waldfläche. Brandis erwähnt einmal, dass die reservierten Wälder in den britisch verwalteten Gebieten zwar nur 7,5 Prozent der Fläche ausmachen, er erkennt jedoch an, dass dies absolut gesehen mit gut 185 000 Quadratkilometern, oder mit 1,3-mal der Fläche Großbritanniens, sehr viel ist.[252]

Die Bauern setzen den faktischen Enteignungen Widerstand entgegen und sind nicht bereit, sich in ihren traditionellen Rechten beschneiden zu lassen, deren Ausübung nun plötzlich Unrecht sein soll. Damit sind nicht nur Auseinandersetzungen zwischen Landbevölkerung und Forstverwaltung programmiert, sondern auch innerhalb des Dorfes.

Als fataler Nebeneffekt bringt das Eindringen des Zentralstaates nämlich auch die Machtverhältnisse in den Dörfern aus dem Gleichgewicht und zersetzt die lokalen Bräuche und das traditionelle, oft ungeschriebene lokale Recht. Mancherorts könnten die Bedürfnisse der Dorfbewohner wohl auch aus der geschrumpften Waldfläche gedeckt werden, wenn eine neue und gerechte Regelung der Nutzungsrechte gelingen würde, doch darum kümmert sich der koloniale Forstdienst nicht.

An die Stelle der traditionellen Regelungen und Einschränkungen tritt nun tiefe Rechtsunsicherheit. In diesem Vakuum sind es die Mächtigen im Dorf, die ihre Interessen am raschesten durchzusetzen und auszudehnen verstehen. Angeregt vom Sog der neuen Märkte, etwa für die Bahnschwellen, vergreifen sie sich an Holz, das ihnen traditionell nie zustand. Aus schonender Bewirtschaftung wird Ausbeutung. Die weniger Mächtigen müssen sich anderweitig versorgen, natürlich auch in den vom Kolonialstaat beanspruchten Flächen.

Damit beginnt die Tragödie des gemeinsamen Eigentums[253]: Einen Baum, der einer Familie traditionell zur Laubnutzung zugewiesen war, begriff diese als mitlebendes Wesen, dem sie stets die zur Erholung nötigen Triebe ließ. Doch nun, da plötzlich alle Bäume allen gehören, besteht keine Garantie mehr, dass sich die Sorgfalt einer Familie auszahlen wird, weil schon am Nachmittag eine andere Person deren Baum zu Brennholz zerhacken kann. Ebenso unsicher ist sich die Familie, ob sie oder ihre Nachfahren den Baum, den sie heute pflanzen, in zehn Jahren auch wirklich nutzen können.

DAS EMPIRE VERLEIBT SICH AUCH DEN REST VON BURMA EIN

Mittlerweile kommen sich in den frühen 1880er-Jahren Großbritannien und Frankreich in Burma wieder einmal zu nahe. Eroberungen in Indochina bringen die Franzosen bis an die nordöstliche Grenze des Königreichs Burma. Der Hof von König Thibaw und Frankreich diskutieren über ein politisches Bündnis inklusive Waffenlieferungen, den Bau einer Eisenbahn an die Nordgrenze von Britisch-Burma sowie über Schürfrechte in den burmesischen Rubin-Minen. Die Briten sind beunruhigt und beschließen, die französischen Avancen zu unterbinden und gegen Burma vorzugehen.

Der offizielle Vorwand dazu ergibt sich aufgrund eines Rechtsstreits zwischen dem Königreich Burma und der Bombay Burmah Trading Corporation. Die BBTC hat bereits nach dem Zweiten Anglo-Burmesischen Krieg ausgedehnte Schlagrechte im Königreich Burma erworben und konnte so auch dem Forstdepartement mit dem strengen Brandis aus dem Weg gehen. Nun hat der Hof in Mandalay aber eine Geldstrafe über die britische Firma verhängt, mit der Begründung, dass diese ihre Teakholzschläge in Toungoo zu niedrig angegeben und ihre Mitarbeiter nicht bezahlt habe. Der BBTC wird 1885 eine Strafe von umgerechnet über 150 000 Pfund Sterling auferlegt[254] (rund 4,5 Mio. Euro zu heutigem Wert), was den Konkurs der Firma bedeuten würde.

Die indische Kolonialregierung und das britische Kabinett schlagen daraufhin vor, ein Schiedsgericht einzusetzen. Burma lehnt ab, was die Briten am 22. Oktober 1885 zu einem Ultimatum veranlasst. Dieses verlangt nicht nur die Aussetzung aller rechtlichen Schritte gegen die BBTC. Vielmehr soll das Königreich Burma auch seine Außenbeziehungen der britischen Kontrolle unterwerfen und den Engländern den Handel mit China auf dem Weg durch das burmesische Reich erleichtern.

Für Burma sind dies inakzeptable Bedingungen. Die Ablehnung endet in einem kurzen Krieg, der vollständigen Unterwerfung des Jahrtausende alten Königreichs Burma und in dessen Eingliederung in die Kronkolonie Britisch-Indien am 1. Januar 1886.

Kurz nach der Kapitulation wird König Thibaw von den Besatzern aus seinem Palast in Mandalay und auf einen Dampfer geleitet, der ihn den Irrawaddy hinunter nach Rangun bringt. Es soll das erste Mal sein, dass Thibaw das Palastgelände verlassen hat, nachdem er sieben Jahre zuvor durch eine blutige Palastintrige seiner Schwiegermutter an die Macht gekommen war.[255] Die Reise geht an die indische Westküste nach Ratnagiri, wo der letzte burmesische Monarch dreißig Jahre später als Staatsgefangener stirbt.

Das British Empire hat sich mit Thibaws Restreich weitere 311 000 Quadratkilometer einverleibt, viel mehr als die Fläche Großbritanniens. Ein großer Anteil davon wird zwar als »undurchdringlicher Dschungel« beschrieben, doch dieser beherbergt immense Teakreserven.

SIAM – EIN »INFORMELLER TEIL« DES EMPIRE

In Siam, dem dritten Land mit bedeutenden Flächen natürlicher Teakwälder, ist die Geschichte wesentlich anders verlaufen als in Indien und Burma. Siam hat es geschafft, als einziges Land Südostasiens nie Kolonie einer europäischen Macht zu werden – trotz seiner bedeutenden Vorräte an Teak und einiger anderer Rohstoffe. Dies ist weitgehend König Chulalongkorn zu verdanken, der das Land fast ein Vierteljahrhundert lang regiert hat. Es gelang ihm, das British Empire an den Außengrenzen zu halten, indem er den Engländern Zugang zum Holz und anderen Ressourcen ermöglichte. Zwar waren Siams Wälder eine Art informeller Teil des British Empire[256], doch das Kernland blieb frei von Fremdherrschaft und konnte dies ab 1939 auch in seinem neuen Namen ausdrücken: Thailand, »Land der Freien«.

König Chulalongkorn kommt 1868, zehn Jahre vor dem burmesischen König Thibaw, an die Macht und regiert bis 1910. Im Gegensatz zum weltabgewandten Thibaw ist Chulalongkorn ein geschickter Außenpolitiker. Er knüpft Kontakte zu europäischen Königshäusern und bereist Europa und die Schweiz. Ein Film vom Mai 1897, realisiert mit einer kurz zuvor von den französischen Filmpionier-Brüdern Lumières erfundenen Kamera, zeigt den Besuch Chulalongkorns in Bern und die Kutsche, die den Monarchen vom Bahnhof in den Bernerhof fährt, wo er von der Schweizer Regierung empfangen wird. Königliche Seidenstandarten mit dem weißen Elefanten begleiten den Tross, und der Film schließt mit einem kühnen Schwenk auf eine Waschmittelreklame, ein Beispiel der ersten Stunde für »product placement«, für Werbung durch die Platzierung eines Produkts des bürgerlichen Alltags in royalem Glamour. (Bild: König Chulalongkorn 1897 in der Schweiz ↪ Seite 135)

Den Expansionsdrang europäischer Mächte bekam bereits Chulalongkorns Vater, König Mongkut, zu spüren. Er musste königliche Handelsmonopole aufgeben und Gebiete in Kambodscha an die Franzosen abtreten. Von ihm ist der Spruch überliefert, dass Siam nur zwischen zwei Möglichkeiten wählen könne: »flussaufwärts zu schwimmen und Freundschaft mit dem Krokodil zu schließen, oder abwärts ins Meer und sich an den Wal zu hängen«[257]. Aufwärts führt der Weg in den Einflussbereich Frankreichs, flussabwärts zu jenem des britischen Reichs. König Chulalongkorn orientiert sich am britischen Wal und pflegt dessen Ansprüche durch pragmatisches Entgegenkommen zu bezähmen. Diese Ansprüche haben in erster Linie mit den siamesischen Teakschätzen zu tun.

Teak wächst hier vor allem im Norden, in den heutigen Provinzen Chiang Mai, Lamphun, Lampang, Phrae und Nan. Diese waren einst in einem Reich mit dem Namen *Lannathai* zusammengefasst, dem »Königreich der Millionen Reisfelder«. Hier herrscht ein Monsunklima mit mehrmonatiger Trockenzeit, und Teak findet auch vom Boden her optimale Wuchsbedingungen. Feuer während der trockenen Monate, gegen die Teak resistenter ist als andere Baumarten, haben seine Dominanz noch verstärkt und dürften einer der Gründe dafür sein, dass die Anteile des wertvollen Teak an der Baumartenmischung hier im Naturwald größer sind als in Burma.

Politisch sind die teakreichen Länder des ehemaligen Lannathai bis weit ins 19. Jahrhundert hinein Vasallenstaaten, deren Feudalherren dem Monarchen in Bangkok Tribut entrichten oder Soldaten und Arbeitskräfte für königliche Bauvorhaben stellen. Die Einflussnahme Bangkoks in interne Angelegenheiten ist eher zurückhaltend und erfolgt nur sporadisch. Insbesondere sind die Feudalherren nicht nur Eigentümer des Bodens, der Reisfelder und der buddhistischen Rituale – sondern auch des Teakholzes. Bei den Holzrechten besteht hier mehr regionale Souveränität als in den burmesischen Königreichen.

Bei diesen Feudalherren erwerben siamesische, chinesische, burmesische und auch einige waghalsige englische Holzhändler ab 1860 Schlagrechte für Teak. Sie entrichten für jeden Baum ein Stockgeld und können in einem bestimmten Gebiet fällen, was sie wollen. Oft entsteht Streit um Konzessionen, etwa weil ein Fürst dieselbe Waldfläche mehreren Interessenten gleichzeitig gibt.[258] Zudem gibt es wiederholt Vorwürfe über Holzdiebstahl oder lokale Gewalt gegenüber Holzarbeitern aus Britisch-Burma. Die Briten drängen daher den Palast in Bangkok, im Norden für Ordnung zu sorgen.

König Chulalongkorn engagiert sich persönlich in dieser Sache. In einem Abkommen von 1874 garantiert Siam den Briten offenen Zugang zum Teakholz und die Einhaltung der Konzessionen. Verträge zwischen lokalen Fürsten und Ausländern müssen nun von Vertretern des Königs abgesegnet werden.[259] Zudem wird Bangkok im Norden verantwortlich für die Lösung rechtlicher Konflikte, in die englische Firmen involviert sind.[260] Dies beschränkt die Macht der lokalen Herrscher, und der Einfluss von Bangkok im Norden nimmt zu.

Weil die Probleme anhalten, setzen die Briten ein weiteres Abkommen durch: den Chiang-Mai-Vertrag von 1883, der besagt, dass in derselben Waldregion jetzt nur noch ein einziger Vertrag laufen darf, damit es nicht zu Reibereien kommt.[261] Zudem dürfen die Engländer in Chiang Mai einen Vizekonsul platzieren.[262] Dieser ist zuständig für ein extraterritoriales Gericht bei Rechtsverfahren, in die britische Bürger oder Unternehmen involviert sind. Auf diese Weise werden diese der siamesischen Rechtsprechung entzogen und englischem Recht unterstellt.

Dieses Arrangement erhöht die Rechtssicherheit für britische Unternehmen wesentlich, sodass nun auch die großen englischen Holzhändler in Siam investieren.[263] Der Teakhandel erfordert viel Kapital, auch weil das Holz auf seinen Transportwegen in Siam noch länger unterwegs sein kann als in Burma. Die Stämme werden manchmal mehr als 4000 Kilometer von Bangkok entfernt geschlagen und können, je nach Monsunregen und Wasserstand, bis zu zehn Jahre unterwegs sein, bevor sie in der Hauptstadt angelandet werden.[264] (Bild: Warten auf das nächste Hochwasser ↪ Seite 135) Wo kein Fluss vorhanden ist oder das Holz auf der falschen Seite einer Wasserscheide liegt, werden auch schon mal meilenweite Eisenbahnstrecken gebaut, um die Stämme auf die richtige Seite zu transportieren[265].

Als erste große Firma investiert die Borneo Company in Siam. Dann folgt auch die Bombay Burmah Trading Corporation, die aus Burma bekannte BBTC. Diese hatte bereits 1884 einen Experten nach Siam geschickt, um das Potenzial der Teakwälder in den Lannathai-Fürstentümern zu evaluieren. Dieser identifizierte die vorratsreichsten Waldgebiete, die Transportwege für das Holz und mögliche Standorte für Sägereien.[266]

1887 eröffnet die BBTC eine Filiale in Bangkok, kurz nach dem Dritten Anglo-Burmesischen Krieg, und diversifiziert so die Risiken, die sie mit ihren Konzessionen im vormaligen Königreich Burma in den Büchern hat. Tatsächlich will das Indische Forstdepartement 1894 eine Neuverhandlung dieser Verträge und lässt einzelne Konzessionen konfiszieren, worauf die BBTC droht, Burma mitsamt Elefanten, Arbeitern und Kapital zu verlassen.[267]

Die Drohung ist ein Bluff, doch sie führt letztlich dazu, dass der BBTC in Burma nicht nur die ursprünglich angestrebten, sondern darüber hinaus noch zusätzliche Konzessionsflächen zugesprochen werden.[268] Dieser Vorgang dokumentiert einen zentralen Erfolgsfaktor dieser Firma: das Geschick der Wallace-Brüder beim Lobbying in Kalkutta und London. Die heutige Forschung zum British Empire wertet diese Fähigkeit als perfektes Beispiel für den »Gentlemanly Capitalism«, der auf dem Londoner Finanz- und Politikplatz ebenso wie in Britisch-Indien funktioniert: Probleme, auch solche im fernen Burma, pflegt man unter seinesgleichen bei einem Dinner im Club und einer guten Zigarre aus dem Weg zu räumen[269].

Die Wallace-Brüder verstehen es auch perfekt, die außenpolitische Karte mit den entsprechenden Reizwörtern zu spielen. Sie versorgen die Staatssekretäre im Indienbüro und im Außenministerium mit vertraulichen Informationen etwa zu französischen Absichten und Aktivitäten, natürlich unter Mitlieferung ihrer Vorstellungen, wie die britische Geschäfts- und Außenpolitik reagieren sollte. Als die BBTC nach Siam kommt, eilt ihr denn auch das Gerücht voraus, dass sie es war, die den Sturz von König Thibaw verursacht und den Machtapparat des Empires auf den letzten verbliebenen Teil von Burma gehetzt habe.[270]

Das Zusammenspiel von Außenministerium in London, dem Indienbüro in Kalkutta und der britischen Botschaft in Bangkok zugunsten der englischen Geschäftsinteressen im Teakbereich sieht die heutige Forschung als klassischen Fall politischer Patronage.[271] Zudem wird die Frage diskutiert, ob Siam nicht informell Teil des British Empire war, sozusagen eine informelle Kolonie. Obwohl Siam seine Souveränität als Staat erhalten hat, war es weitgehend Großbritannien, welches die Modalitäten des Zugangs zu den Rohstoffen diktiert hatte.

DAS KÖNIGLICHE FORSTDEPARTEMENT

Mit dem Eintritt der BBTC in Siams Teakgeschäft wächst das Gerangel um die Konzessionen. Ähnlich wie hundert Jahre zuvor an der Malabarküste beginnen die Folgen der Holzschläge in den 1890er-Jahren augenfällig zu werden. König Chulalongkorn muss 1893 in der Siamkrise, einem kurzen Krieg mit Frankreich, den größten Teil des heutigen Laos abtreten und befürchtet wegen des Teaks weitere Annexionen von französischer oder britischer Seite.

Der König legt daher 1894 mit einem Brief an die Fürsten im Norden dar, dass das forsche Tempo der Waldausbeutung in zehn Jahren zum Zusammenbruch des Holzhandels führen werde. Damit würden einerseits die Einnahmen der Fürstentümer versiegen, und andererseits würden die »Engländer uns vorhalten, dass wir unfähig sind, unseren eigenen Staat zu führen«[272]. Exakt aus diesem Grund hätten sich die Briten das Königreich Burma genommen. Mit diesen Argumenten begründet Chulalongkorn wenig später seinen Entschluss zur Schaffung eines Forstdepartements auf nationaler Ebene.

König Chulalongkorn pflegt in sensiblen Bereichen Europäer zu beschäftigen, auch als Mittel, um die Begehrlichkeiten der benachbarten Kolonialmächte besser zu verstehen und im Zaum halten zu können. Das tut er nun auch für eine Abklärung der Situation in den Teakwäldern, für die der britische Forstoffizier Herbert Slade, der für den burmesischen Forstdienst arbeitet, beauftragt wird.

Slade schlägt Bangkok nach einer halbjährigen Inspektionstour vor, die Wälder zu verstaatlichen und einen Forstdienst zu gründen. 1896 wird das *Royal Forest Department* ins Leben gerufen und Herbert Slade als dessen Chef angestellt. Drei Jahre später entzieht die Zentralregierung den bisherigen Besitzern im Norden ihre Rechte und bringt die Wälder direkt unter die Fittiche Bangkoks.

Damit erreicht der König diverse Ziele: Die Gefahr, dass die Briten wegen des Teaks in Siam einschreiten könnten, wird ein weiteres Mal minimiert, und die Schlaggebühren für das Holz fließen nun an das Königliche Forstdepartement, abzüglich eines Teils für die Lokalfürsten. Schließlich wird der Einfluss Bangkoks in den peripheren Regionen des Nordens weiter ausgedehnt und gefestigt.

Die Holzhändler erhoffen sich von einheitlichen Regulierungen im ganzen Teakgebiet größere Rechtssicherheit für ihr Geschäft und – mit einem englisch besetzten Forstdepartement – erleichterten Zugang zu weiteren Konzessionen. Doch diese Hoffnung erweist sich vorerst als trügerisch. Unmittelbar nach Arbeitsbeginn erlässt Herbert Slade ein Dekret, wonach sämtliche Konzessionen in Siams Norden durch das Royal Forest Department überprüft werden müssen.

Slade will übernutzte Bestände ausscheiden und Schlagkonzessionen aussetzen, bis sich die Wälder regeneriert haben. Weiterhin offene Waldungen sollen wie in Burma selektiv und damit zurückhaltender genutzt werden, als damals in Siam üblich. Die BBTC ignoriert diese Anweisungen, und als Slade die Einstellung der Aktivitäten verfügt, setzt die Firma ihren bewährten Lobbyapparat in Aktion.[273, 274] Wenig später gibt Slade seinen Posten auf. Die BBTC arrangiert sich mit Slades Nachfolger, ebenfalls einem Engländer, und erhält schließlich alle Konzessionen zurück.

Überhaupt bleibt die BBTC die Firma mit der größten Konzessionsfläche in Thailand. Sie exportiert 1908 rund 35 000 Stämme.[275] Ein großer Teil des Teaks geht in jenen Jahren an die schottische Westküste, den Clyde-Fluss hinauf nach Glasgow, wo sich eine riesige Schiffsbauindustrie etabliert hat. Um 1900 schweißen hier Zehntausende Beschäftigte ein Fünftel der weltweit gebauten Schiffe zusammen. Teak ist für Deck und Innenausbauten immer noch erste Wahl. Auf der *Queen Mary*, die 1936 für die Cunard-White-Star-Reederei in Clydebank entsteht, werden 1000 Tonnen bestes Burma-Teak verbaut.[276] Dies entspricht 1400 Kubikmetern Holz, einiges mehr als 1000 ausgewachsene Bäume.

Erst 1955 zieht sich die BBTC endgültig aus Thailand zurück. Dies ist jedoch nicht das Ende der Firma. Sie hat als das älteste an der indischen Börse gelistete Unternehmen bis heute überlebt und handelt jetzt als Mischkonzern, unter anderem mit Tee und Gewürzen. Eigentümer der BBTC ist heute die Wadia-Gruppe aus Mumbai – und hier schließt sich auf bemerkenswerte Weise ein Kreis: Es handelt sich dabei um die Nachfahren jener Wadia-Familie, die vor über 200 Jahren die ersten Schiffe aus Teak für die Royal Navy gebaut hat.[277]

WAS VON DEN TEAKWÄLDERN ÜBRIG BLEIBT

Die großen Länder im natürlichen Verbreitungsgebiet des Teaks – Indien, Burma und Siam – starten mit einer ähnlichen Ausgangslage ins 20. Jahrhundert. Alle haben Forstgesetze und Verwaltungen, die vom British Empire und dessen kolonialen Zielen geprägt sind. In Indien und Burma werden die Forstdienste bis zur Unabhängigkeit 1947, respektive 1948, von Briten geführt. In Siam sind es ebenfalls Engländer, die das Royal Forest Department bis 1926 leiten, alle mit Praxis und Erfahrung in Burma. 1926 wird erstmals ein Siamese auf den Chefposten berufen.[278]

Die 1920er-Jahre markieren den Höhepunkt der Teakproduktion in Siam und in Burma. 1927 zum Beispiel werden in Siam über 1,3 Millionen Teakbäume gefällt.[279] In Burma sind es zur gleichen Zeit mindestens 240 000 Bäume.[280]

Zu Beginn des 20. Jahrhunderts bewirtschaften alle Teak-Länder ihre Wälder auf Basis des Selektionssystems, wie es von Dietrich Brandis in Burma begründet und später regional angepasst und weiterentwickelt wurde. Heute attestieren

Waldbauexperten dem Selektionssystem, dass es für eine geregelte, nachhaltige Bewirtschaftung von Teak in naturnahen Wäldern nach wie vor geeignet ist.[281] Doch Waldwirtschaft findet nicht unter einer Käseglocke statt, und in allen Teakländern sind die Wälder ähnlichen Störfaktoren ausgesetzt.

Die eine Störungskategorie betrifft Auswirkungen auf die Qualität der Wälder. Obwohl in der Regel keine Kahlschläge stattfinden, nimmt die Güte der Teakbestände im Laufe der Zeit kontinuierlich ab. Dies liegt an Holzschlägen, die zu kurz aufeinander folgen, was einer Übernutzung entspricht. Eine Folge kann sein, dass sich Bambus breitmacht, was die Verjüngung der Teakbäume verzögert.

Schwerwiegender, weil kaum reversibel, ist der Einfluss auf die Quantität der Wälder, respektive auf die Waldfläche. Diese hat im 20. Jahrhundert enorm abgenommen. Der Hauptgrund liegt in der Umwandlung in Landwirtschaftsboden, was wesentlich mit dem Wachstum der Bevölkerung zu tun hat. Das heutige Indien wies um 1800, als die Royal Navy ihre erste Teakfregatte in Auftrag gab, eine Bevölkerung von etwa 170 Millionen auf.[282] Seit 2023 gilt Indien als bevölkerungsreichstes Land der Erde, mit rund 1,45 Milliarden sind es mehr als achtmal so viele Menschen geworden. In Myanmar lebten 2024 geschätzte 54 Millionen, siebenmal so viele Einwohner wie nach der Eingliederung ins British Empire.[283] Thailands Bevölkerung ist im selben Zeitraum von 4,7 Millionen auf über 70 Millionen gewachsen.[284]

Die zunehmende Bevölkerung wird in allen drei Ländern überwiegend im ländlichen Raum und durch den Wald absorbiert, dessen Randgebiete als Folge davon stark unter Druck geraten. In Thailand zum Beispiel ist 1961 über die Hälfte des Landes waldbedeckt. 1986 sind es noch 29 Prozent. Damit ist in lediglich 25 Jahren fast die Hälfte des Waldes verschwunden, während sich die Bevölkerung verdoppelt hat.[285] Ein guter Teil dieser Fläche ist außerhalb des Teakareals im Osten des Landes verschwunden.

In Myanmar ist die Entwaldung zwischen 1990 und 2010 besonders dramatisch. Eine Kombination von hoher Nachfrage nach Teak aus den USA und Europa, aber auch zunehmend aus China und Indien, kombiniert mit einer Wachstumsphase der Bevölkerung, hat in Myanmar in dieser Periode zu einem Verlust der Waldfläche von 19 Prozent geführt.

Der Umwandlung von Wald zu Landwirtschaftsboden stellt sich die Landbevölkerung in keinem der Länder entschlossen entgegen. Mit der Kolonisierung sind ihre traditionellen Nutzungsrechte im Wald drastisch eingeschränkt worden, was sich mit der Gründung der Nationalstaaten nach dem Zweiten Weltkrieg kaum geändert hat. Darum besteht selbst lokal kein großes Interesse am Wald, und die Nahrungserzeugung hat ohnehin Priorität. Vom Wald können die Bauern dann profitieren, wenn sie ihn roden und zu Landwirtschaftsland machen. Zu einem späteren Zeitpunkt können sie dann Gewohnheitsrecht geltend machen und versuchen, einen verbrieften Titel auf das Land zu erlangen.

2010 besitzt Indien noch rund 6,8 Millionen Hektar Naturwald mit Teak. In Myanmar sind es knapp 13,5 Millionen Hektar und in Thailand etwa 8,7 Millionen Hektar.[286] Damit verbleiben insgesamt 29 Millionen Hektar Naturwald mit Teak, eine Fläche etwa halb so groß wie Thailand.

Thailand ist das einzige der drei Länder, in dem der Rückgang der Naturwälder im 21. Jahrhundert gestoppt, respektive umgekehrt werden konnte. Nachdem das Land in den 1980er-Jahren wiederholt von Überschwemmungskatastrophen heimgesucht wurde, die allein 1988 über 350 Menschenleben gefordert haben, hat die Regierung sämtliche privaten Holzschlagkonzessionen widerrufen und einen Schlagbann eingeführt.[287] Zusätzlich hat König Bhumibol Adulyadej im Jahr 2000 ein Verbot auf den Import und den Besitz von Motorsägen erlassen, dem wichtigsten Werkzeug beim illegalen Holzschlag. Seither hat der Naturwald mit Teak fast drei Millionen Hektar zurückgewonnen.[288]

Myanmar ist mit mehr als der Hälfte der teakhaltigen Naturwälder nach wie vor das globale *Home of Teak*. Allerdings hat das Land nicht nur viel Waldfläche verloren, auch die Teakvorräte in den verbleibenden Wäldern haben stark abgenommen. Ein wesentlicher Grund liegt darin, dass die staatliche Myanmar Timber Enterprise, die generell für die Holznutzungen verantwortlich ist, unter dem ersten Militärregime von 1961 bis 2011 mehr Holz zum Fällen freigegeben hat, als in den Bewirtschaftungsplänen vorgesehen war.[289] Dies lässt sich auch daran ablesen, dass Teak vermehrt grün geschlagen wurde. Dabei entfällt die Trocknung durch Gürteln und ebenso die jahrelange Flößerei. Stattdessen werden die Teakstämme zwischen Bündel von Bambus gebunden, die den Stämmen für den Flusstransport den nötigen Auftrieb geben. Auf diese Weise gelangt das Holz viel rascher auf den Markt. Betrugen in Myanmar die Vorräte an Teakholz im Wald 1990 über 100 Millionen Kubikmeter, sind es 2010 noch 87 Millionen.[290]

Was in den nationalen Waldinventaren dieser Jahrzehnte auffällt, ist die Tatsache, dass nicht nur die Zahlen der hiebsreifen Bäume, sondern auch jüngere und dünnere Dimensionen abgenommen haben. Dabei dürften illegale Nutzungen durch die Bevölkerung eine Rolle spielen. Die Bäume könnten infolge eines bereits im königlichen Burma gewährten Rechts verschwunden sein, das der Bevölkerung die Nutzung von dünneren Stämmen für den Eigengebrauch, etwa für den Hausbau, erlaubt. Auch heute ist dies noch möglich. Die Holzarten für den Eigengebrauch sind im aktuellen Forstgesetz auch nicht spezifiziert.[291] Dies bedeutet, dass auch Teak für den persönlichen Hausbau geschlagen werden kann. Die hohe Exportnachfrage zwischen 1990 und 2010 hat vermutlich dazu geführt, dass vermehrt jüngeres und dünneres Teak, deklariert als »Holz für den Hausbau«, aus dem Wald geschafft und verkauft worden ist.[292]

Nachdem sich Myanmar 2011 von der Militärdiktatur abzulösen begonnen hat, verbessert sich unter der demokratischen Regierung die Kontrolle der Wälder. Gegen illegale Holzfäller wird nun entschiedener vorgegangen.[293] Wie zuvor Thailand erlässt auch Myanmar Restriktionen für den Holzschlag. Für den Bago Yoma gilt ein Nutzungsverbot während zehn Jahren, und in allen anderen Wäldern wird die Erntemenge um die Hälfte reduziert.[294] Ziel ist, dass sich die Wälder erholen und die Bäume mit mittlerem Durchmesser zu erntereifen Bäumen nachwachsen können.

Gleichzeitig wird in Myanmar ein Exportverbot für Rundholz verfügt, um endlich die Wertschöpfung im Inland erhöhen zu können. Das Land hat in den 200 Jahren, in denen Rundholz exportiert wurde, enorme Summen an möglicher Wertschöpfung verpasst, weil der Rohstoff unverarbeitet statt in Form von Halbfabrikaten oder verarbeiteten Produkten exportiert wurde. Dieses Problem soll nun angegangen werden. Allerdings verfügt die staatliche Myanmar Timber Enterprise, die auch im holzverarbeitenden Sektor weitgehend ein Monopol hält, nur über einen vollkommen veralteten Maschinenpark; und private Verarbeiter mit moderner Ausrüstung, die zum Beispiel Spitzenprodukte wie Stäbe für die Decks von Jachten herstellen, sind noch rar. (Bild: Teakstäbe für Jachtdecks ↪ Seite 136)

UND WIEDER PUTSCHT DAS MILITÄR …

Doch am 1. Februar 2021[295] putscht sich in Myanmar das Militär wiederum an die Macht. Aus grünem wird nun rotes Holz, Blutholz. Die Europäische Union, Großbritannien, Kanada und die USA reagieren mit Sanktionen gegen Einzelpersonen und Staatsbetriebe, zu denen auch die Myanmar Timber Enterprise gehört. Ziel ist, die Einnahmen des Militärs aus dem Export natürlicher Ressourcen zu begrenzen.

Trotzdem ist seit dem Putsch Teak im Wert von fast 45 Millionen Euro in die Europäische Union gelangt.[296] Zwar ist in der EU seit 2010 eine Holzhandelsverordnung in Kraft, die den Import in den EU-Raum regelt. Im Ankunftshafen müssen Herkunft des Holzes und Legalität der Ernte nachgewiesen werden, dann kann es ohne weitere Kontrollen die EU-Binnengrenzen passieren. Ein Weg für Teak aus Myanmar in die EU scheint durch die Türkei zu führen, die sich nicht an den Sanktionen beteiligt und deren Teakimporte sich zwischen 2021 und 2022 verfünffacht haben.[297]

Nicht nur die Importverbote in die Europäische Union sind offenbar löchrig, auch aus den USA wird immer wieder über Import-Teak aus Myanmar berichtet.[298, 299] Auf beiden Kontinenten wird das Holz wie eh und je im Schiffsbau eingesetzt. Es verleiht den Schiffen die spezielle nautische Note und gilt nach wie vor als das Beste für einen sicheren und komfortablen Stand auf den schwankenden Gefährten.

Allerdings diskutiert die Jachtszene intensiv über die ökologischen Probleme, die mit einem Deck aus Teak verbunden sind, und sucht nach Alternativen. Nachgefragt bleibt Teak für die großen und sehr teuren Jachten, für die nur das Beste gut genug ist. 1200 Euro und mehr pro Quadratmeter-Teakdeck[300] ist ein aktueller Minimalpreis. Eine 30-Meter-Segeljacht benötigt um die 150 Quadratmeter, und eine vergleichbare Motorjacht mit verschiedenen Decks entsprechend mehr.

Die Nachfrage nach qualitativ hochwertigem Naturwaldteak wird deshalb weiterhin bestehen. Aus Sicht der Walderhaltung und einer nachhaltigen Bewirtschaftung macht ein Hochpreismarkt durchaus Sinn. Er ist geradezu eine Vorbedingung, um den Waldeigentümer, zum Beispiel eine Gemeinde, für die Erhaltung der Ressource zu motivieren, und die Bewirtschaftung durch einen integren Forstdienst zu kontrollieren.

Neben Waldflächenverlust und Übernutzung sowie illegalem Holzhandel gibt es für die natürlichen Teakwälder und deren genetische Vielfalt ein weiteres großes Risiko: den Klimawandel. Zwar kann Teak mit einem großen Spektrum an Niederschlag umgehen, von 500 Millimetern pro Jahr an trockenen bis zu 5000 Millimeter an nassen Standorten.[301] Entscheidend sind jedoch nicht die Jahresdurchschnitte, sondern Zeitpunkt und Extremwerte von Niederschlägen und Temperatur. Heute ist eine Temperaturerhöhung von 4 Grad Celsius bis Ende des Jahrhunderts, ein vor Kurzem noch als extrem bezeichnetes Szenario, viel wahrscheinlicher geworden. Tritt es ein, ist zum Beispiel in Indien rund ein

Drittel des Verbreitungsgebietes betroffen. Teak gerät dann in ein Klima, das der Baumart weniger oder überhaupt nicht mehr behagt.[302] Das betrifft große Bereiche an der Malabarküste.[303] Dies bedeutet in einer ersten Phase, dass dort klimasensible Bäume geschwächt werden und später absterben könnten. Durch eine Verschiebung der Klimahüllen können zwar auch neue Standorte teakfähig werden, doch bis zu deren Besiedlung wird sehr viel Zeit vergehen.

PLANTAGEN-TEAK VERSUS »BURMA-TEAK«

Mehr als 200 Jahre haben die natürlichen Teakwälder Asiens den wachsenden Hunger nach dem edlen Holz decken können. Anderthalb Jahrhunderte lang ist Teak gefühlt ein englisches Holz, fast als ob es auf der Insel wachsen würde wie britische Eiche. Kein anderes Land hat zusammen mit seinen Kolonien auch nur annähernd so viel davon verwendet wie das British Empire. Lange nachdem es in Form von Kriegsschiffen zur Beruhigung der Sicherheitsbedürfnisse des Empires beigetragen hat, behält Teak seinen Platz in der englischen Seele. Der Rohstoff in »Admiralty Quality« ist Teil des kultivierten Lebens, in Form eleganter Möbel, Stubenböden, Fensterrahmen oder Treppenstufen. Dabei transportiert das Holz aus der Fremde, das auf der Insel doch so vertraut ist, immer auch Exotik und Abenteuer – etwas von dem, was die englischen Kolonialherren in ihrem Club, der »spirituellen Zitadelle, dem eigentlichen Sitz der britischen Macht«, gelebt hatten, wie Georg Orwell in seiner Novelle »Burmese Days« schreibt.[304]

Doch spätestens in den 1990er-Jahren beginnt sich der Appetit nach Teak vom British Empire auf die ganze Welt auszudehnen, was sich auch aus den zitierten Produktionsdaten von Myanmar lesen lässt. Es ist nun das Sommerleben im Garten und die entsprechende Ausstattung mit Stühlen, Tischen, Liegen und dem wetterfesten Boden, die nach Teak rufen. Selbst das Après-Ski-Restaurant mit Blick auf das winterliche Matterhorn im schweizerischen Zermatt ist mit Teak-Mobiliar ausgestattet. Seit Beginn des weltweiten Booms sind jedes Jahr weltweit rund eine Million Kubikmeter Teak im Wert von einer halben Milliarde Dollar gehandelt worden.[305]

Doch für viele dieser Anwendungsbereiche ist die hohe Qualität von Naturwald-Teak gar nicht notwendig. Dafür steht mit den zunehmenden Ernten aus gepflanztem Teak eine brauchbare Alternative zur Verfügung. Keine tropische Baumart wird heute auf derart großer Fläche angebaut, und längst ist dies nicht mehr nur in Indonesien der Fall, wo die Teakbestände vor vielen Jahrhunderten aus importierten Samen entstanden sind.

Weltweit wird zurzeit in rund 40 Ländern Asiens, Afrikas und Lateinamerikas Teak gepflanzt. Von den Plantagen mit hochwertigen tropischen Harthölzern, zum Beispiel Mahagoni oder dessen nahem Verwandten *Cedrela*, macht Teak global etwa 75 Prozent aus. 43 Prozent der Teakplantagen befinden sich in Indien, gut 30 Prozent in Indonesien, 6 und 7 Prozent in Myanmar und in Thailand, 5 Prozent im tropischen Afrika und der Rest in Lateinamerika. Global wachsen Teakplantagen heute auf mehr als sechs Millionen Hektar[306], was etwa der halben Waldfläche Deutschlands entspricht.

Holz von gepflanztem Teak kann sich von Teak aus Naturwäldern stark unterscheiden, sowohl hinsichtlich Maserung und Farbe als auch Wetterfestigkeit. Dies wird vor allem bei Material aus Plantagen offensichtlich, die vor allem zu Beginn der Phase großer Pflanzungen gedüngt wurden. Teak, das in der Jugend ohnehin rasch wächst, kann bei Düngung Jahresringe von der mehrfachen Breite entwickeln, verglichen mit Holz aus Naturwäldern. Die Inhaltsstoffe wie Öle und Gummi, welche die unvergleichliche Robustheit bewirken, sind dann in geringerer Konzentration eingelagert.[307] Im englischen Sprachraum haben sich bereits die Begriffe »Burmese Teak« für Holz aus Naturwäldern und »Plantation Teak« eingebürgert, damit ist auch ein klarer Qualitätsunterschied gemeint.

Inzwischen liegen jedoch robustere Erfahrungen und Forschungsergebnisse darüber vor, wie auch gepflanztes Teak gutes Holz produzieren kann. Entscheidend für die Qualität sind der Boden und eine sorgfältig auf den Standort abgestimmte genetische Herkunft der Bäume. Die genetische Ausstattung, die bei Teak sehr verschieden sein kann, ist auch wesentlich für das Wuchsverhalten der Bäume und letztlich für die Qualität der Stämme. Große Bedeutung hat die Pflege. Die Pflanzungen müssen rechtzeitig durchforstet werden, damit die Bäume regelmäßige und genügend große Kronen auszubilden vermögen. So können sich auch die Schäfte gleichmäßig entwickeln, die unteren Äste verdorren und fallen früh ab und die äußeren Jahresringe sind damit frei von Astlöchern.

Mit dem Alter der Bäume steigt die Holzqualität. Dies ist auf den höheren Anteil von Kernholz zurückzuführen, der mit steigendem Durchmesser zunimmt. Es ist das Kernholz, das Farbe und Textur bestimmt und auch die Wetterfestigkeit, denn im dunklen Kern sind die Öle und Gummistoffe eingelagert. Falls die wesentlichen Auslese- und Pflegegrundsätze eingehalten werden, ist gepflanztes Teak demjenigen aus Naturwäldern auch bezüglich Holzdichte, Stärke oder Schwundverhalten kaum unterlegen.

Im Zeitalter von Schichtholz, Klebstoffen und Leimverbindungen, welche die Kreation ganz neuer Holzwerkstoffe erlauben, lassen sich auch kürzere und dünnere Stämme verwenden. Selbst Messerfurniere für den Möbelbau, die längs des Stamms geschnitten werden und die für Teak typischen schwarzen Streifen aufweisen, können aus Bäumen geringer Dimension gewonnen werden.

Seit die Engländer in den 1840er-Jahren bei Nilambur im südlichen Indien erstmals Teak pflanzten, sind es die staatlichen Forstdienste, die sich auch um die Plantagen gekümmert haben. Diese Dominanz verändert sich seit der letzten Jahrtausendwende erheblich. Heute gibt es zusätzliche Akteure wie Hersteller von Holzprodukten, institutionelle Investoren wie Pensionsfonds, lokale Gemeinden oder Kleinbauern, die den Plantagensektor vorwärtstreiben.

Auf der einen Seite des Spektrums finden sich riesige Plantageunternehmen mit durchgetaktetem Management, etwa in Brasilien, wo bereits längere Erfahrung mit Eukalyptus- und Kiefernplantagen für die Zelluloseproduktion besteht. Weil Brasilien seinen Bedarf an edlen Hölzern, zum Beispiel Mahagoni, lange aus den Naturwäldern Amazoniens decken konnte, wurde mit dem Anbau von Teak erst um das Jahr 2000 begonnen.

Heute nehmen Teakplantagen in Brasilien über 100 000 Hektar ein.[308] Davon verfügt allein die Teak Resources Company TRC über 40 000 Hektar im brasilianischen Bundesstaat Pará. Die anvisierte Produktion für 2022 liegt im Rahmen von 250 000 Kubikmetern. Dies entspricht etwa der Hälfte der jährlichen Teak-Ernte in Myanmar in den späten 1990er-Jahren.[309]

Weitere Kennzahlen zeigen, in welchen Dimensionen bei TRC gearbeitet wird. Die Firma verfügt über 800 Angestellte[310], die jährlich Hunderttausende von Setzlingen verschiedener Klone produzieren.[311] Diese genetisch identischen Pflanzen stammen von Teak-Individuen verschiedener geografischer Herkunft, die sich durch erwünschte Eigenschaften auszeichnen, etwa eine gerade Form des Stammes oder gutes Wachstum.

Auch in anderen Ländern werden nun erste Generationen von gepflanztem Teak schlagreif. In Thailand zum Beispiel, wo Mitte der 1960er-Jahre mit Plantagen begonnen wurde und wo zusammen mit der Dänischen Agentur für Entwicklungszusammenarbeit DANIDA seit einem halben Jahrhundert genetische Verbesserungsprogramme laufen, wird der jährliche Zuwachs in den Plantagen auf 30 Millionen Kubikmeter geschätzt. Davon werden gegenwärtig nur eine bis zwei Millionen pro Jahr genutzt.[312] Die Herausforderung bei der Nutzung dieses Schatzes wird sein, das Schlagverbot in den Naturwäldern nicht zu unterlaufen. Dies kann durch ein Zertifizierungssystem gelöst werden, das Teakholz aus Plantagen sicher kennzeichnet, damit keine Vermischung mit illegalem Holz aus Naturwäldern erfolgen kann.

In Myanmar haben Teakpflanzungen eine lange Geschichte. Sie beginnt um 1700 noch im königlichen Burma, als im Chin-Staat im Westen des Landes Kulturen angelegt wurden.[313] Dietrich Brandis und seine Nachfolger haben seit 1856 zusammen mit Karenbauern Zehntausende von Hektar Taungya-Aufforstungen begründet. (Bild: Taungya, Trockenreis mit Teak ↪ Seite 137) Die letzte Aufforstungswelle setzte in den 1970er-Jahren ein, etwa zeitgleich mit Thailand. Bis zur Jahrtausendwende sind rund 300 000 Hektar aufgeforstet worden.[314] Wie in Thailand besteht auch hier ein bedeutendes Nutzungspotenzial, und wie dort ist eine der künftigen Herausforderungen, den Holzstrom von demjenigen aus dem Naturwald abzuscheiden.

In Myanmar ist auch zu sehen, dass gepflanzte Teakbestände nicht Monokulturen bleiben müssen, sondern in naturnähere Mischwälder überführt werden können. Das zeigt sich heute um die neue Hauptstadt, mit deren Bau um die Wende zum jetzigen Jahrtausend begonnen wurde. Auftraggeber für die neue Hauptstadt Naypyidaw (»Sitz der Könige«) war die Militärjunta. Begründet wurde der Umzug mit der zentralen Lage des neuen Standortes, doch dem damaligen Juntachef wurde nachgesagt, dass er dem Rat von Astrologen gefolgt sei, wie einst die burmesischen Könige.[315] Für den Bau wurde nicht nur Bauholz, sondern auch Energieholz für den Brand der Backsteine benötigt. Naypyidaw ist ein maßloser Ort geworden und hat zu bedeutender Walddegradation und auch zur Entwaldung in der Umgebung beigetragen.

Viele dieser übernutzten Waldflächen werden seither vom Forstministerium mit Teak aufgeforstet. Inzwischen haben sich in diesen Plantagen viele der Baumarten, die im Naturwald zusammen mit Teak leben, natürlich verjüngt. Myanmar hat eine lange Geschichte von waldbaulichen Versuchen mit dem Ziel, den Anteil von Teak zu steigern, aber stets hat sich die bereits von Brandis vertretene Erkenntnis durchgesetzt, dass Teak am besten zusammen mit seinen natürlichen Genossen im Mischwald aufwächst.

Auch jetzt geht der Weg wieder in diese Richtung. In vielen der Aufforstungen, die nach dem Bau von Naypyidaw angelegt wurden, begünstigen die Forstleute bei Pflegeeingriffen die Mischbaumarten, das heißt, sie fällen unter

Umständen sogar einen Teakbaum, damit ein Mischbaum seine Krone entwickeln kann. Der große Wert gemischter Wälder manifestiert sich nicht zuletzt im Bodenbereich. Eine gemischte Blattstreu weist ein aktiveres Bodenleben mit mehr Mikroorganismen auf. Die Teakblätter können so rascher abgebaut werden als in Reinbeständen. Dabei entsteht nährstoffreicher Mulch, der auch die Monsunniederschläge besser auffangen und abfedern kann und so verhindert, dass der Boden unter den dürren Teakblättern erodiert.

VORTEILE VON TEAKPFLANZUNGEN FÜR DIE BEVÖLKERUNG

Ein anderer Ansatz, gepflanzten Teak in Kombination mit anderen Baumarten aufzuziehen, sind agroforstliche Nutzungssysteme. Diese kombinieren Bäume mit ein- oder mehrjährigen Landwirtschaftspflanzen, und auch Haustiere haben ihren Platz. Es sind Nutzungsweisen, die nahe verwandt mit den *Kumri* oder *Taungya* sind, der traditionellen Wechselfeldwirtschaft, wie sie auch heute noch in den Bergen Indiens, Myanmars oder Thailands betrieben wird.

Ein Beispiel für agroforstliche Ansätze sind die Hausgärten auf der indonesischen Insel Java, wo gut anderthalb Millionen Kleinbauern mit ihren Familien im Teakanbau engagiert sind. Hausgärten mit mehrjährigen und einjährigen Pflanzen sind bekannt für ihre große Artenvielfalt. Hier wächst Teak zusammen mit Fruchtbaumarten wie Durian, Mango oder Brotbaum auf, dazwischen finden sich etwa Pfeilwurz, Ananas oder Pfefferschoten. In der Region von Gunung Kidul südöstlich der Stadt Yogyakarta, einer karstig-zerklüfteten Gegend, umsäumt Teak die teils winzigen Äcker. Anstelle von Reis wird hier Kassava (Maniok) angebaut, und das Teakholz hat sich zu einer wichtigen Einnahmequelle der Kleinbauernfamilien entwickelt.

Die javanischen Kleinbauern haben 2011 schätzungsweise zwei Millionen Kubikmeter Teakholz produziert. 80 Prozent gingen an kleine und mittlere Unternehmen, die Möbel herstellen. In den feuchten Tropen, wo der Kleiderschrank mit einer dauernd brennenden Glühbirne trocken gehalten werden muss, ist Teak mit seinen pilzabweisenden Eigenschaften die erste Wahl dafür. Zum Teil sind die Bauern genossenschaftlich organisiert, um die Vermarktung zu erleichtern, das Holz weiterzuverarbeiten oder optimales Pflanzgut zur Verfügung zu haben.[316] Damit steigt die Chance für die Produzenten, für ihr Holz auch einen fairen Preis zu erhalten.

Für die Landwirte ist Teak eine Investitionsform, die sich auch für langfristiges Sparen eignet. Wenn der Großvater auf dem Hofgelände ein paar Dutzend Teakbäume gepflanzt hat, können diese für seine Enkel zu einem kleinen Schatz heranwachsen. In Indonesien sind schon 1998 bis zu 400 Dollar für einen Kubikmeter starkes Teak bezahlt worden.[317] Auch bei Bedarf an Geld kann ein Baum gefällt werden, sei es für die Ausbildung der Kinder, eine Hochzeit, den Arzt oder eine Pilgerfahrt.[318]

Allerdings wird Teak aus Plantagen wohl nie den Preis von Naturwaldteak erreichen können, und das könnte letztlich auch für die Erhaltung der verbleibenden Naturwälder eine wichtige Rolle spielen. Deren Fläche liegt nämlich auch heute noch in einer Größenordnung, die durch die Forstdienste der Teakländer allein unmöglich kontrolliert werden kann. Schutz kann nur durch eine Kombination verschiedener Ansätze gelingen. Eigentliche Schutzgebiete lassen sich am ehesten in ausgedehnten Waldmassiven und deren Kernbereichen einrichten und kontrollieren, sofern diese noch nicht erschlossen und besiedelt sind.

Dies ist jedoch nur effektiv, wenn die Randgebiete gut gemanagt sind. Zentral dabei ist der Einbezug der lokalen Bevölkerung, die an den Waldrändern lebt. Sie muss, wie Brandis es einst ausdrückte, zu einem »Freund des Waldes« werden und darf nicht der Feind sein, zu dem sie in den letzten 200 Jahren im Zuge der zentralstaatlich-kolonialen Ansprüche an den Wald gemacht wurde. Am ehesten gelingt dies, wenn die Dorfbevölkerung Verantwortung für die nachhaltige Bewirtschaftung übertragen bekommt und wenn sie vom Ertrag des Waldes auch profitiert. Anreize sind zum Beispiel Arbeitsplätze entlang der ganzen Wertschöpfungskette, von der Planung und Kontrolle durch den Forstdienst über die Holzproduktion bis zur Verarbeitung des Rohstoffes. Ein wirkungsvoller Anreiz ist auch eine Beteiligung der Dörfer am Verkaufsertrag des Holzes, mit der die lokale Infrastruktur oder Schulen finanziert werden können.

Für diesen Ansatz ist ein hoher Preis für Naturwaldteak eher förderlich. Damit lassen sich alle Prozesse entlang der Produktionskette finanzieren, inklusive eines effektiven Zertifizierungssystems. Ohne absolut glaubwürdige Zertifizierung darf Teak heute nicht mehr vermarktet werden. Mit dem skizzierten Bündel und national oder regional zusätzlichen Maßnahmen kann es gelingen, illegale Holzerei und die Schwarzmärkte auf Produktions- und Konsumseite zu unterbinden. Absoluten Schutz, das hieße, den Wald sozusagen unter eine Glasglocke stellen, können sich die Herkunftsländer von Naturwaldteak langfristig nicht leisten, selbst mit Unterstützung aus den Industrieländern nicht, und dieser Ansatz würde vermutlich auch nicht funktionieren. Die lokale Bevölkerung würde wohl illegal Baum für Baum herausholen, schwarz verkaufen oder für den eigenen Bedarf gebrauchen, und sei es als Brennholz für den Herd.

Wie einfach es waldbaulich ist, Teak nachhaltig zu bewirtschaften, zeigen einige Bäume von eindrücklicher Größe, die sich bei Pyay, dem früheren Prome, nicht weit vom Irrawaddy auf einer kleinen Anhöhe erheben. Dietrich Brandis hat sie im Juni 1857 gesetzt, es war seine erste experimentelle Pflanzung. Zuvor hat er im Mai die Samen zum Keimen gebracht. Teaksamen reifen früh in der Trockenzeit, bevor die jährlichen Brände einsetzen. Seine burmesischen Freunde hätten ihm erklärt, so Brandis, dass dies eine weise Anpassung der Natur sei, dass die Samen in den Dschungelfeuern geröstet werden müssen, um die harte knöcherne Schale aufzubrechen und die Keimung zu ermöglichen.

Brandis hat es auf andere Weise versucht, indem er das Keimbeet reichlich bewässert hat, und bei den 38 Grad Celsius, die damals im Schatten herrschten, sind die Samen aufgegangen.[319] Sie sind inzwischen zu Baumriesen mit Durchmessern von weit über einem Meter herangewachsen. (Bild: Teakpflanzung von 1857 ↪ Seiten 136, 137) Als meine Kollegen vom Myanmar Forest Department mich dorthin führen, kann ich ihren Respekt vor diesen Bäumen und ihren Stolz auf deren Geschichte sehr gut verstehen.

KAUTSCHUK

BAUM DER INDUSTRIALISIERUNG

40 000 Fans drängen sich in der »Arena da Amazônia«, es ist Fußball-Weltmeisterschaft 2014 in Brasilien, und Kamerun spielt gegen Kroatien. Die Begegnung ist ein Hochrisikospiel.

Die Gefahr geht zur Abwechslung einmal nicht von Hooligans aus, zum Randalieren wäre es im tropischen Manaus, der Stadt mitten im Regenwald des Amazonas, wohl zu schwül. Der Grund liegt vielmehr in einem winzig kleinen Pilz, der in Amazoniens Naturwäldern weitverbreitet ist. Mit botanischem Namen heißt er *Microcyclus ulei*, und er befällt die Blätter des Kautschukbaums, jenes Baums, dem wir einen der wichtigsten industriellen Rohstoffe verdanken. (Bild: Schwarze Flecken von *Microcyclus ulei* ↪ Seite 175)

In Kamerun und seinen künstlich angelegten Kautschukplantagen kommt *Microcyclus ulei* zwar nicht vor, doch das latente Risiko, dass er eingeschleppt wird, ist stets vorhanden. Das kann über die Schuhsohle eines Kamerun-Fans passieren oder über eines der Souvenirs, das in den Wäldern um Manaus hergestellt wurde und mit Sporen von *Microcyclus* behaftet ist.

Auch andere afrikanische Länder und ebenso die wesentlich größeren Kautschukplantagen in Asien – vor allem in Thailand, Indonesien, Malaysia, Vietnam und Indien – sind bisher frei von *Microcyclus*. Doch auch dort hängt die Gefahr einer Infektion der Kautschukbäume mit dem Pilz wie ein Damoklesschwert über den gepflanzten Beständen.

Abwehrmöglichkeiten in Plantagen gibt es nicht, denn bisher zeigen weder biologische Kontrollverfahren noch Fungizide Wirkung. In Lateinamerika bestehen langjährige Erfahrungen mit Bekämpfungsmethoden, die in den dort angelegten Plantagen angewendet wurden. Doch bisher sind alle Bemühungen kläglich gescheitert, auch solche mit modernen systemischen Fungiziden und verbesserten Anwendungstechniken.[320] In Asien oder Afrika würde der Pilz die Pflanzungen in kürzester Zeit durchseuchen und bedeutende Flächen zum Absterben bringen.[321] Es wäre eine Katastrophe.

Die Folge einer Infektion mit *Microcyclus* und der daraus resultierenden »Südamerikanischen Blattfallkrankheit«, wie die Epidemie genannt wird, wären große Störungen der globalen Handelsströme mit Naturkautschuk – eines zentralen industriellen Rohstoffs. Vor allem hoch belastete Produkte benötigen Naturkautschuk. Dies gilt für die Bereifung der Fahrgestelle von Flugzeugen ebenso wie für die Pneus der meisten Fahrzeuge. Weltweit wird heute jedes Jahr die unfassbare Anzahl von 1,7 Milliarden Autoreifen hergestellt[322] – diese verschlingen über 70 Prozent der globalen Produktion von Naturkautschuk.[323] Aber auch feinere Dinge des täglichen Lebens sind aus Naturkautschuk: Schnuller etwa oder Präservative, global wohl mehr als 50 000 Produkte.[324]

Es ist ein pilziger Winzling, der letztlich das Schicksal einer riesigen Baumart bestimmt und damit auch eines Rohstoffs, der im Allgemeinen kaum wahrgenommen wird, aber für die globale Wirtschaft und unser tägliches Leben von größter Bedeutung ist. Dies spiegelt sich auch in einer Reihe von internationalen Vereinbarungen und nationalen Gesetzgebungen. Das Büro der Vereinten Nationen für Drogen- und Verbrechensbekämpfung führt *Microcyclus* als biologische Waffe[325] auf, ebenso das Kriegswaffenkontrollgesetz Deutschlands[326]. Die Europäische Union nennt Naturkautschuk als einziges biotisches Material in ihrer Liste der kritischen Rohmaterialien.[327] In dieser sind jene Stoffe aufgezählt, die wirtschaftlich zentral sind und gleichzeitig ein hohes Risiko aufweisen, dass durch ihr Fehlen die Versorgung ausfallen könnte.

Auch in den Flugplänen sind diskrete Maßnahmen verborgen, um eine Kontamination mit dem Pilz in Asien zu verhindern. Es gibt praktisch keine direkten interkontinentalen Flüge zwischen Südamerika und Südostasien. Auch der Verkehr von Handelsschiffen zwischen diesen beiden Regionen wird streng kontrolliert[328], denn der Kautschukbaum außerhalb Lateinamerikas muss als hoch gefährdet eingeschätzt werden.[329]

LATEXMILCH UND ZYANID

Praktisch der gesamte Naturkautschuk der Welt wird aus einer einzigen Pflanzenart gewonnen: aus *Hevea brasiliensis*, dem Kautschukbaum, dessen Heimat im Amazonasbecken liegt. Indigene Völker nennen ihn wegen seines weißen Saftes *ca-hu-chu*, »weinendes Holz«. Diese milchige Substanz wird als »Latex« bezeichnet. Chemisch handelt es sich um eine Emulsion aus Wasser und feinsten Partikeln, vor allem gummiartigen Stoffen, Harzen, Tanninen und Ölen.

Der Kautschukbaum führt seinen Latex in einem Röhrensystem, das in eine Bastschicht unmittelbar hinter den Rindenschichten eingebettet ist. Latex dient dem Baum zur Heilung von Verletzungen. Nagen Käfer oder andere Pflanzenfresser an der Rinde, werden sie von der klebrigen Emulsion abgehalten oder in diese eingegossen und so neutralisiert. Latex schließt auch die Baumwunden rasch, wie ein Pflaster, sodass keine Pilze oder andere Fäulniserreger eindringen können.

Hevea brasiliensis gehört zur Familie der Wolfsmilchgewächse, von denen es weltweit Tausende verwandte Arten gibt, von den gemäßigten bis in die tropischen Breiten. Viele davon enthalten ebenfalls Latex, etwa die auf trockenen, kalkigen Standorten Mitteleuropas weit verbreitete Zypressen-Wolfsmilch. Auch andere Pflanzen außerhalb der Wolfsmilchgewächse enthalten Latex; in Amazonien sind es Hunderte Arten, die Säfte ähnlicher Zusammensetzung führen.

Kautschukbäume wachsen 30, manchmal 40 Meter hoch. Die Rinde ist glattgräulich und kann mit dem Alter bräunlich und schuppig werden. Die elliptisch geformten Blätter sitzen am Ende eines langen Blattstiels, jeweils zu dritt, wobei das mittlere etwas länger ist als die beiden seitlichen.

Die Samen des Kautschukbaums sind olivengroß. (Bild: Samen des Kautschukbaums ↪ Seite 175) Ihre hellbraune Außenhaut mit dunkelbraunen Flecken ist mit einer dünnen Wachsschicht imprägniert. Die Samen enthalten Zyanide, die beim Fressen zu Blausäure, einem potenten Gift, umgewandelt werden, um Fressfeinde abzuschrecken. Dieselbe Strategie nutzt auch Maniok, wie *Hevea* ebenfalls ein Wolfsmilchgewächs. Maniok bildet stärkehaltige Wurzelknollen (Tapioka), welche die indigenen Völker Amazoniens als zentrales Grundnahrungsmittel nutzen. Um die Wurzelknollen zu entgiften, werden diese geraffelt, gewässert und geröstet. Ebenso verfahren indigene Völker mit den Samen von *Hevea*. Das Volk der Ticunas isst den mehrfach gekochten Brei von *Hevea brasiliensis* zusammen mit Fisch.[330] Die Tanimukavölker backen einen Kuchen aus Samen einer verwandten Art von *Hevea brasiliensis*. Diese dienen als Nahrung bei einem Ritual, bei dem der ganze Volksstamm 48 Stunden lang tanzt.[331]

Hevea brasiliensis gedeiht nur rechtsufrig des Amazonas, also südlich des großen Flusses, mit zwei Ausnahmen: einem Gebiet nordwestlich von Manaus und einem zweiten bei Leticia, dort, wo Brasilien, Kolumbien und Peru zusammentreffen. Die Baumart besiedelt vor allem die riesigen Flächen der *terra firme*, der Böden außerhalb des Überschwemmungsbereichs der Flüsse Amazoniens. Aber auch in der fruchtbaren *várzea*, dem zeitweise überfluteten und mit Nährstoffen angereicherten Schwemmland, kann *Hevea brasiliensis* gedeihen.

Staunasse oder andere spezielle Standorte werden von Artverwandten besiedelt. *Hevea rigidifolia* hat sich auf die nährstoffarmen und sandigen Böden des Guayana-Schildes spezialisiert. Diese riesigen Flächen nördlich des Amazonas werden zu einem guten Teil vom Rio Negro entwässert. In derselben Region, aber auf moorigen, vernässten Standorten, findet sich *Hevea microphylla*. Insgesamt werden im Amazonasgebiet zehn oder elf verschiedene *Hevea*-Arten unterschieden, wobei nur eine weitere einen Latex liefert, der mit demjenigen von *Hevea brasiliensis* vergleichbar ist.

Hevea brasiliensis benötigt Jahresniederschläge zwischen 2000 und 3000 Millimeter und 170 bis 200 Regentage. Die Baumart toleriert zwei bis drei Trockenmonate und verliert bei Trockenheit auch ihr Blattkleid. Sie hat ein ausgedehntes Wurzelwerk und benötigt darum tiefgründige Böden. Temporäre Überschwemmung oder kurze Staunässe ist kein Problem, wenn der Boden genügend durchlässig ist und dann auch wieder abtrocknet.

Spannend ist die Verteilung der *Hevea*-Bäume im Regenwald Amazoniens: Jeder Baum wächst für sich und steht oft Hunderte Meter entfernt vom nächsten. Nur selten kommen Gruppen mit kleineren Abständen vor. Die Distanz zwischen den Bäumen ist die Folge des Kampfgleichgewichts, das sich mit dem *Microcyclus*-Pilz herausgebildet hat. Solange die Bäume einzeln stehen, bleibt der Infektionsdruck kleiner, und die Wahrscheinlichkeit des einzelnen Baums, dem *mal-das-folhas*[332], so der Name der Epidemie in Brasilien, zum Opfer zu fallen, ist geringer.

LATEX – EIN MATERIAL, DAS EUROPA VERBLÜFFT

Latex wird durch das Einkerben der Rinde des Baumes gewonnen. Dieses Einkerben legt das Röhrensystem mit der milchigen Flüssigkeit frei. An der Luft gerinnt Latex, ist jedoch nicht stabil, sondern wird rasch von Fäulnis befallen und beginnt zu stinken. Sonnenlicht macht Latex klebrig, und Hitze weicht ihn auf. Wie dies verhindert und Latex stabilisiert werden kann, haben die indigenen Völker Lateinamerikas bereits vor Jahrtausenden herausgefunden. Azteken, Maya und andere mittelamerikanische Völker konnten Bälle für ihre zeremoniellen Spiele aus Latex herstellen. Der älteste bekannte Ballspielplatz ist vor mehr als 3000 Jahren entstanden.

In Mittelamerika war es der Mexikanische Kautschukbaum (*Castilla elastica*), ein Verwandter des Feigenbaums, der den Latex für die Bälle lieferte.[333] Im Amazonasbecken ist *Hevea brasiliensis* seit alters her der wichtigste Latexlieferant. Die Verfahren für die Umwandlung des Milchsaftes in beständigen »Kautschuk«, den die indigenen Völker entwickelt haben, gleichen sich weitgehend.

Kern des Verfahrens ist ein Schwelfeuer, für das Samen verschiedener Palmenarten dienen. Darüber wird ein bodenloser Topf gestülpt, der Hitze und Rauch kanalisiert. Nun kommen Formen aus sandhaltigem Ton ins Spiel, beispielsweise in Gestalt eines Balls oder eines Fußes, die an einem Ast befestigt sind. Auf die Formen wird eine erste Latexschicht aufgetragen und in den beißenden Schwaden geräuchert und getrocknet. Weitere Latexschichten folgen, bis die gewünschte Wandstärke erreicht ist. Abschließend wird die Tonform zerbrochen und das sandige Material durch das Loch, das der Ast hinterlassen hat, aus der Kautschukhülle herausgeschwemmt. Schuh und Ball sind nun aus stabilisiertem Gummi und widerstehen Hitze, Sonnenlicht und Keimbefall.

Die ersten Europäer, von denen wir wissen, dass sie Kautschuk von *Hevea brasiliensis* genutzt haben, sind spanische Konquistadoren, die einer Expedition von Gonzalo Pizarro angehören, dem Statthalter von Quito, die dieser 1540 anführt. Mit Hunderten von Spaniern, 4000 indianischen Trägern und Herden von Lamas und Schweinen überquert die Truppe die Anden und steigt dann ins Amazonasgebiet hinunter. Ziel ist »La Canela«, das Zimtland, wo riesige Bäume des wertvollen Gewürzes wachsen sollen und wo es angeblich auch eine Stadt aus purem Gold gibt. Deren Fürst würde jeden Tag nach dem Bad frisch mit Goldstaub gepudert: »El Dorado«. Zimt finden die Konquistadoren nicht, und auch El Dorado bleibt eine Halluzination.

Hingegen geht dem Heer allmählich die Nahrung aus, und man beschließt, ein Schiff zu bauen und einen Trupp den Fluss hinunter zu senden, um Lebensmittel zu beschaffen. Der Schiffsbau erfolgt bei einer Siedlung der indigenen Omagua. Der mitreisende Dominikanermönch Gaspar de Carvajal beschreibt in seinem Tagebuch, wie zum Abdichten der Planken in Ermangelung von Pech nach einer Alternative gesucht wird. Zufälligerweise beobachtet ein Spanier, wie ein Omagua einen Baum ritzt, aus dem weißer Saft quillt, und wie der Saft anschließend über dem Feuer zu einer elastischen Masse wird.[334] Zum Kalfatern des ersten europäischen Bootes am oberen Amazonas wird also Kautschuk verwendet.

Die Mission »Nahrungsmittel« wird von Francisco de Orellana, dem Leutnant von Pizarro, geleitet. Gaspar de Carvajal berichtet, wie die Strömung das Schiff mitreißt, immer weiter den Amazonas hinuntertreibt und eine Rückkehr unmöglich ist. Nach 260 Tagen landet Orellana schließlich im Mündungsgebiet des Amazonas.[335] Noch einmal, bei einem der vielen indigenen Völker, denen sie begegnen, ist de Carvajal mit Kautschuk in Kontakt gekommen: »Bei ihnen sah ich etwas ganz Neues: Sie spielten mit Bällen, die wieder in die Höhe sprangen, wenn man sie auf die Erde warf.«[336]

Die indigenen Völker Amazoniens haben also Produkte entwickelt, die es damals in Europa nicht gab. Später ist vieles davon von den Europäern übernommen worden und auch heute noch in Gebrauch.[337] Der französische Mathematiker und Enzyklopädist Charles Marie de La Condamine, der ab 1735 zehn Jahre in Südamerika verbrachte, berichtet von Pumpen und Spritzen, die das Volk der Omagua aus Kautschuk herstellt. Die Spritzen haben die Form hohler Birnen, mit einem Loch an ihrem Ende, in das eine Röhre eingebettet ist, zum Beispiel ein hohler Vogelknochen. Kleinere Spritzen dienen etwa dem Schnupfen halluzinogener Substanzen durch die Nase, größere werden zum Aufbewahren von Wasser und anderen Flüssigkeiten benutzt.[338]

In der brasilianischen Sprache spiegeln sich die Produkte der indigenen Bevölkerung noch heute wider. Der Kautschukbaum heißt – abgeleitet vom portugiesischen *seringa* für Spritze – *pau-seringa*, wörtlich »Spritzenbaum«, und der Kautschukzapfer ist der *seringueiro*. Die Ausdrücke »Latex« und »Kautschuk« werden sprachlich oft synonym gebraucht.

Es ist de La Condamine, der 1751 auf dem alten Kontinent mit einem Vortrag an der Pariser Akademie ein erweitertes Interesse für das »Federharz« weckt. Der eigenartige Stoff, der zwar fest ist, sich aber trotzdem in alle Richtungen dehnen lässt, um letztlich wieder seine ursprüngliche Gestalt anzunehmen, fasziniert und irritiert. Als »Affe unter den Nutzmaterien« bezeichnet Gottfried Semper, deutscher Architekt und Kunsttheoretiker, den Stoff Mitte des 19. Jahrhunderts.[339]

Vorerst sind es medizinische Produkte, welche die Europäer herzustellen versuchen: Spritzen für Injektionen, Spülungen oder Milchpumpen. Zu Beginn des 19. Jahrhunderts folgen Regenmäntel und Stiefel, die mit Kautschuk, der in

Terpentin gelöst ist, abgedichtet werden.[340] Aber auch diese frühen europäischen Versuche bestätigen: nicht geräucherter Latex wird spröde und brüchig in der Kälte, und die Hitze transformiert ihn zu einer klebrigen, schleimigen Masse, die rasch zu stinken beginnt.

LATEX ALS GESCHENK DES HIMMELS

Der technische Durchbruch zu jenem Werkstoff, den wir heute als Kautschuk kennen, gelingt dem Amerikaner Charles Goodyear 1839. Goodyear ist Autodidakt und Erfinder. Wie damals viele andere Tüftler experimentiert auch er mit dem Material aus Brasilien. Jahrelang mischt er verschiedenste Ingredienzen dazu, und einmal stirbt er fast an einer Vergiftung mit Bleioxid.

Dann erwirbt Goodyear von seinem Landsmann Nathaniel Hayward ein Patent, das Schwefel als Mittel gegen das Klebrigwerden des Kautschuks beschreibt.[341] Kurz darauf bringt ein Missgeschick den großen Durchbruch: Goodyear hantiert mit Kautschuk und Schwefel, und zufällig tropft etwas von der Mischung auf eine heiße Ofenplatte. Dabei verwandelt sich die Mixtur in einen neuen Zustand: formstabiler und dauerhaft elastischer Gummi entsteht. Zur Bezeichnung dieses Prozesses übernimmt Goodyear die Bezeichnung »Vulkanisation«, angelehnt an *Volcanus*, den römischen Gott des Feuers. Der dauerelastische Gummi wird als »Vulkanit« bezeichnet.

Was genau bei der Vulkanisation geschieht, darüber streiten sich Wissenschaftler noch anderthalb Jahrhunderte nach Goodyears goldenem Zufall. Dass Naturkautschuk aus großen Molekülen mit jeweils Hunderttausenden von Atomen besteht, sogenannten Makromolekülen, entdeckt der deutsche Chemiker Hermann Staudinger bereits um 1900. Staudinger zeigt auch auf, dass diese Makromoleküle in langen Ketten angeordnet sind.

Was der Schwefel bei der Vulkanisation exakt bewirkt, wird jedoch erst in den 1970er-Jahren klar: Schwefel verbindet die Makromolekülketten zu einem dreidimensionalen Netzwerk, was die Elastizität und mechanische Resilienz von vulkanisiertem Gummi zusätzlich erhöht.[342] Das Material kann sich bei Zug- und Druckbelastung verformen, findet danach jedoch in seine ursprüngliche, unverformte Gestalt zurück. Wir werden sehen, dass inzwischen Tausende von Elastomeren aus Erdölprodukten synthetisiert worden sind, dass aber bis heute keines die unvergleichlichen elastischen Eigenschaften von Naturkautschuk erreicht hat.

Nach Entdeckung des vulkanisierten Gummis wächst die Vielfalt an Kautschukprodukten noch zu Goodyears Zeiten rasch an. Es sind vorerst kleinere Erzeugnisse wie Schuhsohlen oder aufblasbare Rettungsringe. Andere Werkstoffe werden durch Gummi substituiert, beispielsweise in der Zahnmedizin. Bis Mitte des 19. Jahrhunderts ist Gold das einzige zufriedenstellende Material für die Basisplatte eines Gebisses, und dies ist entsprechend kostspielig. Goodyear selbst meldet 1858 ein Patent für die zahnmedizinische Verwendung von Vulkanit an und gründet die *Goodyear Dental Vulcanite Company*. Das Vulkanit-Material ist viel billiger als Gold, erstmals kann sich so auch die Mittelschicht Ersatzzähne leisten.[343]

Als Geschenk des Himmels erweist sich vulkanisierter Gummi für die Ingenieure der industriellen Revolution. Diese wird wesentlich durch drei Materialien ermöglicht und getrieben: Eisen als Baustoff für die Maschinen, Kohle zu deren Antrieb sowie vulkanisierter Kautschuk, um all die Mechanismen zu verbinden und den Verlust von Schmierstoffen zu verhindern. Dazu gehören Gelenkmanschetten, Schläuche, Dichtungen zum Versiegeln der Dampfzylinder, Puffer und viele andere Produkte, oft unscheinbar am Ort ihres Wirkens, aber stets zentral für das Funktionieren der neu erfundenen Maschinen. Unersetzlich wird Kautschuk auch rasch als Isolation elektrischer Leitungen, im Siedlungsraum ebenso wie bei den Tausenden von Kilometern langen Leitungen, welche die Kommunikation zwischen den Kontinenten sicherstellen.

1853 exportiert Brasilien gerade einmal drei Tonnen Kautschuk. Dieser stammt noch vorwiegend aus dem östlichen Amazonasgebiet und wird über den Hafen von Pará, dem heutigen Belém, in Form von Ballen gehandelt. Mit dem Aufkommen der Dampfboote beginnen die Händler tiefer nach Amazonien vorzustoßen. 1860 sind es bereits 1500 Tonnen des exklusiven Materials für den Export. In jenem Jahr ist der Rohstoff schon derart begehrt, dass der Kilopreis für Kautschuk jenen für Silber überstiegen haben soll.[344]

Als 1867 Amazonien und all seine Zuflüsse vom brasilianischen Kaiser Dom Pedro II. als für den Außenhandel frei deklariert werden, beginnt neben Belém auch Manaus seinen Aufstieg als Zentrum des Kautschukhandels. Der Ort liegt tief im Regenwald, rund 1500 Kilometer von der Küste entfernt, wo Solimões und Rio Negro zusammenfließen. Lange verbleiben die beiden Wasser scharf getrennt nebeneinander. Der Solimões, befrachtet mit Sedimenten aus den Anden, wirkt hell, der Rio Negro, dessen Einzugsgebiet in den nährstoffarmen Böden des Guayana-Schildes liegt, erscheint dunkel. Viele Kilometer unterhalb von Manaus mischen sich die beiden Wasser und fließen als Amazonas weiter.

Manaus ist als Festung von portugiesischen Kolonisten gegründet worden, vor allem, um Angriffe holländischer Eindringlinge aus dem Norden, dem heutigen Surinam, abzuwehren. Noch Mitte des 19. Jahrhunderts besteht der Ort aus nicht mehr als einem hölzernen Fort und einigen Hütten, die sich darum gruppieren.

1872 werden in Amazonien etwa 8000 Tonnen Kautschukballen geerntet, und bis 1890 verdreifacht sich die Produktion auf 20 000 Tonnen. In diesen zwei Jahrzehnten mausert sich Manaus vom unbedeutenden Dschungelnest zu einer Weltstadt, flächenmäßig immer noch winzig, wirtschaftlich aber von riesiger Bedeutung.

Der wachsende Export hat vor allem mit einer Fülle neuer Erfindungen in den 1880er-Jahren und mit ihrer Kommerzialisierung in den USA und in Europa zu tun. Erste motorisierte Gefährte der Tüftler und Erfinder erscheinen auf den staubigen Straßen. Sie wirken zwar noch mehr wie Kutschen, die sich ohne Pferde bewegen; in Deutschland entwickeln Gottlieb Daimler und Wilhelm Maybach jedoch 1872 leistungsfähige Benzinmotoren, die größere Geschwindigkeiten erlauben.

In England meldet John Boyd Dunlop, ein Tierarzt, 1888 den luftgefüllten Gummireifen für Fahrräder zum Patent an. Die Luftreifen erhöhen den Fahrkomfort gegenüber den üblichen Belägen aus Eisen- oder Vollgummi, dämpfen Unebenheiten ab und verbessern die Bodenhaftung erheblich. Das Fahrrad ist relativ günstig und wird in den 1890er-Jahren zum ersten massentauglichen Individualverkehrsmittel – global gibt es 1895 etwa 7 Millionen Fahrräder.[345] Geht man von einem Kilogramm Kautschuk für Schläuche und Reifen aus, wird für jedes Fahrrad etwa die Jahresproduktion eines Kautschukbaums in Amazonien benötigt. Bereits um die Wende zum 20. Jahrhundert wird daher ein großer Teil der Kautschukproduktion für den Verkehr verwendet, und das wird sich nicht mehr ändern.

Kurz nach Dunlops Erfindung beginnen in Frankreich die Brüder Michelin, die in ihrem Gummiwerk in Clermont-Ferrand Bremsklötze für Kutschen und Gummibälle für Kinder herstellen, zuerst luftgefüllte Fahrrad- und dann Autoreifen zu entwickeln. 1895 rüstet Michelin ein Daimler-Auto erstmals mit Luftreifen für ein Rennen aus. Die Räder erlauben nicht nur ein bequemeres, sondern auch schnelleres Fahren. Noch können sich die einzeln in Handarbeit angefertigten Gefährte nur die Vermögenden leisten. Trotzdem wirkt sich die stetig wachsende Nachfrage nach Kautschuk immer tiefer in die Amazonaswälder aus.

WIE DER WALD FÜR DIE SERINGUEIROS ZUR FALLE WIRD

Das Kautschukgeschäft an der Wende zum 20. Jahrhundert besteht aus vollkommen ungleichen Welten. Da ist einmal der *seringal*, ein Stück Regenwald, auf das ein *seringalista* einen Nutzungsanspruch erhebt.[346] Für den Seringalista arbeiten Kautschukzapfer, die *seringueiros*, die den Latex ernten und zu Ballen formen. Der Seringalista rüstet seine Seringueiros für die Arbeit und das Leben im Wald aus und kauft ihnen am Ende der Erntesaison auch den Kautschuk ab.

(Bild: Seringueiro ↪ Seite 176)

Die Seringalista haben oft ein offizielles Amt oder einen Dienstgrad der Nationalgarde, oder reklamieren das zumindest für sich. Dies verleiht ihnen einerseits Kreditwürdigkeit gegenüber den *aviadores*, den Kautschukbaronen, welche die Handelshäuser besitzen und in Belém oder Manaus leben sowie mit den internationalen Kapital- und Absatzmärkten verbunden sind. Andererseits verfügen die Seringalista in der weiten Wildnis Amazoniens über politische und polizeiliche Macht, die sie auch zur Kontrolle und Überwachung ihres Seringals und der Seringueiros nutzen.

Die meisten Seringueiros stammen aus dem *nordeste*, aus Ceará und anderen Staaten des brasilianischen Nordostens. Nach der dürrebedingten großen Hungersnot von 1877 sind Zehntausende nach Amazonien ausgewandert, um sich dort als Kautschukzapfer zu verdingen. Bei jeder Krise rekrutieren Mittelsmänner neue Leute in Ceará und schießen ihnen auch die Kosten für die Reise in den großen Wald vor. Bis 1880 sind schätzungsweise 500 000 *nordestinos* in das Amazonasgebiet gekommen.[347] Sie dringen immer weiter und bis in die feinsten Verästelungen des unendlichen Stromgebiets vor.

Aber auch viele Abenteuerlustige aus Europa oder Nordamerika kommen als Seringueiro nach Amazonien. Einer davon ist John Christian Yungjohann, ein Fliesenleger aus New York. Er wird einen Bericht über den Alltag der Seringueiros verfassen, eine rare Dokumentation von systematischer Ausbeutung der Gummizapfer, vom Kampf mit Tropenkrankheiten und vom Sterben und Überleben in der Wildnis.[348]

Yungjohann startet seine Reise 1896 als 22-Jähriger in Belém, wo er sofort von einem Agenten unter die Fittiche genommen wird. Er reist den Amazonas aufwärts nach Manaus, und gelangt nach 38 Tagen über Solimões, Purus und Acre nach Boca do Xapuri, den Ort, wo der Xapuri in den Acre mündet und dampfbetriebene Schiffe nicht mehr weiterkommen.

In Belém und Manaus ist der künftige Seringueiro von seiner Agentur noch zuvorkommend verwöhnt worden, Hotel und Reise wurden bezahlt, es gab Taschengeld für den Ausgang. Hier in Boca do Xapuri, wo es nur mit dem Einbaum weitergeht, wird der Umgang rauer. Yungjohann muss nun die Ausrüstung kaufen – zu vollkommen überteuerten Preisen. Trockenfleisch kostet neun Mil-réis, umgerechnet drei damalige US-Dollar, für die Dose Sardinen werden fünf Dollar berechnet. Das Gewehr, eine Lebensversicherung in diesen Wäldern, kommt ihn auf 170 Dollar zu stehen. Die Gesamtsumme, hält Yungjohann fest, lässt ihn fast tot umfallen: 1600 Dollar[349], über 50 000 Dollar zu heutigem Wert. Diese Rechnung schreibt ihm sein Seringalista als Schuld auf, die Yungjohann künftig mit seiner Kautschukernte abzustottern hat.

Zusammen mit sechs Kollegen und einem Führer, der für den Seringalista arbeitet, paddeln die Männer den Xapuri aufwärts. Jetzt dann gleich, nur noch ein paar Flussbiegungen weg sei der Seringal, antwortet der Führer jeweils auf entsprechende Fragen. Die Reise im Kanu dauert schließlich 45 Tage. Dann erfolgt der Aufbau der Hütten aus Bambus, Palmblätter bilden das Dach.

Jeder Seringueiro legt nun zwei oder drei Wege, *estradas* an, die an jeweils 90 bis 120 Kautschukbäumen vorbeiführen.[350] Idealerweise haben die Estradas eine Schleifenform, das heißt, sie starten in der Nähe der Hütten und enden auch wieder dort. Sie führen auf jeden Fall über Dutzende von Kilometern, und es sind keine bequemen Pfade, wie ihr Name es vermuten ließe. Im Westen Amazoniens macht dichter Gadua-Bambus das Unterholz zu einem undurchdringbaren Dickicht, sodass eher Tunnel gehauen werden, nicht sehr hoch, oft nur schulterbreit, und bei jedem Durchgang müssen die rasch wachsenden Bambus-Triebe von Neuem zurückgeschnitten werden. Das Gelände ist flach, die Orientierung schwierig. Zu Beginn verirren sich die sieben Neulinge immer wieder. Schüsse in die Luft helfen beim Auffinden, doch jede Patrone ist ein Vermögen wert.

Die Arbeit der Seringueiros beginnt um drei Uhr in der Nacht. Die Karbidlampe an der Stirn lässt den Weg von Baum zu Baum mehr erahnen, als er ihn erleuchtet. Mit einem kleinen Beil, dem *machadinho*, werden senkrechte Ritzen in die Bäume gehauen, zwei bis drei Millimeter tief. Das Kambium, das unterhalb des latexführenden Gewebes liegt, soll möglichst nicht beschädigt werden. Es ist jene Zellschicht, die nach innen Holz bildet und nach außen die Rinde, und beim Kautschukbaum zudem das latexführende Gewebe. Der Latex läuft bis ans Ende der Ritze hinunter und träufelt in eine Schale aus verzinktem Blech, die der Seringueiro dort befestigt hat. (Bild: Latex ↪ Seite 176)

Bei einem zweiten Durchgang, wenn die aufkommende Hitze den Latexfluss im Baum zum Stocken bringt, leeren die Zapfer die Schalen. Den Rest des Tages verarbeiten sie die weiße Flüssigkeit in Zelten aus Palmblättern, die neben ihren Hütten stehen. Über einem Feuer wird ein Holzstab gedreht, über den Latex geträufelt wird – Schicht um Schicht, ähnlich, wie es die indigenen Völker seit Jahrtausenden praktizieren. Diese Arbeit heißt *defumação*, Räuchern, und beißende Schwaden füllen die Hütte. Mit der Zeit entstehen längliche, abgerundete Ballen. Wenn sie etwa 50 Kilogramm schwer sind, wird der Stab entfernt und ein neuer Ballen angelegt. (Bild: Räuchern von Kautschukballen ↪ Seite 177)

Die sieben Seringueiros haben noch in Boca do Xapuri große Dosen Chinin gegen die Malaria geschluckt, doch unterwegs und ohne regelmäßige Einnahme der Medizin hat sie die Krankheit doch erwischt. Malaria kommt und geht, und manchmal liegen alle in ihren Hängematten, schwitzen fiebrig und klappern gleichzeitig mit den Zähnen wie vor Kälte. Gesundheitliche Normalität hier im Wald ist, sich kraftlos zu fühlen oder krank zu sein. Malaria, Gelbfieber und noch schlimmere Krankheiten wie *Beriberi* lauern überall. Beriberi ist ein Syndrom als Folge von Vitamin-B-Mangel, das Nerven und Muskeln schädigt, und eine verbreitete Todesursache bei Seringueiros.

Nach acht Wochen stirbt der erste Kollege. Alle sind zu schwach, um den Leichnam wegzutragen und zu beerdigen. Kein halbes Jahr später bleibt von den sieben nur Yungjohann als einziger Überlebender übrig.

Yungjohanns nächste Sorgen gelten den Indigenen. Zuerst findet er wiederholt deren Spuren in seiner Hütte, nachdem er von der Sammelrunde zurückkommt. Dann wird die Hütte angezündet. Schließlich kann er sich mit den Indigenen doch anfreunden, besucht sie immer wieder für eine oder zwei Wochen in deren Siedlung und lernt viel über den Wald und wie man dort überlebt.

Gefährlich sind die Jaguare, die stets zu zweit unterwegs sind. Lästig die Moskitos oder die *pium*: winzige graue Fliegen, gelb gepunktet, deren Biss erst Stunden später, dann aber heftig, zu jucken beginnt. An den Stichen zu kratzen, bis es blutet, führt unvermeidlich zu Infektionen. Giftschlangen, Skorpione, Tausendfüßler – und jeder Schlag mit der Machete kann ein Wespennest treffen und den Zorn seiner Bewohner entfesseln.

Die Nähe zu den Anden bringt bisweilen frostige Nächte[351], und das treibt Yungjohann wiederholt einen speziellen Schlafgenossen in die Hängematte: eine Königsboa, etwa vier Meter lang, die Wärme sucht und sich nachts an seinen Körper schmiegt. Den Kopf legt sie schwer auf seine Brust, und ihre Zunge streicht manchmal kalt über seine Lippen oder verirrt sich im Augenwinkel. Es sind Nächte mit Albträumen, notiert Yungjohann, und wenn er sich bewegt, faucht das Reptil gereizt, ähnlich wie eine Katze.[352]

Die Erntesaison endet für die Kautschukzapfer, sobald der Regen im Oktober einsetzt. Die Stiefel bleiben in den überschwemmten Estradas stecken, in den Zinkbechern mischt sich Latex mit Wasser. Jetzt bindet Yungjohann seine Kautschukballen im Fluss zusammen und schlauft Lianen durch die Löcher, die vom Stab beim Räuchern geblieben sind. Auf diesem Floß balanciert er den Xapuri hinunter, bis zur Mündung in den Acre, die er nach viereinhalb Monaten, Mitte März, erreicht.

Boca do Acre ist, wie jeder der vielen Handelsposten für Kautschuk in Amazonien, ein Ort von gaunerhafter Schlitzohrigkeit. Yungjohanns Gummiballen werden im gleichen Maß unterbezahlt, wie zuvor die Rechnung für seine Ausrüstung überzogen war. Mit seinem Hungerlohn, der ihm übrig bleibt, kann er seinen Kredit bei Weitem nicht zurückbezahlen. Damit steckt der Amerikaner in derselben Schuldenfalle, in welche die meisten Seringueiros geraten.

Eine Flucht aus dem Seringal ist fast unmöglich. Schuldner, die sich davonstehlen, werden verfolgt und zurückgeprügelt. Die Seringalistas behalten den Personenverkehr auf ihren Flüssen im Auge. Die Dampfer fahren langsam, weil sie überall halten, um Ware aufzunehmen oder zu löschen, sodass Flüchtige leicht einzuholen sind.

Yungjohann erntet in einer guten Saison etwa 2000 Kilogramm, das sind rund 40 Kautschukballen.[353] In seinem vierten Jahr bearbeitet er fünf Estradas, jede Nacht eine andere. Am Wochenende schuftet er an einem Einbaum, den er aus einem großen Cedrela-Stamm, einer Familienverwandten von Mahagoni, haut. In diesem Jahr kann er seine Ernte auf 4000 Kilogramm verdoppeln.[354] Das ist eine außerordentliche Leistung, selbst für einen Seringueiro mit einer derart zähen Konstitution wie Yungjohann. Zusammen mit dem Verkauf seines Kanus erzielt er einen Erlös, mit dem er seine Schulden zurückerstatten und den Seringal verlassen könnte. Doch dann lässt er sich dazu überreden, nochmals eine Saison anzuhängen. Das sei der größte Fehler gewesen, den er je gemacht habe, schreibt er.[355]

Erst Jahre später, 1906, gelingt John Yungjohann der Ausbruch aus dem Wald, zehn Jahre, nachdem er nach Amazonien gekommen ist. Er kommt mit einem Beriberi-Leiden nach Boca do Xapuri. Sein Seringalista erkennt wohl, dass bei ihm nichts mehr zu holen ist, und lässt ihn passieren. Yungjohann erreicht schließlich Belém. Er reist weiter nach Barbados, damals britisches Territorium.

Als die Hafenbehörden seinen Zustand sehen, verweigern sie ihm erst die Einreise. Da er Mittel vorweisen kann, wird er doch im Spital aufgenommen.

Elf Monate verbringt er dort, zusammen mit einem Affen und einem Papagei, die er aus Amazonien mitgebracht hat.[356] Das Spital verlässt er mit Krücke auf der einen und einem Stock auf der anderen Seite. John Christian Yungjohann kehrt nach New York zurück und arbeitet dort wieder als Plattenleger. Er stirbt 1930, 56-jährig. Die Kautschukballen seiner letzten Kampagne hat er in einer Höhle versteckt, wo diese vielleicht heute noch liegen.

Die allermeisten von Yungjohanns Kollegen sind in Schuldknechtschaft geblieben und konnten sich nie mehr aus der Falle lösen. Es sind wohl Hunderttausende, die sich mit Ungerechtigkeit und Krankheiten arrangiert und den Weg aus dem Wald nicht mehr gefunden haben.

Sicher gibt es auch einvernehmlichere Verhältnisse zwischen Seringalistas und Seringueiros, bei denen der Seringalista als *patrono* angesprochen wird und dieser sich auch entsprechend fair verhält. Vor allem die *cablocos*, die indianisch-portugiesischen Mischlinge, die sich zum Teil lange vor dem Kautschukboom an den Flussufern niederließen, sind viel unabhängiger. Sie haben verschiedene wirtschaftliche Standbeine und betreiben neben dem Sammeln von Kautschuk auch Landbau, Jagd und Fischerei.

Auf der anderen Seite des Spektrums spielen sich jedoch noch viel größere Grausamkeiten ab, als sie Yungjohann erlebt hat, etwa am Putumayo, in der Region von Iquitos in Peru. Im Zentrum eines bekannten Skandals um die Wende zum 20. Jahrhundert steht Julio César Arana, Sohn eines peruanischen Hutmachers. Als junger Mann befährt er das Flussnetz des Putumayo und tauscht Panama-Hüte gegen Kautschuk. Später wird er zum Kautschuk-Baron, gründet die Peruvian Amazon Company mit Sitz in London, englischem Kapital und Personal und bringt indigene Völker als Kautschukzapfer in Sklavenschaft.

Arana verfügt über eine private Polizeitruppe von 200 Mann, welche die Leistung der Zwangsarbeiter überwacht und flüchtige Indianer jagt und foltert, manchmal zu Tode. Die Menschenrechtsverletzungen Aranas werden 1909 in der britischen Presse publik. Aber weder englische noch peruanische Gerichte können ihn zur Verantwortung ziehen. Im Gegenteil: In Peru setzt Arana ein Kopfgeld für die Ermordung des zuständigen Richters aus, der darauf das Land verlassen muss – Arana bleibt unbehelligt. Später, bei einer Untersuchung des peruanischen Parlaments, weist er jegliches Wissen über Verbrechen von sich und schiebt die Schuld seinen Mitarbeitern in die Schuhe.

Schwarze Flecken von *Microcyclus ulei* ↪ Seite 161

Samen des Kautschukbaums ↪ Seite 163

Seringueiro ↪ Seite 170

Latex ↪ Seite 171

Räuchern von Kautschukballen ↪ Seite 172

Nicolás Suárez ↪ Seite 187

Paris N'América ↪ Seite 190

Teatro Amazonas ↪ Seite 190

Palácio Rio Negro ↪ Seite 190

Henry Wickham ↪ Seite 194

Palmhaus Kew Gardens ↪ Seite 195

Kautschukplantagen ⤷ Seite 198

Rodung ⤷ Seite 199

Trasse der Madeira-Mamoré-Eisenbahn ⤷ Seite 199

Kautschukballen, EFMM ↪ Seite 199

Bahnhof Guajará-Mirim ↪ Seite 199

Fordlândia: planierte Terrassen, Kautschuk ⥅ Seite 204

Fordlândia, Friedhof 2018 ⤷ Seite 205

Fordlândia, Wasserturm,
Werksgebäude 2018 ⤷ Seite 205

BOLIVIANISCHER KAUTSCHUK

Ein abgelegeneres Stück Erde als die *estradas*, wo John Yungjohann schuftet, ist kaum vorstellbar – und doch gewinnen jene unendlichen Wälder um die Wende zum 20. Jahrhundert wegen ihres Reichtums an *Hevea* global an Interesse. Yungjohann arbeitet am Fluss Xapuri im heutigen brasilianischen Bundesstaat Acre und damit im Einzugsgebiet des Solimões. Wie er sind über dieselben Flüsse Tausende von brasilianischen Seringueiros in diese Region gekommen. Allerdings handelt es sich bei diesen Wäldern um bolivianisches Hoheitsgebiet. Von Bolivien her sind diese Wälder jedoch praktisch unerschlossen und sehr schwierig zu erreichen.

Bolivien versucht, diese Situation 1901 durch einen Vertrag mit einer amerikanischen Investitionsgesellschaft zu verbessern. Dem *Bolivian Syndicate of New York* gehören reiche Familien wie die Vanderbilt und Astor oder die Bankendynastie der Morgan an.[357] Die Amerikaner erhalten von Bolivien Landrechte, um sich am Kautschukboom zu beteiligen, dürfen allfällige Erzfunde ausbeuten und sind steuerbefreit. Als Gegenleistung sollen sie für den bolivianischen Staat die notwendige Infrastruktur wie Straßen, Häfen und Telegrafennetze bauen und die Gebiete entsprechend verwalten.[358]

Die zugeteilten Landrechte umfassen auch Bereiche, die bereits von brasilianischen Seringueiros besiedelt sind. Der Vertrag mit dem amerikanischen Syndikat führt zu einem Aufstand der brasilianischen Kautschuksammler, die eine unabhängige »Republik Acre« proklamieren. Unterstützung finden sie bei Handelsherren in Manaus und Belém, die sich die jährlich 2000 Tonnen Kautschuk aus Acre nicht entgehen lassen wollen. Darum schicken sie den Aufständischen einige Boote voller Waffen.[359]

1903 einigen sich Bolivien und Brasilien im Vertrag von Petrópolis auf einen Landtausch. Brasilien sichert sich darin das Gebiet des heutigen Bundesstaates Acre. Bolivien erhält im Gegenzug Land im Einzugsgebiet des Mamoré-Flusses und eine Zahlung von zwei Millionen Pfund Sterling. Zugesichert wird zudem eine Bahnverbindung von Brasilien her nach Riberalta am Beni-Fluss in Bolivien. Diese soll dem Binnenland Bolivien den Zugang zum Atlantik sichern.

Auch ohne Acre verfügt Bolivien über riesige Waldflächen, die reich an *Hevea*-Bäumen sind. Diese Wälder beginnen ein paar Dutzend Kilometer südlich des Seringal von John Yungjohann und werden durch die Flüsse Beni und Mamoré entwässert. Längst sind auch in diesen Wäldern *gaucheros*, wie die Kautschukzapfer im spanischsprachigen Gebiet heißen, am Werk. Die bekannteste

Figur der bolivianischen Kautschukwelt ist Nicolás Suárez. Seit seiner Jugend handelt er mit Kautschukballen, und er hat dabei große Teile der Einzugsgebiete von Mamoré und Beni erkundet. Es sind risikoreiche Fahrten in die Wildnis, die er mit dem Kanu und oft allein unternimmt.[360] Die gewonnenen Ortskenntnisse helfen ihm später beim Aufbau und der Expansion seiner Geschäfte. (Bild: Nicolás Suárez ↪ Seite 177)

Am Beni gründet Suárez 1881 einen Handelsplatz. Dieser liegt oberhalb einer felsigen *cachuela*, der einzigen Stromschnelle im Unterlauf des Beni. Sie ist nicht passierbar und muss zu Land umgangen werden. Hier ist Suárez auf einer ersten Erkundungsfahrt gekentert und wäre fast ertrunken.

Der neu gegründete Ort heißt *Cachuela Esperanza*, »Stromschnelle der Hoffnung«. Sämtliche Handelsgüter von und nach Bolivien müssen hier passieren, und zur Umgehung baut Suárez später eine 800 Meter lange Eisenbahnstrecke.[361] Mit der Zeit entsteht eine Siedlung, mit Gebäuden entlang eines schmalen Uferstreifens, und gleich dahinter erheben sich die Baumriesen des Regenwaldes. Nicolás Suárez gründet zusammen mit seinen Brüdern die Firma *Suárez Hermanos*, Gebrüder Suárez, auch *Casa Suárez* genannt.

Nicht weit unterhalb von Cachuela Esperanza fließt der Beni mit dem Mamoré zusammen. Der Fluss heißt von hier an Madeira, und etwas weiter unten wird er zu einem der launischsten Gewässer in Amazonien. 19 Stromschnellen und Wasserfälle folgen aufeinander, die sich über rund 400 Kilometer bis vor das heutige Porto Velho, die Hauptstadt des brasilianischen Bundesstaates Rondônia, verteilen. Der Madeira mündet schließlich in den Amazonas, gegenüber der Stadt Itacoatiara, etwa 200 Kilometer flussabwärts von Manaus.

Die Hindernisse im Madeira haben Namen wie »Teufelsküche« oder »Höllensprung«[362], und sie zu befahren, ist lebensgefährlich. Lasten wie Kautschukballen müssen jeweils ausgeladen, ein Stück über Land befördert und wieder eingeladen werden. Das ganze Transportsystem wird um die Wende zum 20. Jahrhundert von der Casa Suárez kontrolliert und betrieben.[363] 500 Bootsleute und Träger[364] können jährlich zwei bis drei Touren absolvieren. Flussabwärts benötigen sie drei, den Strom hinauf neun Wochen.[365]

Casa Suárez steht mittlerweile auf drei wirtschaftlichen Beinen: Das Unternehmen hat Einnahmen aus dem Kautschukgeschäft, der Viehzucht und dem Flusstransport. Speziell profitabel ist der Transportservice am Madeira, wo die Firma die Preise festlegen kann. Auch auf dem Beni und seinen Zuflüssen verkehren Suárez-Schiffe. Casa Suárez wächst rasch und errichtet weitere Sitze in

Manaus, Belém und San Antonio, wenig unterhalb des letzten Hindernisses im Madeira. Der Kautschuk wird exklusiv nach England exportiert, wo 1890 in London auch eine Firma gegründet wird.

Suárez Hermanos liefern zu Beginn des 20. Jahrhunderts 60 Prozent der bolivianischen Kautschukproduktion. Auf dem Höhepunkt des Booms um die Wende zum 20. Jahrhundert kontrolliert das Haus über 80 000 Quadratkilometer Land in den bolivianischen Departements Beni und Pando, die doppelte Fläche der Schweiz oder der Niederlande. Das Unternehmen besitzt ein halbes Dutzend Dampfschiffe und 500 000 Stück Vieh.[366] Mit dem Fleisch, das zum größten Teil getrocknet wird – eine populäre Nahrung bei den Kautschukzapfern –, versorgt Casa Suárez das ganze Tiefland Boliviens.

Mittelpunkt des multinationalen Geschäftsimperiums bleibt jedoch stets Cachuela Esperanza. Dort, mitten im Regenwald, lässt Suárez ein Theater und Tennisplätze, das gehobene *Hotel Canadiense* mit Blick auf die Stromschnellen sowie ein Krankenhaus errichten. Dieses verfügt über den ersten Röntgenapparat Boliviens; für eine Durchleuchtung reisen die Leute selbst aus Rio de Janeiro und São Paulo an. Die letzte Etappe erfolgt mit Wasserflugzeugen, die in Cachuela Esperanza auf dem Beni landen können.

Für das Tagesgeschäft des Kautschukhandels pflegt Nicolás Suárez Schweizer Manager und Buchhalter zu beschäftigen, die er in Zürich rekrutieren lässt.[367] Eugen Gomringer, einer der Begründer der Konkreten Poesie, der unter anderem die Werbetexte der Schweizer Warenhauskette ABM gestaltet hat, ist 1925 in Cachuela Esperanza geboren, als Sohn des Schweizer Suárez-Managers Eugen Gomringer Senior und Delizia Rodríguez, die europäisch-indigener Herkunft war.

Die Arbeitsbedingungen für die Kautschukzapfer unter dem Regime der Casa Suárez unterscheiden sich nicht grundsätzlich von jenen im übrigen Amazonien. Die Zapfer stecken von Beginn an in der gleichen Schuldenfalle, ein Entrinnen ist kaum möglich. Sogar Erbschulden sollen am Beni verbreitet gewesen sein, das heißt, dass Kinder von Zapfern die elterlichen Schulden übernehmen mussten und damit automatisch in Schuldknechtschaft geraten sind.[368] Immer wieder, auch in der jüngeren wissenschaftlichen Literatur, tauchen Vorwürfe auf, dass auch Casa Suárez indigene Völker zur Latexernte gezwungen hat und diese unter sklavenähnlichen Bedingungen »gehalten wurden«.[369, 370]

EXTRAVAGANTER REICHTUM

Drastisch und wohl oft extremer als in Bolivien sind die Ungleichheiten im Einzugsgebiet des Amazonas. Auf der faktischen Leibeigenschaft der Gummizapfer basiert der extravagante Reichtum der Kautschuk-Gesellschaft in Belém und Manaus.

Manaus um die Wende zum 20. Jahrhundert ist einer der mondänsten Flecken auf dieser Erde, obwohl nur zwei Meilen vom Stadtzentrum die Dschungelwildnis beginnt. Hier leben die Kautschuk-Barone, die Eigentümer der Handelshäuser mit direkten Kontakten nach New York, London oder Berlin, hier treffen Gummi und Geld direkt aufeinander. Zwar hängt der Geruch der Kautschukballen – wie Glut, die mit Wasser gelöscht wird – stets über der Stadt, und es riecht wie in den Räucherhütten der Scringuciros, doch dies wird durch viele Annehmlichkeiten kompensiert.

Aus Belgien wird Blumenkohl importiert, die Kartoffeln kommen aus Lissabon. Die Seidenhemden gibt man nach Paris oder Lissabon zum Waschen.[371] Das Leben ist vollkommen von der Außenwelt abhängig. Die unanständig hohen Gewinne aus dem Kautschukhandel ermöglichen den weltweit höchsten Edelsteinkonsum pro Kopf der Bevölkerung.

Als eine der ersten Städte weltweit verfügt Manaus über eine elektrische Straßenbeleuchtung, ein Telefonsystem mit 300 Anschlüssen und fließendes Wasser. Es gibt 15 Meilen Straßenbahn, die Schienen verlaufen in Avenues von großzügiger Breite, vorbei an Parks, deren frisch gepflanzte Bäume heute willkommenen Schatten werfen. Paris und die Belle Époque diktierten die Trends. Private bauen stattliche Gebäude, Warenhäuser und Paläste.

Vielen Spuren, die der Kautschukboom hinterlassen hat, können wir heute noch folgen, in Manaus ebenso wie in Belém, die sich während der »Amazonas Belle Époque« in eitler Konkurrenz gegenüberstehen. In Belém hat *Paris N'América*, das einst pompöseste Modehaus Amazoniens, bis heute überlebt. Nur das Kauferlebnis, wie es sich einst den Damen mit direkt aus Frankreich importierter Mode, Parfüms und Make-up bot, hat sich gewandelt. Doch unter den jetzt präsentierten bunten Billigstoffen liegt die 100-jährige Pracht fast unversehrt.

Die Vitrinen und Verkaufskontore aus Glas und feinem Mahagoni stammen aus dem Gründungsjahr 1909. Die monumentale Treppe ins Zwischengeschoss führt an einer eleganten Fackelträgerin aus Bronze vorbei und teilt sich dann in einen linken und einen rechten Aufgang. Der obere Raum, wo einst Modeschauen stattfanden, ist nicht mehr genutzt, doch alles ist original vorhanden, ein wunderbarer Parkettboden und auch der riesige, perfekt erhaltene Kristallspiegel. (Bild: Paris N'América ↪ Seite 178)

In Manaus steht mit dem *Palácio Rio Negro* ein vergleichbar imposantes Gebäude, das sich der deutsche Kautschukbaron Karl Waldemar Scholz ab 1903 als Wohnsitz bauen ließ. Auch hier führt eine bombastische Treppe in den ersten Stock, vorbei an zwei bronzenen Fackelträgerinnen, wobei diese natürlich elektrisch leuchten. Steckdosen sind in die Böden eingelassen, die aus Streifen von fast schwarzem und gelblich hellem Holz bestehen. (Bild: Palácio Rio Negro ↪ Seite 179) Diese wechseln sich regelmäßig ab und symbolisieren das Aufeinandertreffen und kilometerlange Nebeneinanderfließen von Solimões und Rio Negro.

Sozusagen auf Kautschuk errichtet ist auch das *Teatro Amazonas*, das berühmte Opernhaus von Manaus, bei dessen Anblick sich selbst heute noch auch weitgereiste Menschen ungläubig die Augen reiben. Auch für diesen Bau mitten im Dschungel hat man fast alles importiert. Die Kuppel wird durch ein Stahlgerüst aus Glasgow geformt. Darüber liegen glasierte Ziegel aus dem Elsass, die eine riesige Nationalflagge Brasiliens bilden. Die Säulen im Entree sind aus italienischem Carrara-Marmor, die Kristalleuchter aus Murano-Glas. (Bild: Teatro Amazonas ↪ Seiten 178, 179)

Nur die Böden, auch hier aus dunklen und hellen Hölzern in der Solimões-Rio-Negro-Symbolik, stammen aus der Region, ebenso die Pflastersteine um das Gebäude herum. Diese bestehen aus einem Sand-Kautschuk-Gemisch, um die Räder vorbeifahrender Pferdefuhrwerke zu dämpfen und die Vorführungen nicht zu stören. Innovativ ist auch die Lüftungsanlage, deren Auslässe sich unter den Theatersitzen befinden. Das ist bei 28 Grad Celsius und 90 Prozent Luftfeuchtigkeit ein willkommener Luxus, auch für die Herren, die mit Anzug, gestärkten Hemden und hohen Kragen unterwegs sind. Der leichte Durchzug entsteht durch hinunterfallende Luft, die in die runden Öffnungen hoch oben an den Außenwänden des Theaters einströmt.

Die erste Aufführung im Teatro Amazonas findet am Abend des 7. Januar 1897 statt, mit der Oper *La Gioconda* des italienischen Komponisten Amilcare Ponchielli. Wohl noch mehr als das Stück begeistert die Menge, dass der Bau nach fast zwei Jahrzehnten nun fertiggestellt ist. Manaus erscheint jetzt definitiv von einem ländlichen Vorposten zu einer Weltstadt verwandelt, können doch nur wenige Theater, nicht einmal die berühmten Konzertsäle Europas, mit dem opulenten Werk in den unendlichen Weiten des Regenwaldes mithalten.

Noch ahnt in dieser festlichen Nacht niemand, dass der Niedergang von Amazoniens Kautschukwelt bereits Jahre zuvor eingeleitet worden ist.

EIN SCHMUGGEL MIT ENORMEN KONSEQUENZEN

Zwanzig Jahre zuvor ist es nämlich den Engländern endlich gelungen, *Hevea*-Samen nach England zu schmuggeln und die gekeimten Pflanzen schließlich in ihre Kolonien in Südostasien zu bringen. Diese Geschichte beginnt fast ein wenig beiläufig, aber sie hat die Welt grundlegend verändert, und sie ist – Stichwort *Microcyclus uleii* – wohl noch längst nicht fertig geschrieben.

Ganz generell hat mit der Kolonialisierung durch die europäischen Mächte ein intensiver Austausch an Pflanzen eingesetzt. Kaffeepflanzen zum Beispiel, die aus dem Südwesten Äthiopiens stammen, werden Ende des 17. Jahrhunderts von den Holländern nach Java gebracht. Von dort gelangen sie nach Europa und werden überall in botanischen Gärten kultiviert. Von Europa aus werden Kaffeepflanzen im 18. Jahrhundert auch in diversen Kolonialländern im Westen verbreitet. Die Franzosen bringen ihn nach Martinique und Guadeloupe, die Portugiesen nach Brasilien.

Meister des »botanischen Kolonialismus« sind zweifellos die Engländer. Das British Empire ist auf allen Kontinenten präsent und verfügt neben ausgebildeten Botanikern auch über viele Ärzte, die in den Kolonien arbeiten. Diese besitzen weit ins 19. Jahrhundert hinein auch solide botanische Kenntnisse, speziell der Heilpflanzen (siehe Teak, S. 121). Drehscheibe für die Pflanzenverbreitung im Empire sind die *Royal Botanical Gardens* in Kew, südlich von London. Hier laufen die Kenntnisse zur globalen Pflanzenwelt zusammen, und von überall her wird Saatgut hierhin geliefert. Je nach ökonomischer Bedeutung, Interesse der Plantagenbesitzer und den Anforderungen der Pflanzen an Klima und Boden werden diese dann rund um den Globus in englische Kolonien geschickt.

Kew Gardens spielt zum Beispiel beim Transfer von *Cinchona*, dem Fieberrindenbaum, in die asiatischen Kolonien des Empires eine zentrale Rolle. Dieser wächst in den Tälern des Andengürtels zum Amazonas hin, von Bolivien im Süden bis nach Venezuela im Norden. Im 17. Jahrhundert soll ein Jesuitenpater in Peru dessen Wirkung gegen Malaria entdeckt haben.[372] Die Rinde von *Cinchona* enthält das Alkaloid *Chinin*, mit dem die lebensbedrohende Malaria in Schach gehalten werden kann.

»Jesuitenrinde« oder »Jesuitenpulver«, so der Handelsname von *Cinchona*, ist anfangs sehr teuer. Um 1850 hat allein die indische Kolonialarmee einen jährlichen Bedarf von 750 Tonnen Rinde. Die Beschaffungswege sind oft unsicher und die Preise exorbitant – das Pfund Rinde kostet zu jener Zeit ein Pfund Sterling.[373] Der damalige Direktor von Kew Gardens, William Jackson Hooker, beauftragt den Botaniker Richard Spruce, Samen von *Cinchona* zu beschaffen. Unterstützt wird er von Robert Cross, einem Gärtner von Kew Gardens, der sich zum Schutz vor Regen, Schlangen und Spinnen stets mit einem Regenschirm durch den Wald bewegt.[374]

Hoch oben in Ecuador und in Sichtweite der Gletscher des Chimborazo, sammeln die beiden Briten hunderttausend Samen. 1861 treffen diese in Kew ein und werden anschließend nach Indien geschickt. Zwanzig Jahre später kostet eine lebensrettende Dosis *Chinin* im Empire fast nichts mehr.[375]

Erst jetzt ist den Europäern regelmäßige Arbeit in den tropischen Kolonien möglich, und auch der massenhafte Einsatz von Arbeitskräften in den Plantagen wird produktiver. Seringueiros wie Yungjohann zum Beispiel können ihr Ziel tief im Wald in einigermaßen gesundem Zustand erreichen, bis ihnen die Medizin dann einmal ausgeht.

Einer der Gewinner der Samen-Mission in Ecuador ist auch Kew Gardens und sein Direktor. Die Aktion, die dem Empire Jahr für Jahr Hunderttausende von Pfund Sterling einspart, ist ein weitherum sichtbarer Beleg für die Nützlichkeit der Institution und seiner riesigen Treibhäuser.

Zwei Jahrzehnte später wiederholt sich die Geschichte mit verwandten Akteuren. Der Auftrag zur Beschaffung von *Cinchona*, den Richard Spruce von Hooker erhalten hat, geht weit über das Malariamittel hinaus. Spruce soll allgemein Pflanzen suchen, die von Wert für das Empire sind, und dazu gehört auch die Herkunftsart von *Pará Fine*, wie zu jener Zeit der Handelsname von Kautschuk aus dem Amazonas lautet. Welcher Baum *Pará Fine* liefert, ist den englischen Botanikern Mitte des 19. Jahrhunderts noch nicht klar. Tatsächlich kann Spruce die Pflanze identifizieren und beschreibt 1855 in einer botanischen Zeitschrift als Erster die Erntetechnik von Latex an jener Baumart, die später als *Hevea brasiliensis* in die botanische Welt eingeht.

Im Laufe des 19. Jahrhunderts rückt *Hevea brasiliensis* immer höher auf der Wunschliste des British Empire. Wiederholt versuchen die Engländer, keimfähige Samen zu erhalten, scheitern jedoch 1873 und auch 1875. Ein Grund dürfte die zu lange Transportzeit auf Segelschiffen gewesen sein, denn die Samen von

Hevea sind reich an Zucker, die in der Tropenhitze rasch fermentieren und den Embryo absterben lassen.[376]

»Bedenkt man, dass jedes Dampfschiff, jeder Zug und jede Fabrik, die mit Dampfkraft betrieben wird, zwangsläufig Kautschuk benötigt, kann man eine sichere und dauerhafte Versorgung nicht überschätzen«, schreibt Clements Markham, ein englischer Geograf in Diensten des *India Office*, dem Ministerium, das für die britische Kronkolonie zuständig ist. Markham hat bereits beim Transfer von *Cinchona* die Fäden im Hintergrund gezogen, und er wird auch eine wichtige Rolle bei der erfolgreichen Beschaffung von *Hevea*-Samen spielen.

Die Schlüsselfigur in dieser Saga ist jedoch ein englischer Abenteurer, Henry Wickham, Sohn einer Hutmacherin aus London, der fast sein ganzes Leben in den Tropen verbracht hat. Seine erste Station im Süden ist die Miskito-Küste Nicaraguas, wo er 1868 Vögel jagt und Federn sammelt, als Rohmaterial für die Hüte seiner Mutter. Später zapft er im Oberlauf des Orinoco Kautschuk, reist den Rio Negro hinunter nach Manaus, wo der Kautschukboom gerade losgeht. Dann geht es über Santarém, den Ort, wo der Tapajós in den Amazonas mündet, nach Belém.

Zurück in England vermählt sich Wickham mit Violet, der Tochter eines Londoner Buchhändlers und Verlegers. Dieser wird später Wickhams Reisenotizen und Zeichnungen in Buchform herausgeben.[377] 1871 wandern Wickham und seine Gemahlin nach Santarém aus. Die Engländer lassen sich südlich der Stadt nieder, in einer Siedlung, die von einer Gruppe versprengter amerikanischer Konföderierter bewohnt wird.

In England hat sich Clements Markham inzwischen mit Kew Gardens in Verbindung gesetzt. Dort ist nicht mehr der erste Hooker Direktor, sondern dessen Sohn, Joseph Dalton Hooker. Der jüngere Hooker ist als Botaniker bereits weit herumgekommen, als er 1848 mit Lord Dalhousie zu dessen Amtsantritt als Generalgouverneur von Indien mitreist (siehe Teak, S. 121).

Von Kalkutta aus bricht Hooker in den Himalaya auf, um zwei Jahre lang die Pflanzenwelt dieser Berge zu erfassen. Hooker ist bekannt für seine Schlaflosigkeit und seine Schrullen. So ernährt er sich vor allem von Biskuits, Tee und Brandy, und selbst im Himalaya lässt er sein eichenes Reisepult von Trägern bis in die hintersten Täler mitschleppen.[378] Eines der Ergebnisse seiner Himalaya-Expedition spiegelt sich heute noch in der Vielfalt der Rhododendren in englischen Gärten, die Hooker aus Sikkim mitgebracht hat.

Zu Beginn der 1870er-Jahre bekommt Joseph Dalton Hooker das Buch von Wickham in die Hände und entdeckt darin die Skizzen von *Hevea brasiliensis*. Die Zeichnungen von Blatt, Samen und Samenhülle überzeugen den Botaniker davon, dass Wickham den Baum im botanischen Chaos des Regenwaldes finden, die Samen korrekt identifizieren und vielleicht auch welche nach England liefern kann.

Wickham wird nun zum richtigen Mann am richtigen Ort. 1875 erhält er aus England den Auftrag, so viele Samen wie möglich zu sammeln. Pro Tausend Stück werden ihm zehn Pfund Sterling vergütet, für die das India Office aufkommt. Wickham meldet zurück, dass bis zur nächsten Samenreife einige Monate verstreichen würden und er im Februar 1876 mit dem Sammeln beginnen werde.

Wickham nutzt die Zeit, um Waldpartien zu eruieren, die reich an *Hevea* sind. Fündig wird er in Boim, einer Siedlung am Westufer des Tapajós, gute 120 Kilometer auf dem Wasser von Santarém entfernt. Der Ort war ursprünglich eine Indigenen-Siedlung, in der sich Jesuiten niedergelassen haben. Mitte des 19. Jahrhunderts kamen jüdische Familien aus Marokko hinzu, die Handel mit Kautschuk betreiben.[379]

Im Februar bricht die Zeit für die Samenernte von *Hevea* an. Die drei- oder vierteiligen, verholzten Kapselfrüchte, die von der Form her dem Europäischen Pfaffenhütchen gleichen, aber braun und wesentlich größer sind, reifen nun. Die Kapseln platzen auf der Unterseite mit hörbarem Knall auf, die Samen werden dabei über Dutzende Meter weg vom Mutterbaum geschleudert. Henry Wickham hat den Ort der Ernte geschickt gewählt. Das Hinterland ist gut erschlossen, und in Boim findet er Indigene und *caboclos*, Mischlinge europäischer und indigener Herkunft, die er mit dem Sammeln der Samen beauftragen kann. Auf diese Weise bringt Wickham in zweieinhalb Monaten 70 000 Samen zusammen. Diese werden lagenweise in Bambuskörbe verpackt, die Schichten durch trockene Bananenblätter getrennt.[380]

Dieses Mal erfolgt der Transport nach England nicht wie bei den vergangenen Versuchen per Segelboot, sondern mit dem Dampfschiff »Amazonas«. Wickham und seine Frau begleiten die wertvolle Fracht. Im Mai 1876 erreicht der Dampfer Belém, wo die Fracht deklariert werden muss. Wickham gibt die Ladung gegenüber den Zollbehörden als empfindliche botanische Arten für die königlichen botanischen Gärten in Kew aus. Später im Leben fügt er dann eine blumigere Erzählvariante hinzu und spricht von besonders empfindlichen Orchideen.

(Bild: Henry Wickham ↪ Seite 180)

Die Amazonas erreicht den Hafen von Liverpool am 10. Juni 1876. Zuvor gibt es einen Zwischenstopp in Le Havre. Die Wickhams gehen bereits dort von Bord, um rascher in London zu sein, im Handgepäck einen Sack voller Kautschuksamen. Wickham soll eine Kutsche nach Kew genommen und Hooker um 3 Uhr früh geweckt haben.[381] Hooker lässt die Samen in einem speziell bestellten Nachtzug von Liverpool nach London bringen, und am 14. Juni ist die gesamte Fracht in Kew.[382] Die Samen werden am nächsten Tag ausgebracht, und die ersten keimen nur vier Tage danach, um einiges rascher als in der Natur. Schließlich sind es 2700 Keimlinge, die aus den 70 000 *Hevea*-Samen aufgehen. (Bild: Palmhaus Kew Gardens ↪ Seiten 180, 181)

Im August 1876 werden fast 2000 der Keimlinge per Dampfschiff nach Ceylon, dem heutigen Sri Lanka verschifft. Die Pflanzen sind in 38 kleinen Treibhäuschen, sogenannten *Wardian cases* verpackt. Diese sehen aus wie ein Lebkuchenhaus: ein Meter lang mit hohem Giebel, die beiden Dachflächen aus Glas, das von Holzstäben geschützt wird. Mitte September trifft das Schiff in Colombo ein, doch der Kapitän verweigert die Löschung der botanischen Fracht. Das India Office hatte vergessen, die Transportkosten zu begleichen. Wieder einmal braucht es im Hintergrund Clements Markham, der die Zahlung umgehend veranlasst.[383] Trotz der langen Reise und drei heißen Tagen in Colombo überleben etwa 1700 der Keimlinge.

Damit landen erstmals lebende Pflanzen von *Hevea brasiliensis* in einer der asiatischen Kolonien des British Empire. Welche enorme Bedeutung das alles haben wird, können zu diesem Zeitpunkt nicht einmal Visionäre voraussehen. Tatsächlich löst die Ankunft der Pflanzen in Colombo vorerst kaum etwas aus. Im botanischen Garten von Henarathgoda wird der erste Kautschukbaum in Sri Lanka, und damit in ganz Asien, gepflanzt. Dieser Garten liegt etwa 30 Kilometer südöstlich von Colombo und ist 1876 speziell für den Versuchsanbau von ökonomisch vielversprechenden Pflanzenarten angelegt worden. Anfang der 1880er-Jahre blühen die Bäume in Henarathgoda erstmals, und die Samen werden auf der Insel und in andere britische Kolonien verteilt.

Der erste in Henarathgoda gepflanzte Baum überlebt nicht lange. Vom zweiten Baum ist eine Fotografie aus dem Jahr 1911 überliefert. Henry Wickham, weiße Kapitänsmütze, ausladender Schnauzbart, stützt sich mit dem linken Arm gegen den Stamm, der bereits einen beachtlichen Umfang hat. Dieser Baum ist 1988 durch einen Hurrikan umgeworfen worden – sein Wurzelwerk ist immer noch vorhanden. Ein weiterer Baum der ersten Serie ist heute der größte Kautschukbaum Sri Lankas, mit einer Höhe von 40 Metern und fast zwei Metern Durchmesser[384] – und damit von ähnlicher Größenordnung wie die mächtigsten Exemplare in Amazonien.

DIE WILDE *AMAZONAS BELLE EPOQUE*

Amazonien bleibt vorerst vollkommen unberührt von diesen Entwicklungen in Asien. 1880 bis 1910 ist die wilde Zeit der *Amazonas Belle Epoque*, die Zeit des *Rubber Boom*, von dem sich niemand ein Ende vorstellen kann. Was in Amazonien abgeht, ist ein Spiegelbild dessen, was sich in der übrigen Welt tut, speziell in den USA und in Europa. Viele der Erfindungen, die Mitte des 19. Jahrhunderts mit Kautschuk als zentralem Werkstoff gemacht wurden, werden nun massentauglich.

Die Engländer verlegen ihre *All Red Line*, ein Netz von gummierten Telegrafenkabeln in den Meeren. Dieses verbindet die Länder des British Empire um den ganzen Globus.[385] 1896, im selben Jahr, als Yungjohann den Amazonas hinauffährt, fertigt die Firma Goodrich aus Akron, Ohio, die erste Serie luftgefüllter Autoreifen in den USA. Die Pneus sind zwar noch wesentlich schmäler als heute, benötigen jedoch zehnmal so viel Kautschuk wie Fahrradreifen. Gummi wird zentral für die wohl umwälzendste Erfindung der letzten 150 Jahre. Nichts hat unsere Lebensweise, unsere Städte und Landschaften derart tiefgreifend verändert wie das Automobil.

Mit dem Automobilverkehr erreicht die Nachfrage nach Kautschuk nochmals eine neue Stufe. 1908 beginnt Henry Ford mit der Produktion des legendären Ford T-Modells. Sechs Jahre später startet die Montage des T am Fließband. Die Massenproduktion erlaubt es Ford, den Verkaufspreis um mehr als die Hälfte auf rund 295 Dollar, gut 9000 Dollar zu heutigem Wert, zu reduzieren. Damit wird das Auto auch für den Mittelstand erschwinglich, und die Produktion steigt auf 200 000 Stück pro Jahr. Später, als Fords Fabrik am River Rouge in Dearborn voll produziert, laufen täglich bis zu 9000 Stück von den Fließbändern. Fünfzehn Millionen Ford T sind es, die zwischen 1908 und 1927 in den Vereinigten Staaten gebaut werden. Lange ist der T das meistverkaufte Automobil der Welt, bis der VW Käfer 1972 diesen Titel übernimmt.

Jedes Rad eines Ford T benötigt für Schlauch und Pneu rund zehn Kilogramm Kautschuk.[386] Kautschuk wird auch für Kühlung, Bodenmatten, Fenster und Dichtungen verwendet. Legt man einen Bedarf von 70 Kilogramm Kautschuk pro Fahrzeug zugrunde, benötigt jeder neue Ford T die Jahresproduktion von rund 35 ausgewachsenen Kautschukbäumen. Dazu kommt: Die Straßen sind noch nicht asphaltiert, entweder staubig oder schlammig. Auf jeden Fall sind sie noch voller Nägel von den Hufeisen der vielen Pferde, sodass wohl die meisten Autos mit Reserverad unterwegs sind. Und in Verkehr gesetzte Fahrzeuge benötigen alle 15 000 Kilometer neue Reifen, denn auf rauen Straßen ist die Laufleistung geringer.[387]

Um die Wende zum 20. Jahrhundert erreicht die Kautschukproduktion Amazoniens bereits 50 000 Tonnen pro Jahr[388] und steigt bis 1910 auf 80 000 Tonnen[389]. Allein die Nachfrage aus dem Hause Ford wirkt sich auf die Ressourcensituation aus. Neue Seringueiros strömen nach Amazonien, paddeln immer weiter hinauf und tiefer hinein in die 10 000 Wasserläufe des unendlichen Flusssystems, um noch den letzten ungenutzten Kautschukbaum zu finden. In den Boomjahren sind es schätzungsweise 150 000[390] Seringueiros, die mehr als 20 Millionen Bäume zapfen.

ASIENS AUFSTIEG

In Asien beginnt sich nach dem verschlafenen Start mittlerweile einiges zu regen. 1888 wird Henry Ridley, ein Schützling von Joseph Hooker, zum Direktor des Botanischen Gartens in Singapur ernannt. Sein Weg dorthin führt über Ceylon, wo der energische Mann kurzerhand einige Tausend *Hevea*-Setzlinge in Jutesäcke verpackt und an seinen Bestimmungsort mitnimmt. Ridley wird zum unermüdlichen Promotor von *Hevea* in British-Malaya, dem heutigen Festland-Malaysia. Er stopft jedem *Estate*-Besitzer, der über Boden für eine potenzielle Plantage verfügt, Kautschuksamen in die Kleidung. Seine Übermäßigkeit trägt ihm Spitznamen wie »Rubber Ridley« oder »Mad Ridley« ein.[391]

Doch Ridleys Enthusiasmus und speziell seine Forschungsarbeit erweisen sich als zentral für die Plantagenwirtschaft von *Hevea*. Er empfiehlt eine Erhöhung der Baumdichte pro Fläche, was auch die Erntemenge von Latex steigert. Zudem zeigt er, dass Latex bereits sieben Jahre nach der Pflanzung abgezapft werden kann. Auch das verbessert die Kalkulation der Plantagenbesitzer wesentlich – zuvor gingen sie von mindestens einem Jahrzehnt ohne Ernte und Ertrag aus.

Wer auf Ridley gehört hat, kommt nach der Jahrtausendwende zu Vermögen. Seit 1880 greift in den Kaffeeplantagen British-Malaya ein Pilz um sich, der die Sträucher schwer schädigt. Dadurch entsteht Platz für Kautschuk. Um die lange

Zeit zu überbrücken, bis sich die Investitionen auszahlen, schafft der Kolonialstaat Anreize, etwa durch kostenfreies Pflanzenmaterial oder sichere Landrechte. Weil Kautschukplantagen arbeitsintensiv sind, werden in großem Umfang Arbeitskräfte aus Indien angeworben. Auch chinesische Arbeiter kommen, die zuvor in den Zinnminen von British-Malaya gearbeitet haben. (Bild: Kautschuk-Plantagen ↪ Seiten 180, 181)

Aus Wickhams Kautschuksamen gedeihen allein in British-Malaya in etwas mehr als drei Jahrzehnten 40 Millionen Bäume.[392] Diese stehen lediglich sechs Meter auseinander und damit viel enger als in Amazonien. Der kleine Abstand ist möglich, weil hier der aggressive *Microcyclus*-Pilz fehlt, der in Lateinamerika die Kautschukbäume weit auseinanderhält. Da die asiatischen Gummizapfer von einem Baum zum nächsten nur wenige Schritte benötigen, können sie täglich 400 Bäume ritzen, viermal so viele wie die Seringueiros. Kautschuk kann darum im British Empire viel billiger produziert werden als in seiner Heimat. Zudem liegen die asiatischen Plantagen gut erschlossen oft in Hafennähe, was auch die Transportkosten senkt. Für Amazonien bahnt sich ein Drama an.

Vorerst jedoch erreicht der Kautschuk-Wahnsinn in Amazonien seinen Höhepunkt. 1909 kostet das Kilogramm über vier Dollar, 1910 sind es bereits mehr als sechs Dollar. Die Preissteigerungen scheinen in direktem Zusammenhang mit dem Produktionsbeginn des Ford T zu stehen. Lieferungen werden spekulativ zurückgehalten, was den Preis in die Höhe treibt.[393] Weiter hinauf geht es nicht mehr, denn 1910 ist auch das Jahr, in dem Asien schon 10 000 Tonnen Kautschuk erntet. Im gleichen Jahr produzieren die Autohersteller in den USA bereits 180 000 Autos.[394] Drei Jahre später kommt erstmals mehr Kautschuk aus Asien auf den Markt als aus Amazonien, und mit den reifenden Bäumen der Plantagen beginnt sich die asiatische Produktion nun alle 12 Monate zu verdoppeln.[395]

ZURÜCK IN DIE WIRTSCHAFTLICHE BEDEUTUNGSLOSIGKEIT

Die Schwemme aus Asien lässt den Preis in Amazonien rasch zusammenbrechen. Die Seringueiros arbeiten länger für weniger, die Lieferung von Nahrungsmitteln bleibt aus, und wer keinen eigenen Maniok anbaut, hungert.

Wer weiter oben im System tätig war, verlässt die Region mit seinem Geld und versucht sein Glück anderswo, vielleicht in den Plantagen Asiens. In Manaus haben 1910 noch über 1600 ozeangängige Dampfer und andere Boote angedockt.

Doch Schiffe gehören zum mobilsten Kapital und werden rasch auf neue Routen umgeleitet. Wer in schwer zu mobilisierende Sachen, zum Beispiel in Infrastrukturbauten, investiert hat, büßt große Vermögen ein.

Einer, der sehr viel verliert, ist Percival Farquhar, ein amerikanischer Ingenieur und Financier, seit 1905 der größte private Investor in Brasilien. 1906 erwirbt Farquhar die Konzession für den Neubau des Hafens von Belém, und 1908 kauft er auch die Berechtigung für den Bau der Madeira-Mamoré-Eisenbahn. Diese soll die Wasserfälle und Stromschnellen des Madeira umfahren und damit auch die Transportkosten senken, die mit dem Umschiffungsmonopol der Casa Suárez exorbitant sind. Farquhars Projekt ist der vierte Anlauf für den Bau dieser Bahn, drei sind bereits gescheitert.

Beide von Farquhars Projekten sind von Beginn an mit enormen Schwierigkeiten belastet. Belém ist berüchtigt für Gelbfieber, und entlang der Madeira-Mamoré-Strecke, eines der größten Seuchenlöcher Amazoniens, kommen Malaria und Beriberi hinzu. Hier muss Farquhar im ersten Jahr 15 000 Arbeiter einstellen, um dauernd ein Minimum von tausend Leuten auf der Baustelle zu haben.[396] Die 364 Kilometer lange Verbindung der EFMM, der *Estrada de Ferro Madeira-Mamoré*, die Porto Velho und Guajará-Mirim verbindet, kommt schließlich doch noch zustande. Der bolivianische Abschnitt nach Riberalta, wie von Brasilien im Vertrag von Petrópolis versprochen, wird nicht gebaut. Sehr viele Menschen sind beim Bau der »Bahn des Teufels« gestorben, eine Person pro Schwelle, so eine der vielen Legenden, die sich um die EFMM ranken. Sicher ist, dass Arbeitsunfälle, Krankheiten, Unwetter, Schlangen und Auseinandersetzungen mit indigenen Völkern mehr als 6000 Todesopfer gefordert haben. (Bilder: Rodung, Trasse der Madeira-Mamoré-Eisenbahn, Bahnhof Guajará-Mirim ↪ Seiten 182, 183)

Im September 1912 sind beide von Farquhars Projekten fertiggestellt. Doch zu diesem Zeitpunkt liegt der Kautschukboom in Amazonien bereits in den letzten Zügen. Die Nutzung der beiden Werke bleibt weit unter ihrem Potenzial. Schon zu Beginn fährt die EFMM die Route nur dreimal pro Woche.[397] Als Nicolás Suárez 1925 von seiner letzten Europareise nach Cachuela Esperanza zurückkehrt, wo er den Rest seines Lebens verbringen wird, nimmt er den einzigen Zug, der pro Woche noch fährt. (Bild: Kautschukballen, EFMM ↪ Seite 183)

Farquhars Einkünfte aus der Kautschukfracht dürften magerer sein als jene, welche die Casa Suárez mit dem Warentransport durch Boote und Träger erzielt hat. Auch der Hafen Belém wird zum Flop: Die von der Landesregierung garantierten sechs Prozent auf das investierte Kapital reichen Farquhar nicht aus, um die Ansprüche seiner Gläubiger zu decken. In dieser prekären Situation beginnt 1914 der Erste Weltkrieg, der Farquhar definitiv in den Ruin treibt.

1972 ist letztmals ein Zug der EFMM gefahren.[398] Der Bahnhof in Porto Velho ist als Museum erhalten, ebenso wie derjenige in Guajará-Mirim. Heute stehen dort Dampflokomotiven von *Baldwin Locomotive Works* aus Philadelphia von 1909, als ob der nächste Zug gleich abfahren würde. Auch die Geister der verstorbenen Gleisarbeiter warten geduldig auf dem Tender. Gleich werden sie dem Lokomotivführer erscheinen und ihre Mitfahrgelegenheit einfordern.

In Belém sind Farquhars Hafenhallen mit den eisernen Schiebetoren von *Schneider & Cie.* aus Chalon-sur-Saône heute Teil eines Erholungsgeländes, das von der Bevölkerung von Belém rege genutzt wird. Dahinter stehen die Gebäude der *Alfandega*, der Zollbehörde, an der Henry Wickham einst seine Samen geschmuggelt hat.

Auch in der Kautschuk-Hauptstadt Manaus wird zusammengeräumt, denn es liegt alles in Scherben. Karl Waldemar Scholz, eben noch der zweitgrößte Kautschukexporteur Brasiliens, verpachtet den Palácio Rio Negro und reist ab. Das Teatro Amazonas funktioniert bis 1924 mit reduziertem Spielplan, dann fällt es in einen jahrzehntelangen Dornröschenschlaf. An den verlassenen Häusern sprengen Farn- und Ficuswurzeln die portugiesischen Kacheln von den Wänden und bereiten die Rückeroberung durch den Tropenwald vor. Manaus und Belém müssen Singapur als wichtigstem Exporthafen für Kautschuk weichen.

Drei Jahrzehnte hat es gedauert, bis in Asien einige Körbe voller Samen zu einer Ressource herangewachsen sind, deren Bedeutung bis heute laufend zugenommen hat und dies auch weiterhin tun wird. Gleichzeitig fällt ein boomendes Amazonien zurück in die wirtschaftliche Bedeutungslosigkeit.

Hat in Amazonien niemand das Desaster kommen sehen? Es war längst bekannt, dass die Engländer in ihren asiatischen Kolonien Versuche mit *Hevea* betreiben, doch niemand scheint sich darüber Sorgen zu machen. »Wenn Kautschukbäume in Reihen wachsen sollten, hätte Gott sie so gepflanzt«[399], so die Überzeugung der Brasilianer. Niemand ahnt, dass Gott auch einen Pilz namens *Microcyclus ulei* geschaffen hat, dessen Virulenz natürlicherweise auf das tropische Lateinamerika begrenzt ist.

Irgendwann kommt in Brasilien die Wut auf, und diese richtet sich speziell auch auf jene Person, die als Ursprung der Katastrophe identifiziert wird: Henry Wickham. In Brasilien wird er als Schmuggler oder Dieb bezeichnet, später als

Bio-Pirat. Etwa zur gleichen Zeit, als Brasilien Wickham als Bösewicht identifiziert, wird er im Empire als Vater der britischen Kautschukwirtschaft mit Silberschale und 1000 Pfund ausgezeichnet. 1920 erfolgt gar seine Adelung, für Verdienste um die Kautschukkultur.

Als Wickham 1876 den Zoll in Belém passiert, ist der Export von *Hevea*-Samen juristisch nicht reguliert. Erst 1884 erhebt der Bundesstaat Amazonas eine Exportgebühr auf Samen, und 1918 verbietet Brasilien deren Export gänzlich.[400]

Die damals herrschende Doktrin für den Zugang zu Pflanzen und Tieren geht davon aus, dass biologische Ressourcen Eigentum der gesamten Menschheit sind. Dieser Ansatz des »gemeinsamen Erbes der Menschheit« wird noch 1983 von der Ernährungs- und Landwirtschaftsorganisation der Vereinten Nationen bestätigt.[401] Erst in den 1990er-Jahren kommt der freie Zugang von Industrienationen zu Ressourcen in den Entwicklungsländern zunehmend unter Druck. Es ist die Zeit der biotechnischen Revolution in der Medizin, und es zeigt sich, dass viele Ausgangsprodukte – Wirkstoffe von Pflanzen oder traditionelles Wissen – aus Tropenländern stammen. Ein viel diskutiertes Beispiel ist etwa das Krebsheilmittel *Vincristin*, das aus einem in Madagaskar heimischen Immergrün gewonnen wird. Der Wirkstoff wird von einem amerikanischen Pharmariesen profitabel vermarktet, Madagaskar jedoch geht leer aus.

Solche Beispiele, und dazu gehört auch die in Brasilien nachhallende Geschichte der Kautschuksamen, führen am Umweltgipfel 1992 in Rio de Janeiro zu einer neuen Regelung im Rahmen der Biodiversitätskonvention. Die Doktrin des »gemeinsamen Erbes der Menschheit« wird durch das Konzept der ausgewogenen und gerechten Aufteilung der Erträge ersetzt, die sich aus der Nutzung von genetischen Ressourcen ergeben. Unter dem heute geltenden internationalen Umweltrecht wäre Wickhams Aktion zweifellos ein Akt der Bio-Piraterie.

DER BOOM IN ASIEN ERMÖGLICHT DIE »GROSSEN NETZE«

In Asiens Plantagen wird die Produktivität und auch die Qualität des Kautschuks laufend verbessert. Bereits »Rubber-Ridley« hatte ein neues Werkzeug entwickelt, das schmalere und weniger tiefe Kerben in die Rinde schneidet. Dieses Zapfmesser erlaubt es, die Schnitte von zwei Seiten schräg nach unten an einen senkrechten Hauptkanal zu führen. Dadurch entsteht am Stamm ein fischgrätähnliches Muster mit dem Kanal als Wirbelsäule und den feinen Kerben als Gräte. Die Bäume können auf diese Weise jeden zweiten Tag geritzt werden.

In Asien ist es zudem möglich, *Hevea* das ganze Jahr zu nutzen, und nicht nur im trockeneren Halbjahr wie in Amazonien. Bereits sechs- oder siebenjährige Pflanzen ergeben ein Kilogramm Latex pro Jahr, ältere Bäume entsprechend mehr.[402] Ein neues Verfahren zur Stabilisierung des Safts ist zudem viel weniger arbeitsintensiv. Dieses beruht auf der Beigabe von Essigsäure zum Latex. Asiatischer Kautschuk hat deshalb nicht mehr den streng rauchigen Geruch des Amazonaskautschuks. Auch die Qualität wird besser und homogener: Es entstehen saubere, golden schimmernde Folien, ohne Rindenreste oder Steine, welche die Seringueiros manchmal zur Erhöhung des Gewichts in ihre Ballen hineinvulkanisierten.

Rasch setzt in Asien auch die Selektion von hochproduzierenden Bäumen ein. Obwohl die Plantagen genetisch auf wenigen hundert von Wickhams Samen beruhen, besteht zwischen den Individuen ein beträchtlicher Unterschied in der Latexproduktion. Die ersten Plantagen in Ceylon liefern Jahresernten um die 150 Kilogramm Kautschuk pro Hektar, jene mit ausgelesenen Bäumen gegen 1000 Kilogramm.[403] Die ertragreichsten Bäume werden dann als Stecklinge weiterverbreitet, was zu großflächig geklonten Plantagen führt.

Ohne die asiatischen Plantagen wäre die Entwicklung der »großen Netze« – Telekommunikation, Eisenbahnen und vor allem der Straßenverkehr – ganz anders verlaufen. 1913 produzieren die Amerikaner bereits über eine Million Autos pro Jahr.[404] Bis 1920 schnellt die globale Kautschukproduktion auf 350 000 Tonnen, 90 Prozent kommen aus Asien, der Rest aus Amazonien. Amazonien wäre nicht in der Lage gewesen, mit der globalen Nachfrage Schritt zu halten. Diese wird vor allem durch die Fließbänder der Autoindustrie getrieben. Nach Ford stellen auch General Motors und Chrysler auf die Fließband-Produktion um. In Europa setzt 1919 Citroën in Frankreich die Montagelinie in Gang, und fünf Jahre später folgt Opel in Deutschland.[405]

Um die Wende zum 20. Jahrhundert haben sich in Akron im Bundesstaat Ohio neben Goodrich auch die Konkurrenten Goodyear Tyre and Rubber Co. sowie Firestone Tyre and Rubber Co. niedergelassen, und etwas später General Tire. Akron wird zur Gummihauptstadt der Welt. Die Konkurrenz führt zu einer laufenden Verbesserung der Produkte. Ruß, seit dem Altertum für Tinte und später als Druckerschwärze genutzt, wirkt als Füllstoff und verstärkt den Gummi. Beimischungen wie Zinkoxid beschleunigen die Vulkanisierung. Dies bringt bessere Abriebfestigkeit und längere Lebensdauer. Die Farbe der Reifen wechselt nun vom schmutzigen Braun-Grau des vulkanisierten Amazonas-Kautschuks zu dem tiefen Schwarz, wie wir es heute kennen.

AM TAPAJOS KEHRT DIE HOFFNUNG ZURÜCK

Nach dem Ersten Weltkrieg bahnt sich ein packender Showdown an zwischen einem der erfolgreichsten und vermögendsten Männer der Welt und einem winzig kleinen Schlauchpilz: zwischen Henry Ford und *Microcyclus ulei*.

1922 kontrolliert Großbritannien 75 Prozent der globalen Kautschukproduktion, und die Vereinigten Staaten verbrauchen etwa 75 Prozent davon.[406] Dies macht in der amerikanischen Importbilanz wertmäßig rund ein Achtel aus.[407] Weil die Nachfrage nach Kautschuk nach dem Ersten Weltkrieg einbricht, wendet sich die *British Rubber Growers Association* an den englischen Staatssekretär für die Kolonien, den späteren britischen Premier Winston Churchill. Ein von Churchill eingesetzter Ausschuss schlägt vor, den Kautschuk-Export zu begrenzen und die Preise auf diese Weise zu stabilisieren. Entsprechende Gesetze treten Ende 1922 in Kraft und werden in Ceylon und Britisch-Malaya auch umgesetzt.

Das kommt in den USA nicht gut an. Herbert Hoover, damals Handelsminister und bald amerikanischer Präsident, schätzt die Kautschukversorgung als wichtigsten Flaschenhals der amerikanischen Industrie ein, kritischer noch als Erdöl, das in Amerika und den Nachbarstaaten reichlich vorhanden ist. Doch Kautschuk kommt jetzt hauptsächlich von der anderen Seite der Erdkugel, 15 000 Kilometer Luftlinie entfernt. Hoover trommelt die amerikanischen Industriellen zusammen und warnt vor horrenden Mehrkosten als Folge der Abhängigkeit vom alten, imperialistischen Europa. Er drängt die Unternehmer als Gegenmaßnahme dazu, in den Kautschukanbau in Lateinamerika zu investieren.

Die Wirtschaftsführer bleiben wenig beeindruckt, mit Ausnahme von Henry Ford und dem Reifenhersteller Harvey Firestone, der schon Fords erste T-Serie ausgerüstet hat. Für beide ist Kautschuk und dessen Preisniveau von existenzieller Bedeutung. Zwischen 1914 und 1922 schwanken die Preise für Naturkautschuk zwischen wenigen Cents und höchstens einem Dollar pro Pfund. Ford und Firestone fürchten, dass der Preis weit darüber hinaus steigen könnte, und beide beschließen, selbst in den Anbau von Kautschuk einzusteigen. Firestone wird dies im afrikanischen Liberia tun, und Ford in Brasilien.[408]

Kautschuk ist einer der wenigen Rohstoffe, die Ford noch nicht selber produziert. Das steht auch in Widerspruch mit der Produktionsphilosophie des Industriellen. In Fords Ansatz sind integrierte Prozesse zentral, und es werden möglichst Rohstoffe aus firmeneigenen Quellen verarbeitet. Die Materialien sollen »just in time« geliefert und die Einrichtung großer Lager vermieden werden. In seinem Werk in Dearborn am River Rouge, wo 100 000 Angestellte in Dutzenden Gebäuden das Modell T fabrizieren, steht auch die größte Eisenschmelzerei der Welt. Barken, Bahnen und Lastwagen bringen Erze und Kohle aus firmeneigenen Mienen. Das Holz, von dem jeder T einen halben Kubikmeter benötigt, stammt aus Wäldern, die Henry Ford auf der Upper Peninsula, der riesigen Halbinsel, die den Lake Superior vom Lake Michigan trennt, zusammengekauft hat.[409]

Ein zusätzliches Motiv für eine eigene Kautschukproduktion spielt bei Henry Ford der neue Ford A, das Nachfolgeprojekt des T. Lange Zeit ist der T unangefochten die Nummer eins auf dem Markt, doch im Rückblickspiegel kommen andere Marken rasch näher. Während Henry Ford Automobile als reine Gebrauchsgegenstände versteht und den T lange Zeit ausschließlich in schwarzer Farbe anbietet, sieht General Motors in Automobilen auch Symbole für den sozialen und finanziellen Status einer Person. General Motors bietet darum auch verschiedene Marken und Modelle in diversen Farbvarianten an. Mitte der 1920er-Jahre beginnt der T rasch Marktanteile zu verlieren. Henry Ford muss die Flucht nach vorne ergreifen und lässt seinen Sohn Edsel den Ford A entwerfen.

Der A ist größer, eleganter, doppelt so schnell wie der T und wird zum Beispiel in den Farben Arabischer Sand, Rose-Beige und Andalusisches Blau angeboten. Die Pneus des A benötigen etwa doppelt so viel Kautschuk wie das alte Modell. Anfang 1928 wird der A im alten Madison Square Garden in New York dem Publikum vorgestellt – wenige Monate später liegen 700 000 Vorbestellungen vor.[410] Dies bestätigt Fords Annahme, dass er in absehbarer Zeit auch wesentlich mehr von jenem zentralen Rohstoff benötigen wird, der als Einziger nicht im eigenen Industriekonglomerat produziert wird.

Ein paar Monate nach der Vorstellung des Modells A unterzeichnet die Ford Motor Company den Kaufvertrag für 10 000 Quadratkilometer Regenwald in Brasilien, eine Fläche halb so groß wie das Bundesland Hessen oder die Schweizer Kantone Graubünden und Tessin zusammen. Das Gebiet liegt südlich von Santarém, etwa 12 Stunden mit dem Boot den *Tapajós* aufwärts. Das Ziel der Amerikaner: dort den Naturwald roden und eine Kautschukplantage nach asiatischem Vorbild anlegen. Zudem will Henry Ford hier in den Tropen einen Musterbetrieb und eine Mustersiedlung aufbauen. (Bild: Fordlândia: planierte Terrassen, Kautschuk ↳ Seite 184)

FORDLÂNDIA

Der Siedlungsplan von *Fordlândia*, wie der Ort getauft wird, richtet sich nach den persönlichen Idealvorstellungen des Autotycoons. Konzeptzeichnungen zeigen schmucke Bungalow-Siedlungen wie aus dem Mittleren Westen Amerikas, eingefasst von tropisch wucherndem Wald und mit Gärten voller Palmen. In Fordlândia entsteht ein Bereich mit Häuschen für die brasilianischen Arbeiter und das *American Village* mit Bungalows für die Manager, die sich entlang einem gut durchlüfteten Kamm mit Blick auf den *Tapajós* ziehen. Es gibt eine Schule, eine Bibliothek und das *Zebu Hotel* für Gäste. Dazu kommt ein Krankenhaus und, etwas höher gelegen, ein Friedhof. (Bild: Fordlândia, Wasserturm, Werksgebäude 2018 ↪ Seiten 184, 185)

Golfplatz, Kino und ein Schwimmbad entstehen, und auch die Maschine für Eiswürfel darf nicht fehlen. Der Strom kommt aus einem holzbetriebenen Kraftwerk, das auch die Sägerei antreibt, ebenso das Licht in den Häusern und auf den Straßen. Die örtliche Feuerwehr kann sich auf ein ausgedehntes Hydrantennetz verlassen. Druckwasser liefert der Wasserturm, der in Fordlândia so selbstverständlich wie in jeder amerikanischen Siedlung steht. Wie bei allen großen Projekten in Amazonien stammt außer dem Holz alles von weit her, in diesem Fall aus den USA. Unentwegt fährt das Ford-Schiff *Ormoc* zwischen Dearborn und Fordlândia hin und her.

Fordlândia hat hügeliges Hinterland, und hier wird der größte Teil der vorgesehenen Kautschukplantage in den Regenwald gerodet. Mahagoni, Massaranduba[411] und andere wertvolle Hölzer kommen in die Sägerei, der Rest wird angezündet. Schwere Maschinen wühlen waagrechte Konturen in die steilen Flanken, um das Pflanzen zu erleichtern und die Erosion zu dämpfen. Die Ford-Manager sind zeitlich unter Druck und treiben die Arbeiter auch in der Regenzeit vorwärts, dann, wenn kein Einheimischer ein Rodungsfeuer legen würde. Kerosin soll den tropfnassen Abraum doch zum Brennen bringen, gemessen an den ausgelösten Flammen eine Idee aus der Hölle.[412] Aber die Nässe fördert auch Moskitos und Malaria, und die Arbeiter fallen reihenweise aus. Der Friedhof mit den industriell gefertigten Betonkreuzen füllt sich. (Bild: Fordlândia, Friedhof 2018 ↪ Seite 185)

Dafür werden die ersten *Hevea*-Pflanzen statt in der nassen Jahreszeit in der trockeneren Phase gepflanzt, sodass es tausendfach zu Ausfällen kommt.[413] Auch danach überfordern Beschaffung und das Ausbringen der Pflanzen die Ford-Manager. Von Henry Ford ist bekannt, dass er sich notorisch von Experten fernhält und nur seinen eigenen Leuten vertraut. Seine Techniker funktionieren ähnlich. Sie bringen jedes Fließband am River Rouge zum Laufen, haben aber kaum Kenntnisse bezüglich der viel komplexeren Regenwaldökosysteme. Vor allem hätten sie in Erfahrung bringen können, dass sämtliche zuvor in Lateinamerika angelegten Kautschukplantagen dem *Microcyclus*-Pilz zum Opfer gefallen sind.

Die Kosten für Fordlândia erreichen nach sechs Jahren die Marke von sieben Millionen Dollar – mehr als 140 Millionen Dollar zu heutigem Wert.[414] Ein Besucher schreibt 1931 im *India Rubber Journal*, er habe den Eindruck, »dass der Pflanzer in Asien mindestens noch hundert Jahre lang keine Konkurrenz durch den Kautschuk der *Ford Company* zu befürchten hat – wenn man das Tempo der bisherigen Fortschritte betrachtet.«[415]

Erst fünf Jahre nach Projektstart rekrutiert Edsel Ford erstmals einen Experten, James Weir, einen Spezialisten für Pflanzenkrankheiten. Weir stellt fest, dass Fordlândia mit der Aufzucht von Pflanzen, die aus regional gesammelten Samen keimen, genetisch im Dunkeln tappt. Bei der Entstehung von Samen werden die genotypischen Eigenschaften der weiblichen und männlichen Seiten neu gemischt, sodass jeweils lange unklar bleibt, wie sich die Pflanze betreffend Latexproduktion oder Schädlingsresistenz verhält. Weir reist darum nach Britisch-Malaya und beschafft dort rund 2000 Stecklinge, die mit Knospen jener Herkünfte veredelt sind, die sich in Asien als die Produktivsten erwiesen haben. Auf diese Weise gelangen Sorten, die auf Wickham-Herkünften basieren, wieder zurück an den Tapajós.

James Weir überzeugt Edsel Ford zudem, die Plantage in Fordlândia nicht weiter zu betreiben, sondern rund 100 Kilometer flussabwärts, in Belterra, neu zu beginnen. Tatsächlich sind die Standortverhältnisse dort wesentlich besser. Das Plateau von Belterra liegt etwa hundert Meter höher als der Tapajós. Es weist daher die ausgewaschenen, nährstoffarmen Böden der *terra firme* auf, wie sie außerhalb des Überschwemmungsbereichs der Flüsse typisch sind. Speziell ist jedoch, dass sich zwischen Santarém und Belterra ausgedehnte Flächen von Schwarzer Erde finden. Die *terra pretas de indios* sind als Folge jahrhundertelanger Nutzung durch indigene Völker entstanden und unter anderem mit Holz- und Pflanzenkohle durchsetzt, daher die dunkle Farbe. Die Kohle und die anderen Spuren der indigenen Kulturtätigkeit erhöhen die Speicherfähigkeit für Pflanzennährstoffe und verbessern die Fruchtbarkeit selbst von *terra firme* wesentlich (siehe auch Mahagoni, S. 282).

Die Verlegung der Aktivitäten nach Belterra wird auch von Henry Ford gutgeheißen, und nochmals baut die Firma eine komplette Mustersiedlung auf, mit rechtwinkligem Straßennetz, auf dem Ford Ts und As verkehren, und Gehsteigen, auf denen die Fußgänger geschützt sind. Wasserturm und Hydrantennetz, Schulen und Spital, alles entsteht auch hier.

Als 1934 mit dem Bau von Belterra begonnen wird, wachsen in Fordlândia rund anderthalb Millionen Kautschukbäume.[416] Langsam beginnt sich das Kronendach zwischen den Pflanzreihen zu schließen, und die Bäume stehen kurz davor, erstmals angezapft zu werden. Doch im folgenden Jahr, zu Beginn der Regenzeit, kommt etwas dazwischen: Die kahlen Kautschukbäume treiben eben aus, und in einem oder zwei Tagen schütteln sie ihre frischen Blätter aus, die zarten Zellwände noch ungesichert durch wächserne Schutzschichten. Weil sich die Kronen nun berühren, ist das Mikroklima dort viel feuchter.

Jetzt kommt es zum großen Auftritt des *Microcyclus*-Pilzes: Seine Sporen kleben sich auf der Unterseite des zarten, feuchten Laubes fest. Sofort treiben sie ihre Pilzfäden aus, die durch die zarte Blatthaut ohne Widerstand eindringen können, und stoßen den Blattnerven entlang vor. Stunden später ist das ganze Blatt erobert und von den Fäden des Pilzes durchdrungen.[417] Bald wuchert der Pilz auch auf der Außenseite, erkenntlich an braun-schwarzen Gewebeflecken.

Betroffen sind praktisch alle Bäume und alle Äste der Pflanzungen in Fordlândia. Die Nähe zum Tapajós und die Morgennebel unterstützen den Pilz zusätzlich. Die Bäume wehren sich, indem sie neue Blätter austreiben, doch diese Triebe werden sofort wieder angegriffen und fallen nach jedem Befall kürzer aus. Der Kampf führt schließlich zur Erschöpfung der Bäume, die meisten sterben ab. In den Pflanzgärten erwischt es auch die Stecklinge, die Weir als produktive Sorten aus Asien mitgebracht hat, mehr noch als die Keimlinge lokaler Herkunft. Dies bedeutet, dass eine hohe Latex-Produktivität mit tiefer *Microcyclus*-Toleranz gekoppelt ist – keine gute Nachricht für die asiatischen Plantagen, die alle auf den Wickham-Herkünften basieren.

Bald sind sämtliche Pflanzungen in Fordlândia löchrig[418], die überlebenden Bäume geschwächt und kraftlos. 1936 werden die Plantagen in Fordlândia aufgegeben. Nur der Pflanzgarten und die Veredelungseinrichtungen bleiben, wo Pflanzenmaterial für Belterra nachgezogen wird.[419] Die meisten Leute verlassen den Ort. Rasch beginnt die Dschungelvegetation, nicht mehr betreute Bereiche zu überziehen und zurückzuerobern.

Wer heute nach Fordlândia reist, landet auf den ersten Blick an einem Ort wie jeder andere in Amazonien – wären da nicht die Landmarken, welche die Ford Company zurückgelassen hat. Der Wasserturm ist frisch in Silber gestrichen, das verblichene Ford-Logo übermalt. Das American Village ist bewohnt, nur der oberste Bungalow, das Zebu Hotel, scheint längst aufgegeben und wird nächstens zusammenbrechen. Auch das Arbeiterdorf ist bevölkert, die Häuser sind in gutem Zustand. Die elektrischen Leitungen aus der Ford-Epoche bringen jetzt Energiesparbirnen zum Leuchten.

An den Fensterfronten der riesigen Werkshallen sind viele der Scheiben eingeschlagen, doch die Dächer scheinen in gutem Zustand zu sein. Auf dem Friedhof hat der Regen die meisten Kreuze aus dem Boden gespült. Diese sind in bester Ford-Manier serienweise aus Eisenbeton gefertigt worden und liegen nun stapelweise herum. In den einstigen Kautschukpflanzungen hat sich längst sekundärer Regenwald etabliert, mit großblättrigen *Cecropia*-Bäumen und Palmen. Schwärme von Ara-Papageien fliegen kreischend hin und her.

Insgesamt hat die Ford Motor Company bis 1941 weit über dreieinhalb Millionen[420] Kautschukbäume gepflanzt, anderthalb Millionen in Fordlândia, den Rest in Belterra. In Belterra sind die Bäume ein- oder zweimal gepfropft, veredelt mit Reisern, von denen man sich größere Resistenz gegen *Microcyclus* erwartet. Trotzdem schlägt der Pilz 1940 auch hier voll ein.

Bei der Planung von Fordlândia sind die Ford-Leute davon ausgegangen, dass die Plantagen dereinst Jahr für Jahr genügend Kautschuk für die Reifen von zwei Millionen Autos liefern würden. Doch aus Fordlândia ist nicht ein einziges Kilogramm Kautschuk geflossen, und Belterra liefert 1942 gerade einmal 750 Tonnen – weit entfernt vom damaligen Jahresverbrauch der Ford-Werke von rund 23 000 Tonnen.[421]

Das Kräftemessen zwischen dem einflussreichsten Industriellen seiner Zeit, mit schier unerschöpflichen finanziellen Ressourcen, und auf der anderen Seite einem winzigen Tropenpilz, ist klar zugunsten von *Microcyclus* ausgegangen. Henry Ford hat insgesamt 20 Millionen Dollar, eine Milliarde Dollar zu heutigem Wert[422], in sein Amazonasabenteuer gesteckt. 1945 verkauft sein Enkel das ganze Projekt für 250 000 Dollar an die brasilianische Regierung.[423]

Für Harvey Firestone, den langjährigen Weggefährten von Henry Ford, hat sich sein Geschäft in Liberia wesentlich besser entwickelt. Um 1940 liefert seine Plantage rund 10 000 Tonnen Kautschuk. In Afrika ist *Microcyclus* nicht zum Thema geworden, aber die Entwicklung dieser weltweit größten Plantage hat in

Liberia vieles durcheinandergebracht. Der englische Journalist und Schriftsteller Graham Greene, der 1936 eine Recherchereise nach Liberia unternimmt, beschreibt Firestone als Handelsgesellschaft, die dort nur an Kautschuk und Dividenden interessiert ist, für die sozioökonomische Entwicklung des Landes jedoch wenig leistet.

Unter dem Strich ist es weder Ford noch Firestone gelungen, die Anteile des Kautschukmarkts zu verschieben. Zu Beginn des Zweiten Weltkrieges beträgt die weltweite Kautschukproduktion anderthalb Millionen Tonnen[424], und fast alles davon kommt aus Asien.

KRIEGSKAUTSCHUK

Diese Tatsache bekommt Anfang Dezember 1941 mit dem Angriff des Japanischen Kaiserreichs auf die amerikanische Flotte in Pearl Harbor auf Hawaii ein völlig neues Gewicht. Die Zerstörung der amerikanischen Pazifikflotte hat für Japan unter anderem zum Ziel, ungehinderten Zugriff auf die Rohstoffe Südostasiens zu erlangen und die Alliierten von wesentlichen Ressourcen abzuschneiden.

Innerhalb von drei Monaten erobern die Japaner Britisch-Malaya sowie Niederländisch-Ostindien und übernehmen damit die Kontrolle über den größten Teil der globalen Kautschukversorgung. Die USA, die am Tag nach Pearl Harbor in den Krieg eingetreten sind, sind von einem Tag auf den anderen von den wesentlichen Kautschukquellen abgeschnitten. Doch fast jedes Kriegsgerät benötigt Gummi: Gasmasken, Schlauchboote, Panzer, Bomber, Kriegsschiffe, alles.

Die Reaktion Washingtons erfolgt rasch und ist umfassend. Vier Tage nach Pearl Harbor wird die Verwendung von Gummi für alles, was nicht kriegsrelevant ist, verboten. Das Tempolimit für Autos wird auf 35 Meilen gesenkt, um den Abrieb der Reifen zu minimieren und deren Lebensdauer zu verlängern. Eine Sammelkampagne für gebrauchten Gummi wird eingerichtet. Gegen Entgelt von einem Penny pro Pfund können gebrauchte Gummiprodukte an Hunderttausenden Sammelstellen abgegeben werden. Selbst »Fala«, der in der amerikanischen Bevölkerung überaus populäre Hund von Präsident Franklin D. Roosevelt, beteiligt sich an der Aktion und spendet 1942 seine Kautschukknochen.[425]

Rasch erinnert man sich auch daran, woher Kautschuk ursprünglich kommt, und manche in Amazonien sehen schon einen neuen Boom kommen. Amerika und Brasilien vereinbaren 1942 in den *Washington Accords* Produktionsziele für

Kautschuk, die Brasilien im Rahmen der *Batalha da borracha*, der »Kautschukschlacht«, erzielen soll. Es geht um jährlich 45 000 Tonnen, für die es mindestens 100 000 Seringueiros braucht. Doch nach dem großen Kollaps um 1912 sind nur wenige zehntausend Zapfer in Amazonien geblieben und haben sich anderen Erzeugnissen für die Selbstversorgung zugewandt. Daher müssen neue Kräfte angelockt werden, und deshalb zahlen die USA für jeden aufgebotenen »Kautschuksoldaten« 100 Dollar an Brasilien.

Wieder herrscht in jenen Jahren Trockenheit im Nordosten, und wieder machen sich viele *nordestinos* in den Amazonas auf, 30 000 allein aus Ceará. Aus anderen Gegenden rekrutiert die brasilianische Regierung Tausende von Arbeitern für den obligatorischen Dienst, zum Teil unter Zwang. Rund 54 000 Arbeiter sind es schließlich. Der erhoffte Boom fällt jedoch nach Kriegsende in sich zusammen. Zehntausende lassen auch dieses Mal ihr Leben im Regenwald, und nur wenige schaffen es zurück in den *nordeste*. Die brasilianische Regierung hatte versprochen, die »Gummisoldaten« als Helden in ihre Heimat zurückzubringen und ihnen eine Unterkunft zu bieten, wie für Militärveteranen üblich, doch diese Versprechen werden nicht eingehalten.

Zusätzlich zur Recycling-Kampagne und der Erneuerung der Sammeltätigkeit im Amazonasgebiet nutzen die USA zwei weitere Stoßrichtungen: die Suche nach Sorten von *Hevea brasiliensis* und verwandten Arten mit hoher Resistenz gegen *Microcyclus* sowie die Weiterentwicklung von synthetischen Polymeren, die als Ersatz für Naturkautschuk eingesetzt werden können. Als Polymere werden synthetische Kautschukformen bezeichnet, die aus Erdöl oder Erdgas erzeugt werden. Die amerikanischen Chemiefirmen erhalten vom Staat den Auftrag und die Forschungsmittel, um die Produktion von derartigen Polymeren weiterzuentwickeln. 1941 erreicht die synthetische Produktion erst 8000 Tonnen. Das Hundertfache wäre notwendig, um die Lücke beim Naturkautschuk zu überbrücken. Bei den bereits produzierten synthetischen Polymeren handelt es sich zudem um Spezialprodukte wie Neopren, Silikon oder Nylon. Diese können Naturkautschuk nicht ersetzen, sondern haben andere Einsatzbereiche.[426] Als erstes Produkt aus Nylon zum Beispiel kommen 1940 Damenstrümpfe auf den Markt, die ersten ohne Naht. Fünf Millionen Paar gehen am Tag der Lancierung über die Theke. Dann ist dieses Produkt jahrelang kaum mehr erhältlich, denn in dieser Zeit werden aus Nylonfäden Fallschirme und wasserfeste Seile hergestellt.

Goodrich, einem der Reifenhersteller in Akron, gelingt es 1940, aus einer Mischung von Naturkautschuk und Butadien – einem Gas, das aus Erdöl oder

Erdgas gewonnen wird – ein Polymer mit kautschukähnlichem Atomaufbau zu synthetisieren, das sich für Autoreifen eignet. Dieses Polymer erhält die Bezeichnung *Ameripol*, 1941 stellt Goodrich das Herstellungsverfahren auch den anderen amerikanischen Reifenbauern zur Verfügung, als Beitrag zu den Kriegsanstrengungen der USA.[427]

Neben dem Recycling, der Wiederentdeckung Amazoniens und der synthetischen Herstellung verfolgt die amerikanische Regierung noch eine vierte Strategie. Es geht darum, Herkünfte von *Hevea brasiliensis* zu finden, die gegenüber *Microcyclus ulei* und anderen Schädlingen resistent sind. Das würde den alten Traum ermöglichen, endlich auch auf dem amerikanischen Kontinent Plantagenkautschuk produzieren zu können, und damit zu verhindern, dass einzelne Mächte die Kontrolle über den global unerlässlichen Rohstoff an sich reißen können.

Dazu schickt das U. S. Department of Agriculture (USDA) in den frühen 1940er-Jahren eine Reihe Botaniker ins Amazonasgebiet, um Samen mit genetischen Eigenschaften zu sammeln, die sich für eine Plantagenwirtschaft in Lateinamerika eignen könnten. Aus Fords Niederlagen am Tapajós hat sich zumindest ein interessanter Aspekt herauskristallisiert. Vor allem in Belterra haben Versuche gezeigt, dass durch Pfropfungen Bäume nachgezogen werden können, die eine gute Pilzresistenz und gleichzeitig eine hohe Latexproduktivität aufweisen. Dies gelingt, indem ein resistenter Zweig auf einen produktiven Stamm gepfropft wird. Daraus ergibt sich die Mission für die Botaniker: Arten und Sorten zu finden, die resistent gegen *Microcyclus* oder speziell gute Latexproduzenten sind. Das USDA richtet in Costa Rica und in Peru Forschungsstationen ein, um die Nachzucht der gesammelten Samen oder Stecklinge sicherzustellen.

Einer dieser Pflanzenkenner ist der Amerikaner Richard Evans Schultes. Er weilt bei Kriegseintritt der USA in Kolumbien, bei indigenen Amazonasvölkern, wo er die Zusammensetzung von *Curare* erforscht. Das legendäre Pfeilgift, das die Muskulatur der Jagdbeute erschlaffen lässt, ist damals für die Narkosemedizin von großem Interesse. Schultes meldet sich auf der U. S. Botschaft in Bogota. Doch statt eingezogen zu werden, wird er in den Amazonas zurückgeschickt, um sich an der *Hevea*-Mission zu beteiligen.

Schultes reist wie seine Kollegen mit dem Einbaum über große Distanzen auf unbekannten Flüssen und lebt monatelang in Gebieten indigener Völker, zu denen er stets gute Beziehungen herzustellen weiß. Obwohl er immer wieder erkrankt, einmal auch an Beriberi, wird er zwölf Jahre im Wald verbringen und das unendlich große Waldgebiet kreuz und quer durchstreifen. Schultes ist der Einzige der Gruppe, der auch in Kolumbien arbeitet, damals ein weitgehend unbekanntes Gebiet hinsichtlich Kautschuk.

In Kolumbien, am Oberlauf des Rio Apaporis, liegen die Tafelberge von Chiribiquete, auf deren Plateau Schultes eine neue Unterart von *Hevea nitida*[428] findet. Diese ist buschförmig, weitgehend resistent gegen *Microcyclus* und produziert hochwertigen Latex. Schultes glaubt, dass sich diese Varietät hervorragend für die Kreuzung mit baumförmigen, produktiven Sorten eignet.[429]

Eine beliebte Ausgangsbasis für Schultes' Expeditionen ist der kolumbianische Ort Leticia, der beim Dreiländereck Kolumbien-Brasilien-Peru liegt. Wenn er nach Monaten im Wald dort eintreffe, sagt der Botaniker einmal, fühle es sich an wie nach Manhattan oder Boston zu kommen[430] – Leticia ist damals ein Kaff mit einigen Dutzend Häusern.

Nordwestlich von Leticia findet Schultes einen großen Bestand von *Hevea brasiliensis*. Der Standort ist eine von zwei Ausnahmen, wo die Baumart ihr Verbreitungsgebiet auf die Nordseite des Amazonas ausgedehnt hat. Für Schultes kommt diese Sorte den gesuchten genetischen Eigenschaften am nächsten.[431] 1944 lässt er davon drei Tonnen Samen sammeln und inspiziert jede der rund 600 000 Früchte. Diese werden in Sägemehl verpackt und in die Forschungsstationen der USDA geschickt. In den beiden folgenden Jahren wiederholt Schultes die Sammelaktion.

Die Botaniker bringen während ihrer zehn Jahre dauernden Mission in die unbekanntesten und unzugänglichsten Regenwälder der Welt eine Fülle von genetischem Material mit hohem Potenzial zusammen. In der Versuchsstation des USDA in Turrialba, Costa Rica, wo die eine *Rubber Experiment Station* angesiedelt ist, werden die Fäden wieder aufgenommen, welche die Ford-Botaniker in Belterra mit ihren Experimenten begonnen haben. Im Zentrum steht die Nachzucht von Kautschukbäumen mit kräftiger Wurzelausbildung, ertragreichem Latexfluss und einer pilzresistenten Krone. Kombinationen dieser Eigenschaften können durch Pfropfung oder gezielte Befruchtung erreicht werden. Um dann rasch große Mengen eines geeigneten Klons produzieren zu können, werden entsprechende Veredlungstechniken entwickelt.[432]

Insgesamt entsteht so eine gute Basis für die Anlage einer neuen Generation von resistenteren Kautschukplantagen auf dem lateinamerikanischen Kontinent. Doch trotz dieser sichtbaren Fortschritte wird die Finanzierung in den

1950er-Jahren eingestellt und das Forschungsprogramm geschlossen. Ein wesentlicher Grund dafür ist die Euphorie, welche die Entwicklungserfolge bei den synthetischen Polymeren ausgelöst haben. In der Folge gehen wertvolle Aufzeichnungen der Botaniker verloren. Die Klongärten in Turrialba, in denen ein Schatz von vielversprechendem Keimplasma von *Hevea* sichergestellt war, verwildern und müssen bald Versuchen mit anderen Pflanzenarten Platz machen.[433]

Die amerikanische Offensive zur Weiterentwicklung synthetischer Produkte hingegen ist tatsächlich zu einem großen Erfolg geworden. Die USA haben sich die Forschung und Entwicklung dafür fast 700 Millionen Dollar kosten lassen – über 12 Milliarden Dollar zu heutigem Wert.[434] Doch hier beginnt auch der Siegeszug des Plastiks, der gleichzeitig das Ende der hölzernen, oft eichenen Bottiche und Behälter bedeutet (siehe Eiche, S. 56). Als Nebeneffekt dieser Entwicklung sind heute Plastikpartikel selbst im fernen Packeis und tief in den menschlichen Blutbahnen und Hirnwindungen zu finden. Bei Kriegsende werden in Amerika jährlich 800 000 Tonnen synthetischer Elastomere produziert, mit denen 85 Prozent der Bedürfnisse des Landes abgedeckt werden können.[435] In diesen Erfolgen liegt eine der Erklärungen, warum die Verantwortlichen in den 1950er-Jahren forsch deklamieren, dass Naturkautschuk keine Zukunft habe und nicht länger von strategischer Relevanz sei.[436]

KEIN RAD OHNE KAUTSCHUK

Doch damit täuschen sie sich gewaltig. Von den unzähligen synthetischen Polymeren, die während und nach dem Zweiten Weltkrieg entwickelt worden sind, kommt nur ein einziges in die Nähe der Eigenschaften von Naturkautschuk. Es ist ein Polyisopren von Goodyear mit dem Markennamen *Natsyn*. Doch *Natsyn*, das ab 1960 auf den Markt gelangt, ist teuer, selbst beim damaligen Rohölpreis von gerade einmal anderthalb Dollar pro Fass. Seit dem Ölpreisschock von 1973 jedoch steigt der Preis von Öl als wichtigstem Rohstoff für synthetische Polymere stetig an und erreicht zeitweise mehr als 100 Dollar pro Barrel.

Mit dem Rohölpreis wachsen auch die Kosten für den Treibstoff des Autoverkehrs an. Dieser Prozess löst eine weitere Innovation im Autobereich aus, die sich wiederum direkt auf die Nachfrage nach Naturkautschuk auswirken wird: die Entwicklung des Radialreifens.

Bis weit in die 1960er-Jahre fahren die meisten Autos mit Diagonalreifen, wie sie bereits für die ersten Pneus verwendet wurden. Die Faserschichten des Mantels – ursprünglich aus Baumwoll-, später aus Nylonfäden – liegen schräg zur Fahrtrichtung und kreuzen sich. Diese Schichten sind im Gummi eingebettet, der die Stränge zusammenhält, gleichzeitig aber auch genügend Elastizität für hohen Fahrkomfort bietet.

Beim Radialreifen hingegen sind die Verstärkungslagen nun in Laufrichtung orientiert und wechseln sich mit Schichten ab, die quer zur Laufrichtung liegen. Das Nylongewebe wird zusätzlich durch Stahlfäden verstärkt. Michelin hat diese Technologie nach dem Zweiten Weltkrieg entwickelt, und Anfang der 1960er-Jahre präsentiert Continental in den USA eine verbesserte Ausführung. Radialreifen haben eine doppelt so hohe Laufleistung wie die diagonalen Vorgänger, senken den Treibstoffverbrauch und erhöhen dank der flexiblen Flanken den Fahrkomfort. Hier liegt der springende Punkt: Auf die Flanken der radialen Pneus wirken große Kräfte ein, und nur Naturkautschuk ist in der Lage, diese aufzunehmen.

Der Ölpreisschock von 1973 bewirkt den definitiven Durchbruch des Radialreifens, und dies führt zu einem erneuten Aufschwung der Kautschukplantage-Industrie. Bis Mitte der 1990er-Jahre erobert Naturkautschuk etwa 40 Prozent des internationalen Markts für Elastomere zurück.[437] Die USA und Europa sind stärker von Naturkautschuk abhängig als je zuvor.[438]

Je höher die Belastung eines Pneus, desto höher der Anteil an Naturkautschuk. Reifen von Personenfahrzeugen benötigen einen Anteil von 40 Prozent, die gigantischen Räder von Industriefahrzeugen oder Dumpern 90 Prozent – der *GC5 Earthmover* von Michelin, zurzeit der größte fabrizierte Pneu mit einem Durchmesser von mehr als viereinhalb Metern, hat einen Anteil an Naturkautschuk von einer Tonne.[439] Flugzeugpneus sind praktisch aus reinem Naturkautschuk. Es ist das einzige Material, das die Kälte der Reisehöhe und kurz danach die plötzliche Hitze erträgt, die beim Aufsetzen der Fahrgestelle entsteht. Nur Naturkautschuk weist bei der Landung die notwendige Dehnbarkeit und danach die Kraft auf, wieder in die ursprüngliche Form zurück zu federn.

Das Comeback des Naturkautschuks spiegelt sich auch in den Produktionsdaten. 1990 sind es weltweit geschätzte fünf Milliarden Kautschukbäume[440], die etwas mehr als fünf Millionen Tonnen Naturkautschuk produzieren. Synthetische Kautschuke machen fast das Doppelte aus[441], doch das Verhältnis von Naturkautschuk zu synthetischem Kautschuk entwickelt sich langfristig zugunsten des Naturkautschuks. 2022 wird von beiden Materialien praktisch gleich viel produziert, nämlich je rund 15 Millionen Tonnen.[442]

In den Plantagen Asiens werden die Bäume mittlerweile eher ab dem sechsten Jahr nach der Pflanzung beerntet, und dies während 20 bis 30 Jahren. In diesem Zeitraum liefern sie je 60 bis 150 Kilogramm Kautschuk, je nach Standort und Veranlagung des Klons[443]. Danach sinkt der Latexfluss rasch ab, und die Plantagen müssen erneuert werden.

Die Verjüngung der Plantagen geschieht im Kahlschlagverfahren, und bei rund 550 Bäumen, die üblicherweise auf einem Hektar stehen, fällt dabei auch viel Holz an. Jahrzehntelang ist dieses Holz an Ort verbrannt oder als Brennstoff für Lokomotiven sowie als Prozessenergie für das Trocknen von Latex eingesetzt worden. Seit den 1980er-Jahren wird Kautschukholz zunehmend als Werkstoff verwendet. Da es nicht wetterbeständig ist wie Eiche, Teak oder Mahagoni, eignet es sich nicht für den Außenbau.

Sehr geeignet ist Kautschukholz jedoch für Möbel, Parkett oder zur Herstellung von Holzschichtplatten für den Innenausbau. In den 1980er-Jahren wird Kautschukholz zu einer Erfolgsgeschichte. Malaysia exportiert 1989 bereits Holz im Wert von zehn Millionen US-Dollar. Um die Wertschöpfung aus diesem Rohstoff im eigenen Land zu fördern, führt Malaysia einen hohen Ausfuhrzoll ein, was zum Aufbau einer holzverarbeitenden Möbelindustrie führt.[444] Ähnlich verläuft die Entwicklung in Thailand. Das Land hat traditionell enge Beziehungen zu Dänemark und anderen nordeuropäischen Staaten, die bereits in den 1960er-Jahren hochwertige Möbel aus Teak vermarkten. Das erleichtert die Einführung einer Wertschöpfungskette für Kautschukholz, und um das Jahr 2000 arbeiten in Thailand etwa hundert Sägewerke in diesem Geschäft.[445] Ikea, weltweit der größte Holzabnehmer, lässt viele Produkte aus asiatischem Kautschukholz herstellen.

Vom Kautschukholz, von dem heute über 12 Millionen Kubikmeter jährlich anfallen[446] – rund dreimal die jährliche Holzproduktion der Schweiz –, profitieren vor allem die großen Plantagen, für die der Holzverkauf ein zusätzliches Standbein ist. Hier fällt bei der Verjüngung viel Holz an, das leicht transportiert werden kann. Das Potenzial von Holz können allerdings die vielen kleinbäuerlichen Produzenten viel weniger effektiv ausnutzen, weil die Fläche ihrer Erneuerungsschläge kleiner ist und weniger Stämme angeboten werden können, und zudem der Holztransport in vielen Fällen komplizierter ist. Insgesamt aber steigert die Holzkomponente die Ertragsfähigkeit der asiatischen Plantagenwirtschaft zusätzlich, verglichen mit der Situation der Kautschukproduzenten in Amazonien.

RINDER STATT KAUTSCHUK

Die Entwicklung in Lateinamerika nach dem Zweiten Weltkrieg hat nichts gemeinsam mit dem Boom in Asien. In größerem Umfang exportiert Brasilien in den 1950er-Jahren letztmals Naturkautschuk aus dem Amazonasgebiet.[447] Speziell in Acre ernten die Seringueiros, die mit ihren Familien im Wald geblieben sind, nach wie vor Latex, doch dieser geht in den nationalen Markt. Die Waldbewohner haben ihre Lebensbasis stark verbreitert. Sie jagen und fischen, und zum Kautschuk kommen weitere Sammelprodukte hinzu: Kakao, diverse Medizinalpflanzen, die Beeren der Açai-Palme oder Früchte wie Papaya, Guave oder Avocado. Immer wichtiger wird Paranuss, die längliche große Nuss, die wir aus den Apéro-Nussmischungen kennen. Maniok, dessen Wurzelknollen Stärke enthalten, wird als Grundnahrungsmittel angebaut. Auch Haustiere, Schweine oder Rinder werden gehalten. Für die Regenwaldbewohner wirken die Tiere wie eine Bank oder eine Versicherung: Wenn Medizin nötig wird oder spezielle Ausgaben anfallen, lässt sich ein Tier leicht verkaufen.

Es sind schätzungsweise drei Millionen Menschen, indigene Völker, *caboclos* und Seringueiros mit ihren Familien, die zu Beginn der 1960er-Jahre im brasilianischen Amazonien leben. Ihre kleinen Felder sind nicht mehr als winzige Nadelstiche im riesigen Lebensraum. Nach wenigen Jahren wird die Nutzung der Felder jeweils eingestellt, weil die Fruchtbarkeit sinkt und sich der Wald mit Macht zurückdrängt. Für die Feldfrüchte muss ein neues Stück Wald abgebrannt werden. Die alten Felder wachsen rasch zu, und schon bald wird dort nur noch von einem geübten Auge eine Störung wahrgenommen. Waldfreie Flächen sind 1960 in Amazonien noch unbedeutend.[448]

Als die Welt zum nächsten Mal auf die Seringueiros aufmerksam wird, ist Amazonien in Aufruhr. 1964 übernimmt in Brasilien das Militär die Macht. Das Regime macht sich unverzüglich daran, Amazonien zu »revitalisieren«. Die Motive sind einerseits in den *fronteiras mortas*, den dünn besiedelten und darum schlecht bewachten Grenzen zu den Nachbarländern, begründet. Andererseits bereiten dem Militärregime Nahrungsengpässe Sorgen – besonders die knappe Fleischversorgung in den rasch wachsenden Städten.[449] Für Amazonien ist daher eine Entwicklung zum Fleischlieferanten vorgesehen.

Mit großzügigen Subventionspaketen werden Unternehmen aus dem brasilianischen Süden angelockt. Rodungstrupps fahren auf. Mit Ketten, die zwischen zwei Caterpillar D8 gespannt sind, werden die Bäume mitsamt den Wurzeln umgerissen. Das Holz bleibt ungenutzt und wird anschließend angezündet.

In die Asche werden aus Flugzeugen Samen von afrikanischen Weidegräsern gesät. Bis Mitte der 1980er-Jahre lassen sich über 600 Firmen eine Waldfläche von jeweils 24 000 Hektar im Durchschnitt ins Grundbuch eintragen.

Doch Amazonien wird, anders als sich das die Militärs vorgestellt haben, noch lange ein Fleischimportgebiet bleiben. Aus Sicht der großen Unternehmen ist nämlich nicht Fleisch das primäre Ziel, ihnen geht es vielmehr um die Sicherung möglichst ausgedehnter Landrechte. Die Abdrücke der Rinderhufe in der roten Erde sind Siegel, die dieses Eigentum markieren. Hier wird nicht produziert, sondern spekuliert. 1967 ist nämlich in Carajás, im Süden Parás, das größte Eisenerzlager der Welt entdeckt worden, und aus der *Serra Pelada* in der Nähe haben Zehntausende von Goldsuchern viele Tonnen des gelben Metalls herausgebuddelt. In der Hoffnung auf vergleichbare Rohstoffwunder versuchen nun alle, sich möglichst viel Land zu sichern. In Boden investiertes Geld ist zudem geschützt vor der damals horrenden Inflation in Brasilien. Der Regenwald ist zum Casino geworden.

DER AUFSTAND DER SERINGUEIROS

Bis Mitte der 1980er-Jahre entstehen in Amazonien 70 000 *latifúndios*, große Viehzuchtbetriebe. Die Händel mit dem Land erfolgen über die Köpfe der Seringueiros hinweg. Die Sammlerrechte, die der Staat während des Kautschukbooms um die Jahrhundertwende den Seringalistas über riesige Flächen verliehen hatte, werden nun kurzerhand in Eigentumsrechte zu deren Gunsten umgewandelt. Das erlaubt vielen Seringalistas, ihren Wald zu verkaufen, oft an *paulistas*, an kapitalkräftige Privatpersonen oder Unternehmen aus São Paulo und anderen Gebieten in Südbrasilien. Sie arbeiten oft mit *grileiros* zusammen, Landgrabschern, die den Boden-Transaktionen mit zweifelhaften Mitteln, auch mit Waffengewalt, nachhelfen (siehe Mahagoni, S. 294). Doch in Acre, wo die Spekulation um 1970 ankommt, beginnen sich die Seringueiros zu wehren.[450]

Drehte sich der Kampf jahrzehntelang um einen gerechten Erlös für ihre Kautschukballen, geht es den Seringueiros jetzt um die Erhaltung des Lebensraums, von dem ihre Existenz abhängt. Mindestens 120 000 Menschen sind in Acre vorwiegend vom Gummizapfen abhängig, mindestens 340 000 sind es in ganz Amazonien.[451] Doch diese Menschen wohnen stundenweit voneinander entfernt im Wald, sind Analphabeten, in keiner Weise organisiert und konnten lange mit vernachlässigbaren politischen Kosten übergangen werden.

1976 beginnt sich dies zu ändern. Am 10. März verhindert eine Gruppe von Seringueiros mit ihren Familien erstmals die Rodung eines Seringal in der Nähe von Xapuri, wo zwei Gruppen von Paulistas innerhalb weniger Jahre 180 000 Kautschuk- und 80 000 Paranussbäume zerstört haben. Die Seringueiros stellen sich vor die Bäume, und die Holzer müssen unverrichteter Dinge abziehen. Bis in die Achtzigerjahre werden in vielen weiteren dieser *Empate* genannten Aktionen Holzertrupps neutralisiert, was die Entwaldung verlangsamt.

Damit entsteht auch Zeit für die Klärung der zentralen Frage, wem ein Seringal und seine Bäume eigentlich gehören. Die Seringueiros und die Anführer ihrer Bewegung wie Francisco »Chico« Mendes Filho, selbst ein Gummizapfer, stellen sich auf den Standpunkt, dass es die Seringueiros sind, die durch ihre jahrzehntelange Sammeltätigkeit den Seringal erworben haben und die Rechte der Seringalistas längst erloschen sind.

Der 1985 gegründete »Conselho Nacional do Seringueiros« fordert, die Entwicklungspolitik Amazoniens endlich auf die Bedürfnisse der lokalen Bevölkerung auszurichten. Erstmals taucht die Idee sogenannter Sammelreservate auf. Sammelreservate – beispielsweise mehrere Seringales – sollen von den Ansässigen als gemeinsames Eigentum verwaltet werden. Die Seringueiros erhalten Nutzungsrechte an den Sammelprodukten und Eigentum an einer beschränkten Fläche für die Selbstversorgung mit Nahrungsmitteln. Damit liegt für Amazonien erstmals ein Wirtschaftsmodell vor, das von der lokalen Bevölkerung vorgeschlagen wird und die Landspekulation zu unterbinden sucht.

Wissenschaftler und nichtstaatliche Umweltorganisationen aus dem Süden Brasiliens, aus Nordamerika und Europa beginnen, die Seringueiros zu unterstützen. Chico Mendes nimmt die globale Sorge um den Regenwald geschickt auf und erhält 1987 eine Auszeichnung der Vereinten Nationen – bezeichnenderweise nicht wegen seines sozialen Einsatzes für die Rechte der Kautschukzapfer, sondern als herausragender Umweltschützer. In der Optik der industrialisierten Welt erscheinen die Seringueiros nun als weise Kenner des Waldes, frei vom weltweit herrschenden Konsumgeist. Doch in Wirklichkeit versuchen diese nichts weiter, als ihren Wald vor der Vereinnahmung anderer zu bewahren und durch dessen Nutzung ihren Lebensraum zu erhalten und zu verbessern.

Wie hart dieser Konflikt ist, zeigt Chico Mendes' eigenes Schicksal. Er wird im Winter 1988 in Xapuri von einer Sippe Landgrabscher aus dem Süden ermordet, die seine Heimat, den »Seringal Cachoeira«, zu annektieren versuchen.

Die Todesnachricht und damit der Kampf der Seringueiros um ihren Lebensraum werden im Süden Brasiliens und weit in die industrialisierte Welt hinein wahrgenommen. Die Weltbank, Brasiliens wichtigster Partner bei der Finanzierung von Großprojekten in Amazonien, verschiebt unter Druck nichtstaatlicher Organisationen und US-Kongressabgeordneter die Entscheidung über Kredite für Wasserkraftprojekte in Amazonien. Die Forderungen des Conselho Nacional do Seringueiros werden in der Politik nun ernst genommen.

1990 werden die ersten beiden Sammelreservate ausgerufen, die »Reserva Extractivista Alto Juruá« und die »Reserva Extractivista Chico Mendes«. Bis 2016 entstehen im brasilianischen Amazonasgebiet 80 Sammelreservate, zum Teil auf nationaler Ebene, zum Teil auf Ebene der Bundesstaaten. In keinem anderen Bundesstaat sind sie so bedeutend wie in Acre, wo 17 Prozent der Fläche als Sammelreservat ausgewiesen sind.[452] Zusammen mit den Reservaten für indigene Völker und für den Naturschutz ist fast die Hälfte dieses Bundesstaates Schutzgebiet.[453]

Acre wird nach den Wahlen von 1998 und bis 2019 von einer politischen Behörde geführt, die sich selber als »Waldregierung« bezeichnet und die ihre Politik stark auf die Förderung einer nachhaltigen Waldbewirtschaftung stützt. Bestandteile dieser Strategie sind Politiken zur Unterstützung der traditionellen Sammelwirtschaft, mit dem spezifischen Ziel, den Sammlern und ihren Familien ein besseres Lebensniveau zu bieten.

Mit dem »Chico-Mendes-Gesetz«, der ersten Norm der neuen Regierung, erhalten die Kautschukproduzenten einen Aufpreis für ihr Produkt. Diese Prämie des Bundesstaates Acre gilt als Ausgleich für Biodiversitätsleistungen, welche die Seringueiros durch eine Bewirtschaftungsweise erbringen, die den Wald schont und dadurch zur Erhaltung der Artenvielfalt beiträgt.[454] Dieser Aufpreis ist dringend notwendig geworden, nachdem die Landesregierung ihre Politik zum Schutz der eigenen Produzenten und die damit verbundene Preisstützung von Kautschuk aufgegeben hat. Als Folge ist der Kilopreis von Kautschuk zwischen 1982 und 1992 von fast zwei US-Dollar auf weniger als einen halben US-Dollar gefallen[455] – ausgerechnet in jenem Moment, als in Acre mit der Umsetzung des Konzepts von Sammlerreservaten begonnen wird. Im Gegenzug muss Brasilien von da an Kautschuk aus Asien importieren, 2011 beispielsweise für mehr als eine Milliarde US-Dollar.[456]

Um die Abnahme und Vermarktung der Sammelprodukte in Acre zu fördern, baut die Regierung nahe von Xapuri eine Fabrik für Kondome auf, mit einer Kapazität von jährlich 100 Millionen *preservativos masculinos ecológicos*.

In Acres Hauptstadt Rio Branco entsteht 2001 *Cooperacre*, die Cooperativa Central de Comercialização Extrativista do Acre, der größte Verarbeiter und Exporteur von Brasilnüssen. Die Regierung investiert auch stark in eine verbesserte Waldwirtschaft, mit nachhaltiger Holznutzung und Wertschöpfungsketten für Möbel und Bodenbeläge als zertifizierte Endprodukte.

Die Sammlerreservate mit ihrer traditionellen Bevölkerung und einer verbesserten Wirtschaftlichkeit gelten um die Jahrtausendwende als wichtiges Bollwerk gegen die Vereinnahmung Amazoniens durch Wirtschaftsinteressen von außen und als wichtige Barriere gegen die Entwaldung Amazoniens. Doch der Ansatz ist neu und nicht erprobt und steht vor vielen Herausforderungen. Dies spiegelt sich auch in der generellen Debatte um Entwicklungsmodelle für das Amazonasgebiet wider. Sammlerreservate würden lediglich Unterentwicklung zementieren, anstatt nachhaltige Entwicklung zu ermöglichen, behaupten etwa Wirtschaftsvertreter aus dem Süden Brasiliens. Nichts sei dort zu holen für die Sammler, und deren Leben miserabel und menschenunwürdig.[457]

Acres Regierung lässt ihre neue Politik von Beginn an wissenschaftlich begleiten, um die Auswirkungen auf die Lebensgrundlagen der lokalen Bevölkerung zu erfassen. In einer ersten Phase zeigen sich tatsächlich Verbesserungen der Lebensqualität der lokalen Bevölkerung, speziell als Folge der Verbesserung der Infrastruktur und der Schaffung von Arbeitsplätzen. Festgestellt wird aber auch, dass die Reservate nicht ausreichend finanziert sind und dass noch viele Herausforderungen bestehen, um die Nachhaltigkeit der Waldbewirtschaftung zu gewährleisten.

Die positiven Auswirkungen sind zudem ungleichmäßig verteilt, nicht zuletzt als Folge des Zugangs zu den Verarbeitungskapazitäten, die wiederum von der Straßenerschließung abhängen. 25 Jahre nach Gründung der ersten Sammlerreservate wird ein altes Problem evident: Die grundlegend verschiedenen Bedingungen für die Kautschukwirtschaft in Amazonien und in Asien wirken sich stärker aus als je. Während ein Seringueiro in Acre unter guten Bedingungen 600 Kilogramm Latex pro Jahr ernten kann, sind es in den asiatischen Plantagen bis zu 20 Tonnen pro Person und Jahr.[458]

In Amazonien ist die Kautschukwirtschaft ohne massive Veränderungen kaum überlebensfähig. Dazu gehört eine bessere Inwertsetzung des Wildkautschuks. Ein höherer Preis kann durch verbesserte Abgeltungen im Rahmen von Klimaschutzprojekten erzielt werden. Einen anderen Weg ist der italienische Reifenhersteller Pirelli gegangen, der auch in Brasilien produziert. Zur Jahrtausendwende hat Pirelli den *Xapuri-Reifen* eingeführt, dessen Kautschukanteil zu 100 Prozent aus Acre stammt.[459] Die beteiligten Seringueiros sind von Pirelli speziell ausgebildet worden, um die Qualität des Rohstoffs garantieren zu können.[460] Ende 2023 übernimmt Pirelli den brasilianischen Reifenhersteller Hevea-Tec. Damit verbunden will Pirelli für seine Projekte die Gewinnung von Naturkautschuk fördern, inklusive der Zertifizierungsprozesse, und Pirelli will den Anteil von zertifiziertem Kautschuk in seinen Produkten erhöhen.[461]

Allerdings werden bei der Kautschukgewinnung nicht nur konkurrenzbedingte Probleme sichtbar. Veränderungen ergeben sich zudem aus der Denkweise der Bevölkerung, die – auch generationenbedingt – in starkem Wandel ist. Wo es die Transportsituation zu Märkten zulässt, wird heute in der Bodennutzung anderes bevorzugt, etwa die Zucht von Geflügel und Schweinen, oder der Anbau von Papaya und Bananen. Nach einem Vierteljahrhundert lebt nun eine junge Generation in den Sammlerreservaten, die sich viel stärker für die Viehzucht interessiert als für die Sammelwirtschaft im Wald. Auch die älteren Seringueiros ziehen die Arbeit auf den Feldern vor. Sie müssen nicht mehr mitten in der Nacht im Licht der Stirnlampe aufbrechen, mit dem latenten Risiko, auf eine Schlange zu treten oder Jaguaren zu begegnen.

Dies führt dazu, dass auch innerhalb der Sammlerreservate die eingesessene lokale Bevölkerung vermehrt auf Rinderzucht setzt. Dieser Trend ist in den 1980er-Jahren durch den Verfall des Kautschukpreises eingeleitet worden. Viele Familien haben ihren Tierbestand anschließend kontinuierlich vergrößert. Allerdings sind diese Herden von bescheidener Größe und nicht mit jenen der Rinderzüchter zu vergleichen, die außerhalb der Reservate riesige Weideflächen aus dem Wald gebrannt haben.

2019 gehen mit dem Regierungswechsel auf nationaler Ebene und in Acre zwei Jahrzehnte der Waldregierung zu Ende – eine Phase, in der die Walderhaltung und das Wohlergehen der lokalen Bevölkerung hohe Priorität hatten. Mit der nächsten Regierung, die bis Ende 2022 an der Macht sein wird, tritt ein radikaler Wechsel ein. Nun erhalten die Gruppierungen die Oberhand, die großflächig Viehzucht betreiben und das Heil der Wirtschaft in einer vermehrten Rodung sehen. Zudem hält nun auch in Acre der Anbau von Soja Einzug, der in den Trockenwäldern des Staates Mato Grosso zu enormen Rodungen geführt hat. Die Sojaproduktion macht 2019 wertmäßig nur zwei Prozent von Acres Gesamtexport aus – 2022 steigt dieser Anteil auf 26 Prozent an[462], eine drastische Entwicklung und ein Vorbote auf zusätzlichen Druck auf die Waldfläche.

Die politischen Entwicklungen haben in Acre auch die große gesellschaftliche Spaltung an den Tag gelegt, die durch wirtschaftliche und religiös-kulturelle Ansichten bestimmt ist und sich letztlich auch im Wahlverhalten äußert. Ein Grund ist sicher auch, dass sich die Versprechen der Waldregierung für mehr Wohlstand und Lebensqualität in den Reservaten nicht im erwarteten Ausmaß erfüllt haben. Zudem ist die Bevölkerung enttäuscht, weil sie das Gefühl hat, von den bedeutenden internationalen Hilfsgeldern für Kautschuk- und Paranusssammler nichts gesehen zu haben.

Der Vergleich zwischen dem bescheidenen Ertrag aus der Sammlerwirtschaft mit den Erträgen aus der Viehwirtschaft scheint momentan klar zugunsten der Viehzucht auszufallen – jedenfalls, wenn nur der produktivste Abschnitt des Rinderzyklus, das heißt die wenigen Jahre nach der Rodung, betrachtet wird. Doch Viehweiden benötigen kostspielige Pflege und Düngung, sonst lässt sich der Erfolg nicht halten. Unberücksichtigt bleiben auch die sozialen Kosten infolge der Entwaldung: Umweltdegradation in Form von Artenverarmung und zerstörter Fruchtbarkeit, klimatische Einflüsse, soziale Spannungen. Der Sammelertrag hingegen lässt sich dauerhaft erzielen, doch ganz offensichtlich muss mehr getan werden, um die Sammler und damit letztlich auch den Wald zu erhalten.

ASIENS PLANTAGEN KOSTEN VIEL NATURWALD

Was sich in Amazonien abspielt, geschieht weitgehend losgelöst von der weltweiten Nachfrage nach Kautschuk und den entsprechenden Handelsströmen, die seit den 1990er-Jahren noch einmal drastisch zugenommen haben.

2023 werden weltweit über 1,7 Milliarden Pneus produziert[463], ein Markt, der weit über 260 Milliarden US-Dollar umfasst. Bis 2028 wird bei den Reifen ein kontinuierliches Wachstum von jährlich 3,5 Prozent erwartet[464], was bis Ende des Jahrzehnts zu einer Jahresproduktion von weit über zwei Milliarden Pneus führen wird. Heute ist China der größte Reifenhersteller, und die USA liegen nur noch auf dem dritten Platz, noch hinter Indien. Diese Reihenfolge dürfte sich bis auf Weiteres kaum ändern.

Neben der alten Wechselbeziehung zwischen Naturkautschuk und Verkehrsrädern aller Art, von der die Welt nicht loszukommen scheint, bleibt auch die Verbindung zwischen Latex und der Medizinaltechnik robust, mit gelegentlichen Ausschlägen nach oben: Die globale COVID-19-Pandemie hat 2020 die

Nachfrage nach Schutzbekleidung und Latexhandschuhen stark in die Höhe getrieben.[465] Aber auch neue Einsatzgebiete für Kautschuk kommen laufend hinzu, etwa für Gebäude, die bei Erdbeben sicher sind. Diese werden heute mit riesigen Dämpfern aus Naturkautschuk in den Fundamenten ausgerüstet.

Die kontinuierlich steigende Nachfrage spiegelt sich auf der Produktionsseite wider. 1990 werden in Asien rund sieben Millionen Tonnen Naturkautschuk gewonnen, und 2022 sind es mit über vierzehn Millionen Tonnen bereits doppelt so viel.[466] Die Rangfolge bei den Konsumentenländern korreliert mit den Volumen der Pneufabrikation und der Neuzulassung von Automobilen, die in China und Indien mittlerweile deutlich höher liegen als in den USA.

Verändert hat sich auch die Reihenfolge der Produzentenländer. 2022 ist Thailand zum größten Produzenten aufgestiegen, mit 4,75 Millionen Tonnen, was 35 Prozent der globalen Produktion entspricht. Dahinter folgen Indonesien und Vietnam, während Malaysia, das als englische Kolonie jahrzehntelang führend in der Kautschukproduktion war, auf den vierten Platz abgerutscht ist.[467]

Die Verdoppelung der Produktion zwischen 1990 und 2022 bedeutet auch, dass die Flächen für die Plantagen beträchtlich erweitert werden mussten. Wenn es um Flächenverluste von tropischen Naturwäldern geht, steht eher die Produktion globaler Nahrungsmittel im Fokus der Öffentlichkeit: Rindfleisch, Palmöl oder Soja sind immer mit Abholzung verbunden, was auf Satellitenbildern klar zu erkennen ist. Rodungen für Kautschuk hingegen fallen weniger auf, weil sich die Kronen neuer Pflanzungen in wenigen Jahren schließen und die Plantagen auf dem Satellitenbild kaum von Naturwald unterschieden werden können. Zudem wird der Kautschukanbau heute mehrheitlich durch Kleinbauern betrieben, deren Plantagenflächen meist unter fünf Hektar liegen[468] und häufig in Baumgärten oder Naturwald eingebettet sind.

Hochaufgelöste Satellitenbilder zeigen allerdings, dass in Asien 2021 über 14 Millionen Hektar Kautschukplantagen vorhanden sind.[469] Davon sind rund vier Millionen Hektar – etwa so viel wie die Landesfläche der Schweiz – relativ jung und erst zwischen 1993 und 2016 angelegt worden.[470] Speziell große Flächen, rund 230 000 Hektar, sind zwischen 2000 und 2017 in China entstanden, vor allem in der Präfektur Xishuangbanna, die im Südwesten des Landes an Myanmar und Laos grenzt.[471] Fast die Hälfte der Flächen liegt in einer Höhe von 900 Metern über Meer und meist in steilem Gelände.

MISCHKULTUREN SENKEN DIE RISIKEN

Hevea in dieser Meereshöhe ist jedoch frostempfindlich, was die Produktivität schmälert. Zudem schützen die Plantagen die Böden wesentlich schlechter vor Erosion, verglichen mit den ursprünglichen Naturwäldern. In den einschichtigen *Hevea*-Pflanzungen prallen die Regentropfen kaum gebremst auf die Erde und lösen Bodenteilchen heraus, was die Krümelstruktur und damit die Wasseraufnahmefähigkeit des Bodens verringert.[472]

Untersuchungen in Xishuangbanna zeigen, dass agroforstliche Systeme, also Mischkulturen mit Kautschuk- und anderen Baumarten sowie Sträuchern wie Kakao oder Tee, ein stark verbessertes Erosionsverhalten aufweisen und insgesamt nachhaltiger sind als Monokulturen.[473] Dazu tragen auch die Krautschicht sowie eine gemischte Laubstreu, die sich rascher in Wasser absorbierenden Mulch verwandelt, wesentlich bei.

Neben den Gutsbetrieben, wie sie seinerzeit in Britisch-Malaya entstanden sind, und Chinas neuen, riesigen Plantagen hat sich in Asien für Kautschuk auch eine ganz andere Eigentums- und Produktionsstruktur entwickelt. Es sind die kleinbäuerlichen Betriebe, in denen Millionen von Kleinbauern heute etwa 85 Prozent der globalen Kautschukernte produzieren.

Diese Entwicklung hat sich diskret vollzogen und ist wissenschaftlich noch wenig erforscht. Die Kleinbauern – global geht man von etwa sechs Millionen Betrieben aus, die meisten zwischen zwei und vier Hektar groß – pflanzen *Hevea* in brachliegende Felder oder integrieren die Bäume in ihre traditionellen Baumgärten. Diese agroforstlichen Systeme werden nicht unkrautfrei gehalten, wie dies früher bei Plantagen der Fall war. Vielmehr sind sie schichtig aufgebaut und für die Umwelt viel verträglicher.[474] Die kleinen Betriebe benötigen wenig Kapital, es ist hauptsächlich die Familie, welche die Arbeitskräfte stellt, und wenn sich die Kleinbauern genossenschaftlich organisieren, sind ihre Produkte auch wettbewerbsfähig.

Allerdings bleibt der Markt für Kautschuk von holprigem Charakter. Bei anhaltend tiefen Preisen bleiben die Bäume ungenutzt oder werden durch andere Feldfrüchte ersetzt. Umgekehrt erfolgt der Anpassungsprozess bei steigendem Preis für Kautschuk verzögert, weil neu gepflanzte Bäume mindestens sechs Jahre benötigen, bis sie erstmals angezapft werden können. In Malaysia zum Beispiel hat eine Preisbaisse die Produktion einbrechen lassen, bis dann die Covid-19-Pandemie ab 2020 die Nachfrage nach Schutzbekleidung in die Höhe schnellen lässt. Die Produktion von Latexhandschuhen hat sich dann innerhalb eines Jahres verdoppelt. Dadurch wächst auch das verarbeitende Gewerbe, was wiederum zu einer Verknappung des Rohstoffs führt.

Auch in Malaysia wird Kautschuk heute vor allem von Kleinbauern produziert, auf einer Fläche von rund einer Million Hektar. Die traditionellen Plantagen setzen seit Jahren eher auf die zurzeit profitableren Ölpalmen und haben Kautschuk reduziert oder aufgegeben. Nun versucht der Staat, den Latexfluss über das 2022 gestartete »Rubber Industry Transformation Project« wieder anzukurbeln. Dieses bietet Anreize für die Produktion und soll das Einkommen der kleinen Kautschukbauern verbessern. Wie träge das System jedoch auch im Bereich der Arbeitskräfte ist, zeigt die Tatsache, dass zwei Jahre nach Beginn des Projekts immer noch fast die Hälfte der kleinbäuerlichen Kautschukflächen ungenutzt bleibt, weil Familienmitglieder in der letzten Krise abgezogen sind und nun Zehntausende von Arbeitern fehlen.[475]

NUR EINE FRAGE DER ZEIT?

Die Wachstumsprognosen für den globalen Reifenmarkt zeigen, dass der Bedarf an Naturkautschuk weiter steigen wird – und dies mit hohen Zuwachsraten. Es gäbe Möglichkeiten, um Naturkautschuk zu sparen, zum Beispiel indem man die Pneus nicht vorzeitig wechselt, sondern sie bis zur gesetzlichen Mindestprofiltiefe fährt oder man den Anteil an Naturkautschuk bei den Pneus senkt. Um die damit verbundenen höheren Risiken auszugleichen, setzen beide Möglichkeiten eine Anpassung der Fahrweise voraus.

Diese Überlegungen sind allerdings nur relevant, wenn die Schädlingssituation in Asien stabil und insbesondere der *Microcyclus*-Pilz unter Kontrolle bleibt. Sollte der Schädling trotzdem eines Tages in asiatischen oder afrikanischen Kautschukplantagen auftauchen, wäre die Weltwirtschaft vor eine enorme Herausforderung gestellt. Von heute auf morgen müssten interkontinentale und Flüge innerhalb Asiens oder Afrikas eingestellt werden. Auch andere Transporte wären beeinträchtigt, bis seuchenhygienische Kontroll- und Schutzmaßnahmen etabliert wären.

Die Erfahrungen der USA mit dem Zusammenbruch der Kautschukversorgung im Zweiten Weltkrieg könnten erste Leitlinien für Gegenstrategien bieten. Neben den Spar- und Substitutionsmaßnahmen auf der Verbraucherseite würde Amazoniens alter Glanz wieder aufblitzen. Die genetischen Forschungen von Richard Evans Schultes und seinen Botaniker-Kollegen würden aus den Archiven gehoben – soweit sie noch vorhanden sind – und neue Forschung würde sich mit der Anlage von *Hevea*-Pflanzungen in Amazonien und Lateinamerika befassen.

In Asien müsste sich die Forschung neu fokussieren. In den vergangenen hundert Jahren hat sie es geschafft, die Produktivität in Kautschukplantagen von 600 auf 2500 Kilogramm pro Hektar und Jahr hinaufzuschrauben[476], und dies weitgehend auf der schmalen genetischen Basis, welche die Wickhamsamen bieten. Nun ginge es auch in Asien darum, mit genetischen und weiteren Maßnahmen Resistenzen gegen *Microcyclus* herauszubilden. Dazu müsste die asiatische Forschung auch Erkenntnisse aus der Resistenzforschung einbeziehen, denn bereits die Erfahrungen in den Ford-Plantagen haben gezeigt, dass produktive Sorten besonders anfällig für *Microcyclus* sind. Sicher ist: Naturkautschuk bleibt ein essenzieller Rohstoff, was der Allgemeinheit wenig bewusst ist und auch viele Wirtschaftsverantwortliche nicht auf dem Radar haben.

MAHAGONI

BAUM DES LUXUS

Das imposante Baumwesen empfängt einen wie mit riesigen, offenen Armen. Die Wurzeln beginnen oben am Stamm auf drei oder vier Metern, sinken dann sanft ab und mäandern schließlich auf alle Seiten am Boden entlang, bis sie, weit weg vom Baum, in die Erde eintauchen. Der Baum hat einen Namen: »La Reina«. Die »Königin« ist ein Mahagonibaum mit einem Durchmesser von immer noch zwei Metern oberhalb der Wurzelanläufe und einer Höhe von gut 25 Metern. (Bild: La Reina ↪ Seiten 250, 251)

La Reina lebt in Noh Bec, etwa 150 Kilometer nordwestlich von Chetumal, der Hauptstadt des mexikanischen Bundesstaates Quintana Roo auf der Halbinsel Yucatán. Das *Ejido*, die Dorfgemeinschaft Noh Bec, bewirtschaftet etwa 24 000 Hektar Wald; ein großes Stück rund um die Königin herum ist als Reservat ausgeschieden. Dort stehen neben La Reina weitere eindrückliche Mahagonibäume, aber auch andere Arten. Dieser Waldteil gilt als sehr alt, La Reina lebt seit mindestens 700 Jahren hier, lange bevor das Spanische Königreich das heutige Mexiko erobert hatte.

Mahagoni gehört global zu den bekanntesten Baumarten der Regenwälder Zentral- und Südamerikas und wird oft als Charakterart für Urwälder wahrgenommen. Darum steht diese Baumart und ihr edles Holz auch regelmäßig im Fokus der Debatte, ob eine nachhaltige Nutzung von Tropenwäldern möglich ist oder ob Nutzung automatisch Zerstörung bedeutet. Doch Mahagoni ist keine typische Baumart ungestörter Primärwälder, also von Wäldern, die seit Jahrhunderten nicht mehr von Menschen oder Naturgewalten berührt und beeinflusst wurden. Mahagoni ist vielmehr eine Lichtbaumart, die in ihrer Jugend keine Überschattung erträgt, sondern offenen Himmel über sich benötigt, um schon als Keimling mit bis zu einem Meter pro Jahr in die Höhe wachsen zu können.

Speziell in Zentralamerika wächst Mahagoni sozusagen im Auge des Hurrikans und ist dort regelmäßig mit heftigen Stürmen konfrontiert. Die ausgedehnten Brettwurzeln verleihen dem Baum jedoch eine hohe Standfestigkeit. Im August 2007 trifft der Hurrikan »Dean« mit Windböen von 320 Kilometern in der Stunde praktisch auf der Höhe von Noh Bec auf die Küste Yucatáns. Der Wald des Ejido wird kurz und klein geschlagen, und die Bauern befürchten auch für das Reservat das Schlimmste. Doch La Reina und viele ihrer alten Genossen haben den Sturm überlebt und sind stehen geblieben.

Auf Yucatán verjüngt sich Mahagoni vor allem dann, wenn Wirbelstürme und anschließende Feuer den Wald großflächig niedermachen.[477] Aber auch auf die Dynamik, welche die Kulturtätigkeit indigener Menschen mit sich bringt – zum Beispiel eine temporäre Rodung, um Mais oder Tapioka aufzuziehen – reagiert Mahagoni mit natürlicher Verjüngung. Mahagoni ist also auch ein Kulturfolger, ähnlich wie in Europa die Eichen, die sich einst als Folge der jungsteinzeitlichen Agrarrevolution mit Ackerbau, Viehhaltung und der Mithilfe der Bauern immer wieder weit in das natürliche Verbreitungsgebiet der Buche auszudehnen vermochten.

Mahagoni ist in vielem einzigartig. Der Wert des Holzes übersteigt mit Ausnahme von Teak und einigen Klanghölzern für Musikinstrumente den Wert jeder anderen Holzart um ein Vielfaches. Dabei ist Mahagoni stets für teure Güter eingesetzt worden: zuerst für spanische Kriegsschiffe, dann für Möbel der gehobenen Klasse und heute für Luxusboote. Versuche, Übernutzung und Handel zu kontrollieren, scheitern regelmäßig an der enormen Ausdehnung des Verbreitungsgebietes der Baumart, zu dem auch die Unendlichkeit der Amazonaswälder gehört, und an der latenten Illegalität, welche in derart großen Waldräumen herrscht.

Sein Lichthunger und sein schnelles Wachstum machen Mahagoni zu einem hervorragenden Baum für Plantagen. Mahagoni wird in Südostasien oder auf den größeren pazifischen Inseln angebaut, zum Teil in ausgedehnten Plantagen. Vielerorts hat sich die Baumart gut eingelebt. Auf einigen Hawaii-Inseln gilt sie als naturalisiert. Aus Fidschi und den Philippinen wird gar berichtet, dass die Baumart invasive Tendenzen hat. Es ist also davon auszugehen, dass sich Mahagoni aufgrund einer übermäßigen natürlichen Verjüngung negativ auf die einheimische Pflanzen- und Tiervielfalt auswirken könnte.

Das Holz von Mahagoniplantagen ist etwas heller und seine Dimensionen sind bescheidener als bei Holz aus natürlichen Wäldern. Dafür sind in Südostasien oder im Pazifik gepflanzte Bäume nicht dem Triebbohrer *Hypsipyla grandella* ausgesetzt. Diese *Hypsipyla*-Art, ein Falter, dessen Raupen die Endtriebe von Mahagoni und verwandten Gattungen befallen, kommt im natürlichen Verbreitungsgebiet von Mahagoni häufig vor. Plantagen in Lateinamerika werden regelmäßig befallen, was zu übermäßiger Verzweigung, einer verkrümmten Stammachse und oft sogar zum kompletten Wertverlust des Holzes führt.

Die breite ökologische Nische, in der die Baumart zu gedeihen vermag, verleiht Mahagoni ein großes Potenzial für die Zukunft. Mahagoni kommt in immergrünen Wäldern ebenso vor wie in saisonal trockenen Regenwäldern, und in Letzteren kann er sich selbst im trockeneren Segment behaupten. Diese breite Toleranz bezüglich Wasserversorgung ist eine wichtige Eigenschaft für die Zukunftsfähigkeit im Klimawandel, von dem stark schwankende Niederschläge zu erwarten sind.

Auch bezüglich des Bodens nutzt Mahagoni ein weites Spektrum, das er besiedeln kann. Der Baum findet sich auf staunassen Auenböden ebenso zurecht wie auf trockenem Kalkstein oder verarmten Regenwaldböden. Mit allem, was dazwischen ist – saure Böden auf Urgestein oder alkalische Erden auf Kalk – kann Mahagoni umgehen. Am besten wächst die Art natürlich auf tiefgründigen, gut belüfteten und nährstoffreichen Böden.[478]

RIESEN IM REGENWALD, ZWERGE IM TROCKENWALD

Der botanische Name von Mahagoni ist *Swietenia* und geht auf den niederländischen Apotheker und Arzt Gerard van Swieten zurück[479]. Der Holländer wird 1745 nach Wien an den Kaiserhof berufen und steigt dort zum Leibarzt von Maria Theresia auf, der Erzherzogin von Österreich und Königin von Ungarn und Böhmen. Van Swieten erwirbt sich auch einen Ruf als Aufklärer und Kämpfer gegen den Aberglauben, speziell mit seinen Untersuchungen zum Vampirismus in Mähren. Der Vampirjäger im Roman *Dracula*, Professor van Helsing, soll den holländischen Arzt zum Vorbild haben, und van Helsing wiederum liegt wohl der Figur des Professor Abronsius im Film *Tanz der Vampire* zugrunde.

In Wien ist van Swieten auch pflanzenkundlich aktiv, er legt unter anderem den botanischen Garten der Universität Wien an und holt seinen Landsmann Nikolaus von Jacquin als dessen Leiter nach Österreich. Es ist von Jacquin, der auf einer Karibikreise in den späten 1750er-Jahren Mahagoni mit dem wissenschaftlichen *Swietenia* versieht, als Ehrung an seinen Landsmann, der ihn nach Wien berufen hatte.

Personen-Ehrungen in der wissenschaftlichen Pflanzenbenennung sind damals häufig. Es ist die Zeit, in der Wissenschaftler damit beschäftigt sind, Pflanzen und Tiere in die Nomenklatur des schwedischen Naturforschers Carl von Linné einzuordnen, und für jedes Wesen einen Gattungs- und Artnamen festzulegen. Mit der Namensnennung soll die Erinnerung an verdiente Personen der Wissenschaft wachgehalten, oder auch den aristokratischen Gönnern und Mäzenen für die finanzielle Unterstützung gedankt werden.[480]

Unter dem Gattungsnamen *Swietenia* werden schließlich drei Arten eingereiht. Allerdings bleibt die Unterscheidung von zwei Arten lange unklar. Diese gelingt erst dem Botaniker Georg King, der seit 1871 den Botanischen Garten in Kalkutta, dem heutigen Kolkata, führt. King erhält im Jahr nach seinem Amtsantritt Mahagoni-Pflanzmaterial, das aus Honduras stammt und über die *Royal Botanical Gardens* in Kew nach Kalkutta gelangt ist.

Jahre später kann King die aufwachsenden Bäume mit einer viel älteren Mahagoni-Pflanzung in seinem Garten vergleichen und stellt fest, dass die beiden Gruppen »sehr unähnlich« sind.[481] Es ist King, der – weit weg von der Heimat der beiden Baumarten – erstmals zwischen *Swietenia mahagoni*, dem Westindischen Mahagoni, und *Swietenia macrophylla*, dem Amerikanischen Mahagoni, unterscheiden kann. Ein einfaches Differenzierungsmerkmal ist die Anzahl der Blattpaare am Blattstil: Der Westindische Mahagoni hat vier, während es beim Amerikanischen fünf oder sechs Blattpaare sind. (Bild: Amerikanischer Mahagoni, frisches Laub ↪ Seite 249)

Zu diesen beiden Arten kommt als dritte Art *Swietenia humilis*, der Pazifische Mahagoni hinzu. *Humilis* bedeutet »niedrig, kleinwüchsig«, denn die Art wächst deutlich weniger hoch als die beiden anderen. Ihr Verbreitungsgebiet verläuft in einem schmalen Streifen entlang der Pazifikküste vom mexikanischen Bundesstaat Sinaloa hinunter bis in die Provinz Guanacaste im Nordwesten von Costa Rica. Standorte von *Swietenia humulis* sind Trockenwälder an felsigen Hügeln und in Savannen.

Es ist der Amerikanische Mahagoni, der zum eingangs geschilderten Regenwald-Riesen heranwachsen kann, und wenn wir heute von Mahagoni sprechen, denken die meisten an diese Art. Sie ist von den drei Mahagoniarten diejenige mit dem weitesten natürlichen Verbreitungsgebiet in Lateinamerika. Die nördlichsten Vorkommen finden sich in den Atlantikregionen von Mexiko, inklusive weiter Gebiete im östlichen und südlichen Yucatán.

Das natürliche Wuchsgebiet des Amerikanischen Mahagoni läuft dann, ebenfalls auf der Atlantikseite, durch die zentralamerikanischen Länder in den südamerikanischen Kontinent hinein. Dort folgt es dem Fuß des Andenbogens durch Venezuela, Kolumbien, Ecuador und Peru. Im südlichen Amazonasbecken streift es Bolivien und biegt dann als breite Sichel Richtung Osten ab, durch das südliche Amazonasgebiet bis hinüber auf die Ostseite des Kontinents, weit in den brasilianischen Staat Pará hinein. Das Verbreitungsgebiet allein in Amazonien umfasst circa anderthalb Millionen Quadratkilometer[482], etwa dreimal die Fläche von Spanien[483].

Dieses Wuchsgebiet des Amerikanischen Mahagoni befindet sich im Bereich des Regenwaldes, wobei der größte Teil in halbimmergrünen Regenwäldern liegt. Dort treten im Jahresverlauf regenarme Phasen auf, in denen Individuen der obersten Baumetage ihr Laub abwerfen, während die unteren Schichten grün bleiben. Der Amerikanische Mahagoni wächst hier ganz oben mit, und in der Regel überragt seine Krone das übrige Blätterdach. Auf guten Standorten können es riesige Individuen sein, die meist weit entfernt voneinander leben.

Der Westindische Mahagoni, dessen Holz vom 17. bis zum 19. Jahrhundert die eigentliche Mahagoni-Manie ausgelöst hat, ist nicht von geringerer Bedeutung als der Amerikanische Mahagoni. Leider ist diese Manie jedoch so weit gegangen, dass der Westindische Mahagoni als eine der global ersten Baumarten in die ökonomische Erschöpfung getrieben worden ist. Das bedeutet, dass zwar noch verstreut Bäume überlebt haben, dass sich deren Nutzung jedoch nicht mehr lohnt.

Wie angedeutet, haben es die Geschichte und die europäischstämmigen Menschen, die diese Geschichte in den vergangenen 600 Jahren hauptsächlich angetrieben haben, mit allen drei Mahagoniarten nicht gut gemeint. Der Westindische ebenso wie der Amerikanische Mahagoni (den Pazifischen thematisieren wir in diesem Baumporträt nicht weiter) werden in ihren natürlichen Vorkommen seit Jahrhunderten geradezu gejagt. Und in den natürlichen Verbreitungsgebieten beider Arten ist eine nachhaltige Bewirtschaftung bisher sehr selten.

Vielmehr gleichen die Nutzungen von Mahagoniholz in den natürlichen Vorkommen fast immer eher Bergbau-Operationen, sie erfolgen meist unkontrolliert und sind heute auch oft illegal. Häufig finden sie im Vorfeld von Rodungsfronten statt, die Wald früher in Zuckerrohrplantagen verwandelt haben und heute in Viehweide oder Sojafelder »umnutzen«. Dabei wären beide Mahagoniarten waldbaulich gut handhabbar und ließen sich als Mischbaumart in Wäldern oder in Kombination mit landwirtschaftlichen Nutzpflanzen sehr gut nachhaltig bewirtschaften.

MAHAGONI ALS KULTURFOLGER BEI DEN MAYAS

Eine der wenigen Regionen, wo nachhaltig mit dem Amerikanischen Mahagoni gearbeitet wird, ist der südliche Teil des mexikanischen Bundesstaates Quintana Roo, wo auch Noh Bec liegt. Hier leben indigene Maya-Völker, Nachfahren der hoch entwickelten Maya-Zivilisation, die sich um 900 nach Christus in ihrer klassischen Form aufzulösen begann. Acht Monate lang, von Mai bis Januar, herrscht hier Regenzeit, vier Monate ist es trocken. Quintana Roo ist über weite Strecken ein ebenes Kalksteinplateau mit flachgründigen, steinigen Böden.

Entscheidend für Mahagoni und viele andere Arten in klimatisch ähnlichen Zonen von Mexiko, Belize, Honduras und Guatemala sind zwei starke Kräfte: Tropenstürme und die Wirtschaftsweise der Maya, die über Jahrtausende entstanden ist und auch heute noch die Ernährung der ländlichen Bevölkerung sichert. Wie 2007 mit »Dean« wird Quintana Roo regelmäßig von tropischen Zyklonen heimgesucht, die Hunderte Kilometer breit große Teile der Waldvegetation niederwalzen können.[484] Wenn auf derartige Ereignisse Trockenjahre folgen, kann sich das Sturmholz entzünden. Die Feuer können über Hunderttausende Hektar wüten.[485]

Der Amerikanische Mahagoni hat sich an diese Standortfaktoren auf vielfältige Weise angepasst. Die Brettwurzeln sind im Kalk verankert, verleihen Standfestigkeit und machen die Baumart resistenter gegen Windfall. Die Kronen ragen zwar aus dem Blätterdach des übrigen Waldes heraus, bieten mit den wenigen Ästen jedoch wenig Widerstand. Auch die Verjüngungsstrategie von Mahagoni ist eine Anpassung an Starkwinde und Feuer. Die birnenartig geformten Kapselfrüchte stehen kurz gestielt auf den Ästen. Wenn die Regen- und Hurrikan-Saison im Mai beginnt, reißt die verholzte Hülle von unten her in vier oder fünf Segmente auf und bildet eine Art Schirm. Darunter liegen die geflügelten, rotbraunen Samen, ziegelartig aufgeschichtet. Diese werden nun frei, und starke Winde können sie Schicht um Schicht weitherum verteilen.[486] (Bild: Westindischer Mahagoni, Hülle, Samen ↪ Seite 249)

Mahagonisamen leben nur wenige Monate und benötigen viel Licht zum Keimen. Auch an der prallen Sonne gehen die Samen auf. Die Keimlinge versuchen, eilends über das Sturmholz hinaus zu wachsen und ihre Blätter unter freiem Himmel zu entfalten. Für die natürliche Verjüngung von Mahagoni ist dies ein entscheidender Moment, denn die Samen haben nur diese eine kurze Zeit, um zur Keimung zu gelangen. Wo sie in bestehenden Wald einfliegen, mögen sie zur Keimung kommen, sterben jedoch im Schatten bald ab. Diverse Untersuchungen zeigen für das gesamte natürliche Verbreitungsgebiet, dass Mahagonipflanzen im Unterwuchs erwachsener Wälder kaum vorkommen.[487]

Auch für Yucatán gilt, dass große Mahagonibäume in der Regel weit voneinander entfernt wachsen, etwa ein Exemplar auf der Fläche eines Fußballfelds. Nach großflächigen Störungen jedoch können sich hier gemischte Baumbestände mit bis zu 50 Mahagonibäumen pro Hektar einstellen, die nach wenigen Jahrzehnten Durchmesser von 30 bis 40 Zentimetern aufweisen.[488] (Bild: Amerikanischer Mahagoni, Sämlinge ↪ Seite 252)

Ein anderes Beispiel, wie sich Mahagoni als Lichtbaumart zu dichteren Beständen entwickeln kann, zeigt sich in Venezuela. In den östlichen Llanos, die zur Schwemmebene des Orinoco gehören, gab es um 1810 ausgedehnte Rinderweiden und eine blühende Landwirtschaft. Befreiungs- und Bürgerkriege haben die Gegend dann entvölkert, der Wald hat Felder und Weiden zurückerobert und konnte seine Ausdehnung bis 1950 verdoppeln.[489] Viele der neu eingewachsenen Waldflächen waren reich an Mahagoni, der sich auf den Kriegsbrachen ansiedeln konnte.

Aber auch viel kleinere Störungen kommen Mahagoni entgegen. Im Süden von Quintana Roo zum Beispiel bewirtschaften die Maya das Land seit Jahrtausenden im *Milpa*-Verfahren, einer ausgeklügelten Wirtschaftsweise, in der sich Feld- und Waldnutzung in einem jahrzehntelangen Zyklus immer wieder abwechseln. Dieser beginnt mit kleineren Flächen, die in den Wald gebrannt werden. Einzelne Baumarten, die für die Ernährung oder andere Produkte wichtig sind, bleiben verschont. Ein Beispiel ist der Brotnussbaum (*Brosimum alicastrum*), ein Verwandter des Feigenbaums mit rotem Fruchtfleisch und Samen, die kastanienartig schmecken.

In die mineralstoffreiche Asche bringen die Maya Mais, Kürbisse, Bohnen und weitere Nahrungspflanzen ein, die raffiniert aufeinander abgestimmt sind. Am Mais ranken sich Bohnen hoch. Die Bohnen ihrerseits verfügen über bakterienbesetzte Wurzelknöllchen, die Stickstoff aus der Luft fixieren, der wiederum

Mais und Kürbissen als Dünger dient. Die ausladenden Blätter der Kürbisse decken den Boden ab, verhindern Erosion oder Austrocknung und halten mit ihrem Schatten unerwünschte Pflanzen in ihrer Entwicklung zurück.

Zwei oder drei Jahre kann eine Milpa landwirtschaftlich genutzt werden. Danach lassen sich die Pflanzen des Waldes nicht mehr mit vernünftigem Aufwand zurückdrängen. Der aufkommende Wald wird von den Maya mit Samen und Setzlingen von Pflanzen angereichert, die später einmal zu ihrer Nahrung oder sonstigen materiellen Bedürfnissen beitragen.

Wenn im neuen Wald erwünschte Pflanzen bereits vorhanden sind, sorgen die Maya-Bauern durch entsprechende Pflege dafür, dass diese nicht von anderen Arten überwachsen werden. In der bewaldeten Phase erwünscht ist zum Beispiel der Chiclebaum (*Manilkara chicle*), dessen Saft schon die alten Maya als Durststiller und zur Erfrischung des Atems schätzten. Erwünscht ist auch Mahagoni, dessen Samen auf den offenen Milpas ideale Bedingungen finden. Die alten Maya haben Mahagoni nicht nur für die oft aufwendigen Bauten genutzt, sondern auch zum Bau seetüchtiger Kanus[490], mit denen sie weit hinaus in den Atlantik bis zu den großen Antilleninseln fuhren und Honig oder Jade handelten.

MAYAWÄLDER – JAHRTAUSENDEALTE GÄRTEN

Das Milpa-Nutzungssystem hat eine jahrtausendealte Tradition, und es unterscheidet sich grundlegend von der Landbestellung in gemäßigten Breiten. Als die Spanier Mitte des 16. Jahrhunderts nach Yucatán kommen, nehmen sie die Tropenwälder als Wildnis, als verworrene, undurchdringliche grüne Hölle wahr, wollen den Mayas die Milpa-Wirtschaft verbieten und eine Landwirtschaft auf offenen Flächen durchsetzen. Doch dazu sind die flachgründigen und steinigen Kalkböden Yucatáns ungeeignet. Die alten Maya haben weder Eisen noch Pflüge und darum auch keine Zugtiere.[491] Sie nutzen einen Pflanzstock, Steinwerkzeuge und Feuer, das sie präzise kontrollieren, mit Breschen und Feuerwächtern, je nach Wind, Temperatur und Tageszeit.[492] Feldarbeit geschieht von Hand und widmet sich jeder Pflanze individuell.

Die traditionellen, präkolumbischen Bewirtschaftungsstrategien der Maya beeinflussen diese »Wildnis« als Ganzes. Der Mensch wirkt seit alters her als bedeutende gestalterische Kraft im Wald, und seine zyklische Bevorzugung und Beeinflussung der Pflanzen schafft im Wesentlichen eine domestizierte Landschaft.[493] Forschende wie die Archäologin Anabel Ford, die sich intensiv mit den

Wirtschaftsstrategien der Maya befasst hat, fassen den Mayawald als Garten auf, den die heutigen Maya von ihren Vorfahren geerbt haben.[494] In einem Kreislauf wird der Wald immer wieder zur Milpa, die sich erneut zurück zu Wald entwickelt, mit jeder Familie, jeder Generation, seit Jahrhunderten und Jahrtausenden.[495]

Die Sicht auf die Wälder als ererbten Garten wird durch Pflanzendaten aus archäologischen Untersuchungen gestützt. Diese belegen, dass zu Beginn der klassischen Maya-Zivilisation vor 2000 Jahren dieselben Arten und in ähnlichen Anteilen vorkamen, wie sie in den heutigen Wäldern vorhanden sind.[496] Auf der Zeitachse betrachtet, simuliert der Milpa-Zyklus die verschiedenen aufeinanderfolgenden Sukzessionsschritte, welche die Wälder ganz ähnlich zum Beispiel nach Sturmschäden durchlaufen. Auf der Fläche sind die Milpas in ihren verschiedenen Stadien ein integraler Bestandteil einer vielfältigen, komplexen Kulturlandschaft.

Minimale Maßnahmen lenken die Waldentwicklung im Sinne ihrer Bewirtschafter. Die frühen Eingriffe sehen die Maya als Investitionen, die den Wald später zu einem Garten mit wertvollem Obst, Gewürzen und Bauholz machen – und von dem vielleicht erst die Kinder oder Enkel profitieren.[497] Die Kulturgeschichte der Maya und die Naturgeschichte ihres Waldes haben sich gemeinsam entwickelt und gegenseitig beeinflusst.[498] Die Pflanzenarten des Mayawaldes sind diejenigen, die während der Milpa-Phasen von Generation zu Generation gefördert worden sind. Dies klingt in der heutigen Artenzusammensetzung des Waldes nach.[499]

Wie bedeutend die Maya-Zivilisation in der späten klassischen Periode zwischen 250 und 900 nach Christus war, kulturell wie in ihrer Ausdehnung, zeigen die regelmäßigen Medienberichte in den letzten Jahren über neu entdeckte Siedlungsstrukturen im »Urwald«. Ermöglicht wird dies vor allem durch die LIDAR-Technik, bei der mit Lasern aus Flugzeugen durch das Blätterdach des Waldes »gesehen« und die Feintopografie unter dem Blätterdach des Waldes bis zu den Fundamenten einfacher Hütten dargestellt werden kann.

Viele Fundorte sind seit Längerem bekannt, doch jüngste LIDAR-Auswertungen dokumentieren die spektakulären Ausmaße städtischer Zentren und die hohe Dichte kultureller Strukturen. Dies gilt auch für den Süden der mexikanischen Bundesstaaten Campeche und Quintana Roo, die auf den archäologischen Karten bis vor Kurzem weitgehend weiße Flecken waren.[500] Die Lidar-Scans zeigen nun, dass auch in diesen Wäldern ein dichtes Netzwerk aus Siedlungen, landwirtschaftlichen Terrassen, Bewässerungskanälen sowie erhöht angelegten, auch während der Regenzeit begehbaren Verbindungsstraßen, verborgen liegt.

Inwiefern hat der Wald auch in der Maya-Klassik zur Nahrungsversorgung einer Bevölkerung beigetragen, die wohl Millionen zählte? Diese Frage wird heute viel diskutiert, vor allem vor dem Hintergrund des Niedergangs der klassischen Periode vor rund einem Jahrtausend sowie der Gründe, die zu diesem allmählichen Verfall geführt haben. Waren es Kriege oder mehrjährige Dürreperioden, war zu wenig Nahrung für eine stetig wachsende Bevölkerung der Grund, mit Waldzerstörung als eine der Folgen?

Zweifellos ist der Wald in der geradezu bauwütigen Maya-Klassik stellenweise unter Druck gekommen, darauf weisen zum Beispiel die Dimensionen von hölzernen Türstürzen in den Tempeln von Tikal hin, einer der mächtigen Maya-Städte, die im heutigen nördlichen Guatemala liegt. Diese Türstürze werden im 8. Jahrhundert laufend kleiner, und es findet sogar ein Wechsel bei der bevorzugten Holzart statt.[501] Andererseits zeigen Pollenanalysen aus Dos Pilas, einer schon früh aufgegebenen Stadt, dass der Wald dort durchaus intakt war. Am gleichen Ort sind letztens Inschriften entdeckt worden, die auf Kriege mit benachbarten Städten hinweisen. Die Wissenschaft geht heute eher davon aus, dass Änderungen im Machtgefüge zwischen den vielen Stadtstaaten und nachfolgend ein Zusammenbruch der politischen Institutionen und der sozialen Ordnung die Bevölkerung dazu gebracht haben, die Städte zu verlassen.[502]

Der Mayawald hat sich auch in dieser Zeitepoche mit einer tiefgreifenden Umgestaltung von Gesellschaft und Landschaft als lebensfähig und genügend robust erwiesen, um weitere tausend Jahre bis heute seine Aufgaben zu erfüllen. Nach wie vor ernährt er große Teile der ländlichen Bevölkerung, trägt zur Erhaltung der Biodiversität bei, die durch seine Bewirtschaftung mitgeformt wurde, und ist auch für die heutigen Maya Teil ihrer kulturell-spirituellen Identität: Dass »La Reina«, der jahrhundertealte Mahagoni, auch den Hurrikan »Dean« überlebt hat, passt in die Kosmologie der Maya und stärkt das Selbstverständnis der Menschen in Noh Bec. Sie nehmen ihren Wald letztlich als unzerstörbare Wesenheit wahr – trotz oder gerade wegen der fortwährenden Dynamik, von der die Menschen selber ein Teil sind.

Vor Kurzem ist die Wirtschaftsweise der Maya international ausgezeichnet worden. Die Ernährungs- und Landwirtschaftsorganisation der Vereinten Nationen FAO hat 2022 die Wirtschaftsform der Milpas in die Liste des globalen landwirtschaftlichen Kulturerbes aufgenommen, als agroforstliches System, das auf waldfreundliche Praktiken setzt, in der die Identität der lokalen Gemeinschaften verankert ist und das seit mindestens 3500 Jahren Nahrung und Lebensgrundlagen für die Menschen auf der Halbinsel Yucatán bereitstellt.[503]

NACHHALTIGE BEWIRTSCHAFTUNG VON MAHAGONI DURCH EJIDOS

Im Süden von Quintana Roo hat die intensive Störungs- und Nutzungsgeschichte auch dazu geführt, dass Mahagoni heute relativ häufig ist.[504] Er kommt in kleineren Gruppen vor, in der Regel jedoch ist er einzeln in den Wald eingestreut und wird, zusammen mit anderen Baumarten, auch genutzt. In Quintana Roo erfolgt die Bewirtschaftung des Waldes im Rahmen von Dorfgemeinschaften, den sogenannten *Ejidos*, wie das Ejido Noh Bec eines ist. 2005 wird dieses Modell in Quintana Roo auf über 700 000 Hektar Wald angewandt.[505]

Nach mexikanischem Recht haben die Ejidos das Recht, Entscheidungen zu treffen und für sich Erträge aus ihrem Wald zu generieren. Dazu benötigen die Ejidos Waldwirtschaftspläne, die zusammen mit dem staatlichen Forstdienst erstellt werden, der auch die Umsetzung kontrolliert.[506] Darin werden das Ausmaß und die Arten des nachhaltigen Holzschlags bestimmt und Bewirtschaftungsvorschriften festgehalten. So beträgt die Rotationsdauer, das heißt die Zeit zwischen zwei Holzschlägen im selben Waldstück, 25 Jahre. Zudem werden für alle Baumarten Mindestdurchmesser festgelegt. Die Ernteintensitäten sind niedrig, gefällt werden wenige Bäume pro Hektar. Quintana Roo produziert jährlich um die 8000 Kubikmeter Mahagoni.[507]

Das genehmigte jährliche Erntevolumen von Mahagoni wird normalerweise voll genutzt und verkauft. Einige der Ejidos betreiben eigene Sägewerke, sodass auch ein Teil der Wertschöpfung bei ihnen bleibt. Zusätzlich verkaufen Ejidos Eisenbahnschwellen aus anderen Arten mit dauerhaftem Holz. Einkommen entsteht auch aus der Ernte und dem Verkauf von Baupfählen, Palmblättern für Dächer und Honig. Auch *Chicle*-Saft ist nach wie vor im Geschäft. Zwar besteht Kaugummi heute vorwiegend aus synthetischen Polymeren, doch Fair Trade und Bioprodukte nutzen nach wie vor *Chicle*-Gummi. Dies trägt mit zur Erhaltung und nachhaltigen Bewirtschaftung der Wälder bei und zur Förderung der indigenen Gemeinschaften.

STEIGENDE NACHFRAGE NACH DEM GOLDENEN HOLZ

Der Umgang der Maya mit Wald und Mahagoni ist, wie erwähnt, eine Ausnahme in der langen Geschichte dieser Bäume, die gleichzeitig die Geschichte der Plünderung einer natürlichen Ressource ist. Von Mahagoni hat die europäische Welt erstmals durch Christoph Kolumbus erfahren. Er ist auf seiner ersten Reise nach »Indien« 1492 auf Hispaniola gelandet, wo seine Leute ein Holzkreuz aufstellen. Es markierte den Ort, an dem später die Kathedrale von Santo Domingo entstehen wird, und soll aus Mahagoni gefertigt gewesen sein.[508] Von seiner vierten Reise 1504 berichtet Kolumbus, dass er vor Yucatán ein großes Kanu gesichtet hat. Die Spanier beobachten später, dass die Mayas Mahagonistämme zu hochseetüchtigen Einbäumen aushöhlen[509]; ein solches Gefährt hat Kolumbus wohl gesehen.

Damit kommt bereits der allererste Europäer, der in der Neuzeit Boden in der Neuen Welt betritt, mit Mahagoni in Kontakt. Es lässt sich sogar mit großer Sicherheit sagen, dass Kolumbus auf beide der Mahagoniarten gestoßen ist, über die in diesem Porträt berichtet wird. Im Falle des Holzkreuzes auf Hispaniola handelt es sich um Westindischen Mahagoni, die Art, die auf den Großen Antillen heimisch ist. Die Kanus der Maya hingegen sind aus Amerikanischem Mahagoni, jener Art, die auf dem kontinentalen Zentral- und Südamerika zu Hause ist.

Beide Baumarten werden bald wesentlich zur Verwandlung der Welt beitragen, wie sie seit den Tagen von Kolumbus von den europäischen Kolonialmächten vorangetrieben wird. Dieser Teil der Kolonialgeschichte hat seinen Anfang im spanischen Einflussbereich, und – wenig erstaunlich – im Schiffsbau. Tatsächlich pflegen die spanischen Eroberer, die den Atlantik oft auf hölzernen Seelenverkäufern zweifelhafter Bauart überqueren, schon bald, ihre Schiffe mit Mahagoni auszubessern. 1629 gründet die spanische Marine im Golf von Mexiko, an der Mündung des Río Coatzacoalcos östlich von Veracruz, eine erste große Werft.[510]

Mahagoniholz ist wasserfest, resistent gegen Termiten und widersteht der Trockenfäule. Zudem kann es Kanonenkugeln absorbieren, ohne übermäßig zu splittern. Gegen den Schiffsbohrwurm ist Mahagoni nicht so resistent wie Teak, aber besser als Eiche und viel besser als Kiefer, welche die Spanier häufig als Schiffsplanken verbauen. Zum Verarbeiten ist Mahagoni ein Traum. Das Holz verzieht oder verdreht sich kaum. Es lässt sich problemlos sägen, bohren und hobeln, und es nimmt einen schönen, langlebigen Glanz an.

Beide Mahagoniarten, die bis weit ins 19. Jahrhundert nach ihrer Herkunft und nicht nach der botanischen Art unterschieden werden, sind auch ästhetisch überzeugend. Im Querschnitt zeigen sich deutliche Zuwachszonen, die durch trockene und feuchte Perioden bestimmt werden. Der Splint, das äußere, saftführende Holz, ist gelblich hell, das Kernholz dunkel und scharf abgegrenzt. Der Kern ist im Längsschnitt hellbraun bis rotbraun, mit einer Maserung aus helleren und dunkleren Streifen, die oft von einem nebelhaften Goldschimmer überzogen scheinen. Das Stammholz alter Bäume ist astfrei und regelmäßig gemasert. Holz im Bereich von Ast- oder Gabelstücken weist spektakulär wellige Muster auf.

Die neue Ästhetik ist es wohl auch, die zum ersten großen Einsatz von Mahagoniholz in Europa führt. Der spanische König Philipp II., der katholische Gegenspieler der englischen Königin Elizabeth I., lässt ab 1563 die royale Stätte »San Lorenzo de El Escorial« erstehen, eine monumentale Schloss- und Klosteranlage nordwestlich von Madrid. In großer Menge kommen edle Hölzer für die Gestaltung und Möblierung der Innenräume zum Einsatz. Während der ganzen Bauzeit treffen immer neue Ladungen ein, mit Mahagoni oder mit Guayacán, dem Lebensbaum.

Guayacán, mit botanischem Namen *Guaiacum sanctum*, stammt ebenfalls aus Zentral- und Südamerika. Guayacán wird auch *Lignum sanctum*, heiliges Holz, genannt, wobei Holz, Harz und Rinde für einen durchaus weltlichen Zweck verwendet wurden: zur Heilung der Syphilis in Form von Tinkturen, Tees oder Räucherungen. Woher die Krankheit stammt, ist umstritten, doch genetische Studien stützen die Vermutung, dass es sich um einen der wenigen unwillkommenen Importe aus Lateinamerika handelt[511], der bereits mit den zurückkehrenden Schiffen von Kolumbus nach Europa kam. Syphilis löst eine der ersten globalen Pandemien aus und verbreitet sich durch Handel und Kriege rasch und überall hin.

Für Mahagoni ist Spanien einige Zeit das hauptsächliche europäische Importland. Aus Spanien ist wohl auch jenes Mahagoni in die Niederlande gelangt, das Rembrandt van Rijn für das Porträt des Amsterdamer Handelsherrn Nicolaes Ruts verwendet hat. Das Bild des niederländischen Barockmalers wird auf das Jahr 1631 datiert. Es ist auf eine Mahagonitafel gemalt und über einen Meter hoch.[512] Das Bild gilt als eine der ersten Auftragsarbeiten von Rembrandt und belegt, dass das Holz aus den Tropen schon damals auch im nördlichen Bereich des spanischen Herrschaftsraums gehandelt wurde.

Ende des 16. Jahrhunderts kommen auch die Engländer mit Mahagoni in Kontakt. Walter Raleigh, ein englischer Freibeuter, muss auf einer seiner Fahrten nach Zentralamerika sein Schiff, das natürlich aus englischer Eiche besteht, überholen lassen. Sein Bootszimmermann entscheidet sich für Mahagoni[513], um morsche Planken zu ersetzen. Raleigh ist im Besitz eines Kaperbriefs von Königin Elizabeth I. Dieser verleiht ihm das Privileg, spanische Schiffe zu plündern, die reich beladen durch die Karibik zurück ins Heimatland segeln. Der Kaperbrief verpflichtet Raleigh, einen Teil der Beute an die britische Krone abzuliefern. Das Kapergeschäft schwächt die Spanier und stärkt die royale englische Kasse.

Ein weiteres Jahrhundert vergeht, bis die Engländer wiederum auf Mahagoni stoßen, wobei der Zugang zu diesem Rohstoff indirekt bereits zu Raleighs Zeiten eingeleitet wird. 1588 nämlich lässt König Philipp II., der Bauherr von El Escorial und Herrscher über das damals enorme spanische Imperium, seine *Armada* Richtung England segeln, um auch noch die Insel und anschließend – so sein Plan – die abtrünnigen holländischen Provinzen zu übernehmen. Die Armada ist mit 130 Schiffen die mächtigste Flotte, die bis dahin europäische Gewässer befahren hat. Doch die Engländer schlagen die Spanier bei Calais in die Flucht, und später wird die Flotte durch Stürme zerzaust und zusätzlich dezimiert (siehe Eiche, S. 59).

ZUCKER, RUM UND WESTINDISCHER MAHAGONI

Diese Ereignisse schwächen die Armada das ganze 17. Jahrhundert lang, denn der Bau eines Schiffes benötigt meist über ein Jahr. Das spanische Reich ist extrem gedehnt, und die Präsenz von Kriegsschiffen in der Karibik wäre zentral, um die Kolonien und speziell auch die »Carrera des Indias«, die Route der Silberflotte, zu schützen. Bereits 1522 bringen französische Freibeuter Schiffe von Hernán Cortés auf, die gefüllt sind mit Schätzen der Azteken. Darum ordnet der spanische König an, dass Handelsschiffe nur noch gemeinsam im Konvoi und begleitet von Galeonen der Armada durch die Karibik fahren dürfen.

Doch Spaniens Kriegsflotte hat nach den Verlusten bei Calais zu wenig Schiffe, um seine ausgedehnten Eroberungen in der Karibik und auf dem amerikanischen Festland ausreichend zu schützen. Das erleichtert es den Engländern, Franzosen und Holländern, in der zweiten Hälfte des 17. Jahrhunderts, immer tiefer in den spanischen Machtbereich einzudringen. 1655 nehmen englische

Truppen Jamaika im Handstreich. 1670 muss Spanien im Vertrag von Madrid England als neuen Besitzer der Karibikinsel anerkennen.

In den ersten 40 Jahren unter englischer Herrschaft ist Jamaika ein Piratennest und dient hauptsächlich als Basis für Freibeuter, die es auf spanische Galeonen abgesehen haben. Dies schwächt Spanien, was durchaus im Sinne von England ist. Ab 1700 beginnt sich die Karibikinsel dann zu einem wertvollen Besitztum der englischen Krone zu mausern. Die rasch wachsende Plantagenwirtschaft erzeugt Rohrzucker und Rum, später auch Kaffee.

Wie zuvor die Spanier bauen die englischen Plantagenbesitzer ihre Häuser vorzugsweise aus Mahagoni, und Schindeln aus dem wetterfesten Holz bilden die Dächer. Auch für Kirchen und öffentliche Gebäude ist Mahagoni die erste Wahl. Zeitgenossen berichten, dass sich Mahagoni entlang der Südküste, wo sich auch die Plantagen ausbreiten, in großer Menge findet.[514] Es ist Westindischer Mahagoni, der hier auf Jamaika wächst.

Es ist nur eine Frage der Zeit, bis das wunderbare Holz auch ins Blickfeld des britischen Mutterlandes gerät. 1721 hebt der englische »Naval Stores Act« die Zölle für Schiffsbedarf aus Amerika – etwa Eisen, Teer und natürlich auch Holz – auf. Ziel ist es, die Abhängigkeit der englischen Flotte von den traditionellen Lieferantenländern in Nord- und Osteuropa zu reduzieren.[515]

Auch Mahagoni gelangt nun zollfrei nach England. Der Import steigt rasch an, nicht zuletzt, weil das Holz in einer ersten Phase relativ günstig ist. Davon profitiert etwa Robert Walpole, der erste britische Premierminister, der diese Funktion während zwei Jahrzehnten bis 1742 bekleidet. Walpole beginnt 1722 in Norfolk, im äußersten Osten der britischen Insel, mit dem Bau von *Houghton Hall*, einem neuen Familiensitz. Im Innenausbau findet sich sehr viel Mahagoni in Form von Türen und Türrahmen, Täfelungen, Treppen und Geländer. Diese sind oft reich geschnitzt, was aus heutiger Sicht durchaus extravagant wirken mag. Die überlieferten Quittungen belegen jedoch, dass die Wahl von Mahagoni – sicher auch für Walpoles Gäste spektakulär – durchaus ökonomisch Sinn machte und nicht teurer war als die damals übliche Täfelung aus Eiche oder sogar Nussbaum.[516]

Rasch jedoch wird der Einsatz von massivem Mahagoni im Innenausbau unerschwinglich. Die geschwungenen Maserungen und reichen Farbtöne des Holzes erscheinen nämlich sehr geeignet für den Möbelbau. Einer der Ersten, der Mahagoniholz dafür nutzt, ist Robert Gillow, ein Tischler aus Lancaster an der englischen Westküste. Gillow macht sich einen Namen für Qualitätsmöbel und gründet um 1730 »Gillows of Lancaster«. Die Firma fertigt unter anderem ausziehbare Tische, als deren Erfinder Gillow gilt, und Gillows of Lancaster scheint in den 1760er-Jahren auch wesentlich an der raschen Verbreitung von Billardtischen beteiligt zu sein.[517]

Robert Gillow ist im Geschäft mit Jamaika direkt engagiert. Er besitzt Anteile an einem Handelsschiff, das zwischen England und der karibischen Insel verkehrt.[518] Transportiert werden Rohrzucker, Rum oder Baumwolle. Mahagoni, das er bei seinem Agenten auf Jamaika nach seinen Bedürfnissen auf Maß bestellt[519], wird als Ballast in den Kielbereich verfrachtet oder zwischen die übrigen Güter gelegt, um den teuren Stauraum möglichst auszunutzen.

Später wird Gillow Mitbesitzer der *Africa*, welche die Route zwischen England und Antigua fährt. Der Name weist darauf hin, dass dieses Schiff zuvor im Sklavenhandel eingesetzt wurde. Tatsächlich sind etliche Handelsschiffe aus Lancaster am sogenannten Dreieckshandel beteiligt. Sie fahren von England nach Afrika, um Sklaven einzuhandeln, in der Karibik verkaufen sie diese, und auf dem letzten Schenkel der Reise bringen sie karibische Produkte, auch Mahagoni, retour nach England.

Zucker und Mahagoni sind in der Neuen Welt eng mit der Sklavenwirtschaft verknüpft. Jahrtausendelang war Bienenhonig mengenmäßig der wichtigste Süßstoff in Europa, naturgemäß beschränkt vorhanden und damit teuer. Dann erobert der viel günstigere Rohrzucker den alten Kontinent im Sturm. Von Beginn an ist Zucker das Hauptprodukt der europäischen Kolonien in der Karibik. Der Anbau von Zuckerrohr ist arbeitsintensiv, was eine große Nachfrage an Arbeitskräften auslöst. Auf Jamaika ist die karibische Urbevölkerung bereits zu spanischer Zeit durch eingeschleppte Krankheiten und Zwangsarbeit stark dezimiert worden, sodass afrikanische Arbeitssklaven eingeführt werden. Es sind die Sklaven, die neue Plantagen in die Wälder roden sowie das Zuckerrohr bewirtschaften, und sie leisten auch die Arbeit beim Fällen und Transportieren von Mahagoni.

In der Herkunft der Sklaven könnte auch der Schlüssel für den populären Namen »Mahagoni« für *Swietenia* zu finden sein. Zwar ist es unsicher, woher der Begriff stammt, doch eine Erklärung leitet den Namen vom Ausdruck *M'Oganwo* ab, was in der Sprache des westafrikanischen Yoruba-Volkes »der Höchste der Bäume« bedeutet. Als Angehörige der Yoruba nach Jamaika verschleppt wurden, haben sie diese Bezeichnung mitgenommen[520], und mit der Zeit ist diese zum englischen *mahogany* verschliffen worden. Wir werden später noch sehen, dass im Lebensraum des Yoruba-Volkes diverse Baumarten wachsen, die mit den *Swietenia*-Arten botanisch verwandt und diesen von der Erscheinung her und in Details sehr ähnlich sind.

MAHAGONI – EINE ANGELSÄCHSISCHE OBSESSION

In einer ersten Phase sind es Mitglieder der Aristokratie bis hinauf ins Königshaus, in deren Schlössern und Landsitzen Möbel und Täfelungen aus Mahagoni in den Salons und Speisesälen für Furore sorgen.[521] Dann beginnt sich die Upper Class in Mahagoni einzurichten, und ebenso aufgestiegene Familien, die in den Kolonien zu Geld gekommen sind. Dazu gehören zum Beispiel die Lascelles, die späteren Earls of Harewood, die in der Karibik 11 000 Hektar Plantagen mit 30 000 Sklaven besitzen. Nördlich von Leeds lässt Edwin Lascelles Mitte des 18. Jahrhunderts Harewood House als Familiensitz errichten. Türen, Fensternischen oder die Handläufe der Treppenhäuser sind aus Mahagoni. Auch das separate Gangsystem eigens für die Bediensteten ist mit Wandschränken aus dem Tropenholz ausgekleidet.[522]

Die Möblierung in Harewood House stammt vom Kunstschreiner Thomas Chippendale, einem jüngeren Kollegen von Robert Gillow. Ein Beispiel von Chippendales Schaffen für Harewood ist die Diana-und-Minerva-Kommode. (Bild: Chippendale, Diana-und-Minerva-Kommode ↪ Seite 252) Chippendale beschäftigt in seinem Atelier in London Dutzende von Handwerkern. Der Meister revolutioniert die Innenausstattung. Er stimmt Möbel und Räume aufeinander ab, teilt die Schubladen mit Fächern auf, und die Füße seiner Möbel stellen eine geschnitzte Adlerkralle dar, die einen Ball umfasst. Seine Möbel wirken leicht und luftig, die Beine dank der Festigkeit des exotischen Werkstoffs filigran, ebenso die schlanken Sitzlehnen; und das Spaltmaß der Türen ist fein und regelmäßig.[523]

1754 legt Chippendale unter dem Titel *The Gentleman and Cabinet-Maker's Director* einen Katalog mit 160 Möbeldesigns auf, die von anderen Schreinern kopiert werden können. Das Buch fördert Chippendales Ausstrahlung und ist mit ein Grund für seinen Ruhm. Speziell in den nordamerikanischen Kolonien unterstützt es den Möbelbau und die Verwendung von Mahagoni, wo Chippendales Designs schon zu seinen Lebzeiten weitverbreitet, interpretiert und kopiert werden. Seine Designrichtung ist derart neu, dass sie auch den Namen seines Meisters erhält. Zuvor haben Möbelstile den Namen des jeweiligen Königs erhalten, der gerade an der Macht war.

Ab Mitte des 18. Jahrhunderts sind die modischen Stücke der Oberklasse auch für bescheidener Wohlhabende erschwinglich. Tische, Stühle, Schränke, Vitrinen, Kommoden, Bettstätten oder Pianos – in England wird nun von der Wiege bis zum Luxussarg alles aus Mahagoni gefertigt. Eine besondere Kategorie ist die »Campaign Furniture« – Möbel, welche die englischen Offiziere, Entdecker und sonstigen Reisenden in zusammenklappbarer Form mitnehmen. Im englischen »Golden Age« des Möbelbaus arbeiten Tausende von Schreinern, und das Geschäft funktioniert zunehmend wie eine Art dezentralisiertes Ikea des 18. Jahrhunderts.

Mahagoni-Produkte kommen auch in den Export. Robert Gillow nutzt seine Verbindungen in die Karibik dazu, Möbel für die Anwesen der englischen Plantagenbesitzer zu vermarkten, beispielsweise größere Mengen sogenannter Windsor-Stühle.[524] Damit überquert das Holz den Atlantik zum zweiten Mal. Das hat bereits etwas mit dem in unserer Zeit üblichen Export von Schweizer Buche als Rundholz nach Italien gemein, das dann als Designmöbel wieder zurückkommt – oder, noch eine Stufe globalisierter, mit deutscher und französischer Eiche, die nach China geht[525] und als Bodenparkett retour gelangt.

Jamaika wird gegen Mitte des 18. Jahrhunderts auch zum Trittstein für den englischen »Mahagoni Look« auf seinem Weg in die angelsächsischen Kolonien in Nordamerika. Vermutlich bringen Engländer, die aus Jamaika nach Amerika einwandern, ihre Möbel mit.[526] Zwar findet sich in Nordamerika, verglichen mit England oder Kontinentaleuropa, eine wesentlich größere Vielfalt an optisch ansprechenden und gut zu verarbeitenden Hölzern, etwa Schwarzer Nussbaum oder verschiedene Kirschbaumarten. Mahagoni hat jedoch einmalige Eigenschaften wie die Reflexionen der polierten Glätte, die gesättigten Farben und die ausgeprägt lebendigen, aber doch beruhigenden Maserungen.

Das Tropenholz wird nun auch in Amerika zur Obsession. Wie in England erfasst die Konsumrevolution zuerst die Reichen. Zentrum für amerikanischen Stil und Geschmack der 1750er-Jahre ist Philadelphia, die Stars unter den Möbelbauern sind etwa Thomas Affleck oder Benjamin Randolph. Ihre Möbel finden sich zum Beispiel in einem Stadthaus in Philadelphia, das John und Elizabeth Cadwalader 1769 in Auftrag geben. Die beiden stammen aus begüterten Familien, sind große Landeigentümer im rasch wachsenden Philadelphia und vermehren ihr Vermögen im transatlantischen Handel. Die Möbel für das neue Haus gehören zu den feinsten im »Philadelphia Chippendale-Stil«.

In der zweiten Hälfte des 18. Jahrhunderts beginnen auch die sozial Ambitionierten, sich die Edelholzobjekte zuzulegen. Diese werden mit Leinöl und

Ziegelstaub regelmäßig auf Hochglanz poliert[527], ein Hinweis auch auf die soziale Stellung ihrer Besitzer. In der Porträtmalerei jener Zeit entsteht ein Genre, das Einzelpersonen oder Familien neben ihrem Mahagonimöbel darstellt, in dessen Glanz die Porträtierten widerspiegelt erscheinen.[528]

RAUBBAU AN DER NATUR

Die allgemeine Mahagoni-Mania auf den englischen und amerikanischen Möbelmärkten vergrößert den Druck auf Jamaikas Mahagonibestände in den 1760er-Jahren noch einmal wesentlich. Ein halbes Jahrhundert zuvor berichten Reisende noch, dass die Südseite mit ihren lockeren Savannenwäldern reich an Mahagoni sei.[529]

Auf der Südseite der Insel liegen auch jene Gebiete, wo die englischen Zuckerrohrpflanzer ihre Plantagen anlegen. Ein Kolonialhistoriker schildert Anfang des 18. Jahrhunderts, wie die Rodungen für die Zuckerrohrplantagen die Nutzung von Mahagoni vorwärtstreiben. Der Verkauf des Holzes geschehe eher im Kielwasser des Zuckers und entspreche einem zufälligen Gewinn[530], und sei keineswegs eine geplante, nachhaltige Tätigkeit.

Dies ist jenes Holz, das in den ersten Jahrzehnten des 18. Jahrhunderts nach England gelangt und dort für Entzücken auf dem Möbelmarkt sorgt. Doch die leicht zugänglichen Mahagonibestände sind rasch erschöpft. Für die Plantagenbesitzer ist es keine Option, in die Pflanzung von Mahagoni zu investieren, »denn die Zeit, die für das Wachstum dieser harten Hölzer benötigt wird, beträgt nach menschlicher Vernunft so viele hundert Jahre, dass der Vorschlag, sie zu pflanzen, eher Wahnsinn als Voraussicht wäre«, so ein Zeitgenosse.[531] Zucker bringt mehr, und das fast sofort. Die Mahagoniholzer ziehen daher immer weiter ins Landesinnere und später in die Berge und an steilere Hänge. Von dort könnte das dichtere Material stammen, das Chippendale verarbeitet hat.[532]

Jamaika bleibt bis in die 1770er-Jahre bei Weitem der größte Lieferant von Mahagoni für den englischen Markt.[533] Amerika wird vor allem über die Bahamas beliefert, mit Holz aus dieser Inselgruppe, und sicher ist bisweilen auch Holz beigemischt, das aus dem spanischen Machtbereich, aus Kuba, Hispaniola oder Puerto Rico stammt.

Doch die Mahagonivorkommen auf den Inseln sind endlich. Aus Jamaika wird 1774 berichtet, dass Mahagoni fast ausgerottet sei. Sicher jedoch geraten die Bestände allmählich in ökonomische Erschöpfung[534], das heißt, es gibt zwar noch verstreute Bäume, aber deren Nutzung ist nicht mehr rentabel. Der Westindische Mahagoni wird damit zu einem der ersten Beispiele für eine Ressource, die aufgrund eines unerbittlichen Nachfragesogs an den Rand ihrer Ausrottung getrieben wird.

EINE BESSERE AUSNUTZUNG DES ROHSTOFFS

Wie stets, wenn Ressourcen knapp werden, reagieren auch die Akteure entlang der Verarbeitungskette durch eine verbesserte Ausnutzung des Rohstoffs. Im ersten halben Jahrhundert werden in Jamaika nur die besten Stammstücke genutzt. Die Holzsklaven bauen ein Gerüst, das bis zu zwei Meter hoch sein kann, um den Baum oberhalb der Wurzelanläufe mit dem Beil einzukerben und zu Fall zu bringen. Die Brettwurzeln mit dem untersten Stammstück bleiben stehen. Nur die astreinen Stammteile werden in viereckige Blöcke gehauen, die dann mit Büffeln und Karren in die Häfen geschleppt werden.

Dass sich im stehen gelassenen Stumpf Wunder verbergen, ist seit dem frühen 18. Jahrhundert bekannt. Das Holz dort ist wie im Bereich der großen Äste besonders dicht und schwer, »elegant gemustert mit Schattierungen oder Wolken oder gesprenkelt wie Hermelin mit schwarzen Flecken«[535]. Doch solange Mahagoni in Fülle vorhanden war, hat niemand die Arbeit auf sich genommen, Wurzelanläufe oder Kronen aufzubereiten.

In der zweiten Hälfte des 18. Jahrhunderts lernen die Verarbeiter in England dann, mit diesen Stammteilen umzugehen. Zwar sind diese Stücke nach der Verarbeitung weniger ruhig und müssen auf eine stabile Unterlage aus Mahagoni, Eiche oder Kiefer geklebt werden. Doch die als »Federn« oder »Flammen« beschriebenen Muster werden in den 1760er-Jahren zum stilbildenden Merkmal. In jenen Jahren erscheint in den englischen Zollerklärungen neben Stämmen, Balken und Brettern dann auch ein neues Mahagoni-Sortiment: »Platten«[536] – offenbar handelt es sich um die hohen Wurzelanläufe in roher oder leicht aufbereiteter Form.

Eine stark verbesserte Ausnutzung des Rohstoffs gelingt in den 1830er-Jahren mit der Einführung von dampfbetriebenen Maschinen, welche die Mahagonistämme in dünne Furniere schneiden können. Damit lassen sich Stücke mit attraktiven Mustern vervielfachen und auf günstigere Unterlagen kleben. Später wird jedoch bilanziert, dass die Maschinen nicht so sehr zu einem haushälterischen Umgang mit der Ressource führten, sondern eher den Beginn der Massenproduktion von Möbeln begünstigten.[537]

Amerikanischer Mahagoni, frisches Laub ↪ Seite 232

Westindischer Mahagoni, Hülle, Samen ↪ Seite 234

La Reina ↪ Seite 229

Amerikanischer Mahagoni, Sämlinge ↪ Seite 235

Chippendale, Diana-und-Minerva-Kommode ↪ Seite 245

Mahagoni-Fällen in der Bay ↪ Seite 260

Chippendale, Sofa bei Christie's ↪ Seite 263

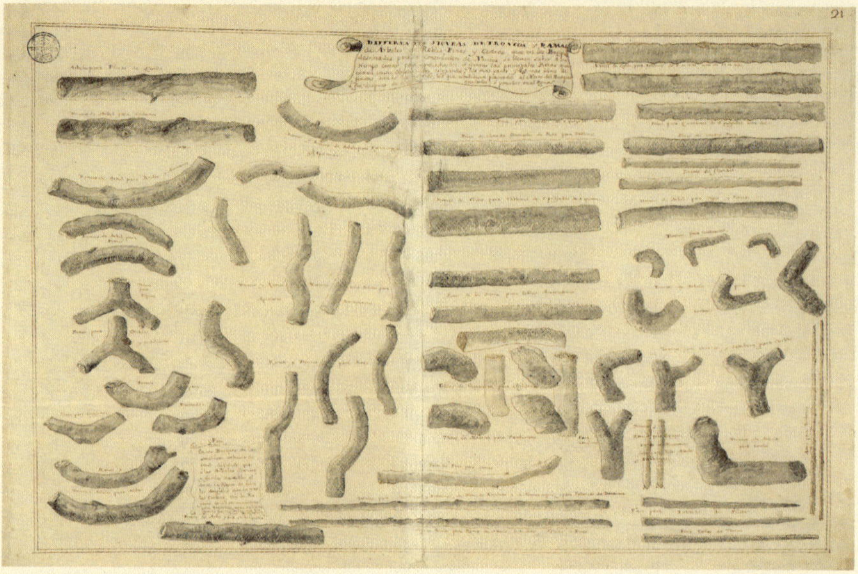

Stein- und Korkeichen, Atlas des Bootsbaus von 1719 ↪ Seite 266

Dodge boat
↪ Seite 271

Erdwerke in Acre ↪ Seite 281

Kakaofrucht ⤷ Seite 291

Pfefferlandschaft Tomé-Açu in den 1950er-Jahren
↪ Seite 290

Baumgärten, Kulturlandschaft Tomé-Açu 2018 ↪ Seite 291

Baumgarten in Tomé-Açu 2018 ↪ Seite 291

ALTE PIRATEN, NEUE HOLZSCHLAG-FRONTEN

Eine andere Strategie ist die Suche nach neuen Quellen für Mahagoniholz. Auf den Karibikinseln unter britischer Hoheit, etwa Barbados, ist der größte Teil des Waldes längst vom Zuckerrohr verdrängt.[538] Auf Hispaniola, wo das heutige Haiti und die Dominikanische Republik liegen, besteht seit 1776 ein spanischer und ein französischer Machtbereich. Spanisch ist auch Kuba, und damit ist das natürliche Wuchsgebiet des Westindischen Mahagonis machtpolitisch voll besetzt.

Die Briten wenden sich darum von den Karibikinseln weg und dem mittelamerikanischen Festland zu. Die neue Mahagoni-Front entsteht in der Bay von Honduras, einer breiten Einbuchtung der Karibischen See. Südlich erstreckt sich die Moskitoküste, heute zum größten Teil Staatsgebiet von Honduras. Nördlich liegt die Küste Yucatáns, deren südlichster Teil zum späteren Britisch-Honduras und heutigen Belize werden wird. Es ist Maya-Land, aber nicht mit den karstigen Kalkböden, wie sie den größten Teil Yucatáns prägen. Hier gibt es vielmehr sumpfiges Waldland mit brackigen Flüssen, das – wohl auch aufgrund seiner Störungsgeschichte – außerordentlich reich an Mahagoni ist.

Das Gebiet gehört zum Spanischen Reich, doch die Spanier haben sich wie um das übrige Yucatán nie groß darum gekümmert – ihre anderen Eroberungen waren reicher an guten Böden für die Landwirtschaft und an Bodenschätzen. In den 1680er-Jahren haben in diesem kolonialen Machtvakuum ehemalige englische Freibeuter kleine Siedlungen gegründet. Diese »Baymen« handeln mit Blauholz, dessen fermentierte Späne in England ein wichtiger Färbestoff für englische Wolle sind. Die indigenen Mayas verhalten sich so, wie bereits bei der Ankunft der Spanier: Sie ziehen sich vor den Engländern tiefer in die Wälder zurück. Für die Ernte von Blauholz holen sich die Baymen darum afrikanische Sklaven.

Als die Quellen von Westindischem Mahagoni in den späten 1760er-Jahren zu versiegen beginnen, wenden sich englische und auch amerikanische Händler an die Baymen. Die Afrikaner werden nun auch zur Beschaffung von Mahagoni eingesetzt. Dies ist eine brutale, äußerst gefährliche Arbeit. Zum einen wächst hier in Kontinentalamerika Amerikanischer Mahagoni, der verglichen mit dem Westindischen länger und schwerer ist, speziell auf den gut wasserversorgten Schwemmlandgebieten. Ein eckig zugehauenes Stammstück soll einmal über elf Kubikmeter gemessen haben, bei einer Kantenlänge von anderthalb Metern und fünf Metern Länge.[539] (Bild: Mahagoni-Fällen in der Bay ↪ Seite 253)

Die Baymen schicken am Ende der Regenzeit im Januar Gruppen von einigen Dutzend Sklaven auf lange Expeditionen in den Regenwald. Diese können die ganze Trockenzeit über dauern. Meist liegen die gefällten Bäume weit auseinander, und für den Transport an den nächsten Fluss muss jedes Mal ein Weg freigeschnitten werden. Bewegt wird das Mahagoni auf Rundhölzern, oft über Kilometer. Damit die Stämme nicht seitlich wegrollen, werden sie in quadratische Blöcke zugehauen. Ein guter Mahagonibaum kann Ende des 18. Jahrhunderts 1000 Pfund Sterling oder mehr einbringen.[540]

Der Transport ist nur in der Trockenzeit möglich, damit die Fuhre nicht einsinkt. Weil es dann extrem heiß ist, erfolgt die Arbeit bevorzugt nachts und bei Fackellicht. Zu Beginn sind es Sklaven, welche die Hölzer ziehen und stoßen, später kommen Ochsenzüge zum Einsatz. Dies ermöglicht auch Schläge tiefer im Wald und weiter weg von den Flüssen. Vor Beginn der Regenzeit im Mai müssen die Blöcke an den Ufern sein, damit sie auf den anschwellenden Flüssen an die Küste geflößt werden können.

Sind die Hölzer einmal auf den Schiffen, lauert in den karibischen Gewässern die nächste Gefahr für den risikoreichen Handel: spanische Schiffe, die immer wieder für England oder Amerika bestimmte Transporte aufbringen.[541] Jahrzehntelang betrachtet Spanien die Baymen als Eindringlinge, bis sie ihnen 1786 dann doch Nutzungsrechte an Mahagoni zugestehen, allerdings beschränkt auf bestimmte Gebiete. Die Souveränität über diese Waldflächen gibt Spanien jedoch nicht ab. England wiederum behandelt die Region nicht als formale Kolonie, sondern spricht von englischen Siedlungen seiner Majestät in der Bay.[542]

Englands Holzimporte aus der Bay von Honduras nehmen rasch zu und machen in einzelnen Jahren des späten 18. Jahrhunderts schon 80 Prozent des eingeführten Mahagonis aus. Auch in Amerika steigt der Anteil an Bay-Mahagoni. Doch Schreiner und ebenso aufmerksame Kunden nehmen schnell wahr, dass sich dieses Holz von den karibischen Qualitäten unterscheidet. Ein amerikanischer Möbelkunde beschwert sich 1786 bei seinem Schreiner, dass das gelieferte Möbel viel weiches, dünnes und schwaches Material enthalte, während er doch den Preis für Qualitätsware aus gutem Kernholz bezahlt habe.[543]

Spannend an dieser Anekdote ist, dass Amerikanischer Mahagoni damals wissenschaftlich noch immer nicht erfasst ist. Wie vorher erwähnt, ist es erst in den 1870er-Jahren im Botanischen Garten von Kalkutta gelungen, Westindischen und Amerikanischen Mahagoni botanisch zu unterscheiden. Die Holzverarbeiter und sogar deren Kunden sind den Botanikern in diesem Fall um Jahrzehnte voraus.

Trotz der Vorbehalte beginnt sich die Möbelwelt auf Amerikanischen Mahagoni einzustellen. Das *Cabinet Dictionary*, ein Handbuch für den Möbelbau, unterscheidet 1803 nur noch zwischen Kubanischem (also Westindischem) und Spanischem, das heißt Amerikanischem Mahagoni vom mittelamerikanischen Festland.[544] In den 1820ern sollen die Exporte aus der Bay von Honduras bereits um die 1,7 Millionen Kubikmeter jährlich erreichen[545] – das ist sehr viel Holz und entspricht etwa einem Drittel der heutigen Jahresproduktion der Schweizer Wälder.

Der nördliche Teil der Bay, hundert Jahre lang eine informelle Kolonie Englands, wird 1862 zur englischen Kolonie British Honduras. Ein weiteres Jahrhundert lang besteht ihr einziger Zweck darin, Holz für die Versorgung des Mutterlandes zu liefern. Erst 1981 entsteht der souveräne Staat Belize. Das Landeswappen zeigt zwei Holzarbeiter mit ihren Werkzeugen und einen Mahagonibaum. Lange bleiben Holz und Holzprodukte ein Schlüsselfaktor in der dortigen Wirtschaft.

Amerikanisches Mahagoni gilt hier als wertvollstes Produkt, aber mit der Honduras Zeder, einer mit Mahagoni eng verwandten Baumart, entsteht ein zusätzlicher Markt. *Cedrela odorata* ist eine der eher seltenen Laubbaumarten, die über ein Harzsystem verfügt. Das Holz duftet angenehm, ähnlich wie Zedernholz, deswegen wohl das *odorata* (wohlriechend) im botanischen Namen. Das Holz von *Cedrela odorata* spielt für die Lagerung von Zigarren eine wichtige Rolle, in Form von Zigarrenkisten oder als dünnes Furnier, das heute das Tabakprodukt im Aluminiumröhrchen umfasst. Die Honduras Zeder ist in Europa auch das bevorzugte Holz für Ruderrennboote und bleibt es weit ins 20. Jahrhundert hinein, bis es dann von Carbonfaser und Epoxidharz verdrängt wird.

»ESSEN VON MAHAGONI, SCHLAFEN IN MAHAGONI«

»Als ich ein Junge war, gab es in meinem gesamten Bekanntenkreis kaum eine angesehene Familie, die nicht von Mahagoni aß, auf Mahagoni saß und in Mahagoni schlief. Mahagoni war ein Symbol für wirtschaftliche Stabilität und moralischen Wert«, schreibt der britische Schriftsteller Aldous Huxley in seinem 1920 erstmals erschienenen Reisebuch *Beyond the Mexique Bay*[546]. Huxley hat auch *Brave New World* verfasst, eine 1932 erschienene dystopische Sicht auf eine Gesellschaft, in der technische Errungenschaften zur Erosion sozialer Normen führen. Auch Huxleys Sicht auf Mahagoni ist durchaus scharfsinnig.

Tatsächlich bleibt Mahagoni in England bis weit ins 20. Jahrhundert hinein das bevorzugte Material der herrschaftlichen Inneneinrichtung. Das Holz erscheint wie eine Chiffre für all jene, die sich fernab der Insel für Britannien verdingten, für die Adligen sowieso, aber auch für Bürgerliche, die sich das Mahagoni-Upgrade aufgrund ihrer Leistungen in den Kolonien wohlverdient haben. Mahagoni wirkt als strukturierendes Element für den Zusammenhalt der Heimgekehrten, ein Signal für den erfolgreichen Einsatz in der Fremde. Dabei hilft das edle Holz wohl auch zu verschleiern, dass das Leben in der Ferne häufig auch mühselig und entbehrungsreich war.

Mit der Erschöpfung der Bestände an Westindischem und dem Wechsel hin zum Amerikanischen Mahagoni vom lateinamerikanischen Festland beginnen die alten, noch aus karibischem Holz gefertigten Stücke zusätzlichen Wert zu erhalten. Um 1850 sind diese bereits ein Jahrhundert lang in Gebrauch, sind Hunderte Male poliert worden und weisen nun die ruhige Patina des langen Daseins auf. Es ist schweres Vollholz, noch ohne oberflächlich furnierte Platten, »altes Mahagoni« aus den Salons der Upper Class, so wie »altes Geld« adliges Vermögen darstellt.[547] Vielleicht gründet die Anziehungskraft der Möbel auch in der melancholischen Erinnerung an eine verloren gegangene Welt, die wie in jeder Epoche im Rückblick paradiesisch erscheint. Jedenfalls wird »altes Holz« bereits Mitte des 19. Jahrhunderts teuer gehandelt.

Heute haben diese Stücke an Attraktivität und Sammelwert noch einmal hinzugewonnen. Auf viele von uns Gegenwärtige, die wir seit der Jugend in Ikea leben, mögen die damaligen Innenräume und Ausstattungen mit dem Stilgemisch aus Gotik, Rokoko und eingestreuten Chinoiserien reichlich schwulstig und überladen wirken. Auch die Sklavenarbeit, die am Holz klebt, vergällt einem den Geschmack. Doch die Erzeugnisse daraus erzielen heute verrückte Preise. Für ein Chippendale-Sofa und zwei Sessel fällt der Hammer 2008 bei Christie's bei einiges über vier Millionen Britischen Pfund.[548] Die Amerikaner stehen dem in Nichts nach: Bei Sotheby's New York geht 1987 ein Lehnstuhl, den Thomas Affleck für die Cadwaladers in Philadelphia kreiert hat, für 2,75 Millionen Dollar aus der Versteigerung.[549] (Bild: Chippendale, Sofa bei Christie's ↪ Seite 253)

HAITI UND DIE »SCHULD FÜR DIE UNABHÄNGIGKEIT«

Für Vermögende lässt sich qualitativ hochwertiges Westindisches Mahagoni noch während des ganzen 19. Jahrhunderts beschaffen.[550] Spitzenware stammt aus Kuba, dem spanischen Teil Hispaniolas oder aus Haiti. Im Fall von Haiti trägt der Appetit nach Mahagoni – verbunden mit einem politisch aufgenötigten Holzhandel im 19. Jahrhundert – zu einer dramatischen Waldzerstörung in den Einzugsgebieten der großen Flüsse bei. Eine Folge dieser ausgedehnten Abholzungen sind enorme Umweltkosten, die sich auch heute noch von Hurrikan zu Hurrikan weiter aufsummieren.

Haiti entsteht 1697 als »Saint-Domingue«, ungefähr in den heutigen Landesgrenzen, nachdem Spanien den westlichen Teil von Hispaniola an Frankreich abtritt. Unter französischer Kolonialherrschaft wird Saint-Domingue zu einem Giganten der Zucker- und Kaffeeproduktion. Eine Zeit lang stammt in Europa die Hälfte des Zuckers von der »Perle des Antilles«[551], und in den 1780ern übersteigt der Exportertrag von Saint-Domingue wertmäßig die gesamten Ausfuhren des kontinentalen Nordamerikas. Um diese hohe Wirtschaftsleistung zu erbringen, werden im Laufe des 18. Jahrhunderts 800 000 Sklaven aus Afrika eingeschleppt.[552] Ihr Leben ist hart und kurz. Für das Zuckerrohr werden die Täler gerodet, und Kaffee wird ohne Überschirmung durch Bäume unter freiem Himmel angepflanzt.

In das gesellschaftliche Gefüge von Saint-Domingue, das durch Hautfarbe, Klasse und Reichtum bestimmt ist, kommt im späten 18. Jahrhundert Bewegung. Frei gewordene Sklaven und Mischlinge verlangen die volle Staatsbürgerschaft und Eigentumsrechte an Ackerland. Die Französische Revolution in den 1790er-Jahren mit dem Wahlspruch »Freiheit, Gleichheit, Brüderlichkeit« ermutigt die Unterdrückten in den französischen Kolonien zusätzlich, Rechte auch für sich einzufordern. Doch im März 1790 beschränkt die Nationalversammlung in Paris, beeinflusst durch die Zuckerlobby, die Geltung der ausgerufenen Menschenrechte auf das Mutterland. Das lukrative Zuckergeschäft in den Kolonien, das ohne Sklaven nicht machbar ist oder viel weniger lukrativ wäre, soll nicht gefährdet werden.

Gleichzeitig stimmt die Nationalversammlung einem Wahlrecht für freie, steuerzahlende Afrikanisch-Stämmige zu. Doch die Kolonialversammlung, die von weißen Plantagenbesitzern dominiert ist, weigert sich, diesen Beschluss des gesetzgebenden nationalen Gremiums umzusetzen. In Haiti rufen 1791 geflohene Sklaven vom *Bois Caïman*, dem Wald der Krokodile, aus zum Widerstand gegen die französische Herrschaft auf.[553] Saint-Domingue wird jetzt von Gewalt überrollt. Sklavenaufstände lassen die zivile Ordnung zusammenbrechen. Eine Militärintervention Napoleons zur Wiederherstellung der alten Ordnung endet 1803 erfolglos. 1804, nach 300 Jahren unter kolonialer Herrschaft, erklärt sich die neue Nation Haiti zur unabhängigen Republik – als zweite Kolonie nach den USA.

Der neue Staat bleibt jedoch wirtschaftlich und diplomatisch isoliert. Frankreich verweigert die Anerkennung der Unabhängigkeit Haitis. Das Plantagensystem liegt nach den Kriegsjahren in Trümmern. Die ehemaligen Sklaven wollen nicht mehr in Zuckerplantagen arbeiten. Sie ziehen eine Aufteilung des Bodens vor, um eigenes Eigentum bewirtschaften zu können.

1825 vereinbart der damalige haitische Präsident mit Frankreich eine Zahlung als Entschädigung »für den Verlust der Kolonie«. Diese beträgt anfänglich 150 Millionen französische Gold-Francs, etwa 25 Milliarden Dollar zu heutigem Wert. Im Gegenzug anerkennt Frankreich die Republik Haiti als souveränen Staat und stellt die Handelsbeziehungen wieder her. Die Zahlung der »Schuld für die Unabhängigkeit« sichert zwar die politische Unabhängigkeit Haitis, wird jedoch die wirtschaftliche und soziale Entwicklung enorm belasten, auch über immense »Umweltkosten« in Form von Erosion und Überschwemmungen.

Für die Zinsen und die Tilgung der Schuld, die erst 1947 auslaufen[554], sieht Haiti keine andere Wahl, als auf seine Waldreserven zurückzugreifen. Über ein Dutzend verschiedene Holzarten werden nun vermehrt exportiert, wobei Mahagoni und Guayacán, der Lebensbaum, einen großen Teil davon ausmachen. Die Ausbeutung der Wälder dauert mehr als ein Jahrhundert; zwischen 1820 und 1935 liegen die Wald- und Holzprodukte meist an zweiter oder dritter Stelle der Exporteinnahmen Haitis.[555]

Zentral dabei ist natürlich Westindischer Mahagoni. 1820 sind es erst wenige tausend Kubikmeter, im Rekordjahr 1846 werden über 80 000 Kubikmeter Mahagoni exportiert. Das Holz stammt größtenteils aus dem Einzugsgebiet des Flusses Artibonite.[556] Das Mahagonigeschäft ist lukrativ, und französische wie britische Konzessionäre haben überall ihre Finger im Spiel. In schwer zugänglichen Lagen kosten Schlagkonzessionen einen Dollar pro Mahagonibaum. Viele der großen Stämme lassen sich in London problemlos für 100 Pfund Sterling verkaufen[557], das sind etwa 12 000 Pfund zu heutigem Wert. Die besten Stämme gehen nach England, mindere Ware in die USA.[558] Der Mahagoniboom in Haiti dauert etwa 40 Jahre. Nach 1870 sind die zugänglichen Bestände weitgehend erschöpft.[559]

Neben Mahagoni wird auch Guayacán zu einem wichtigen Exportgut. Der Lebensbaum weist eines der härtesten Hölzer überhaupt auf, es ist dichter als

Wasser und schwimmt nicht. Ein Drittel seines Gewichts bilden Harze, was das Holz unter Last selbstschmierend macht. Diese Eigenschaft führt auf Segelschiffen bereits früh zur Verwendung für Blöcke, um Seile umzulenken. Ab Mitte des 19. Jahrhunderts wird Guayacán als Lager für die Antriebswellen von Dampfschiffen eingesetzt.[560] Es wird in Form kurzer Stäbe um die Wellen angeordnet und hält etwa ein Jahrzehnt lang ohne Schmierung. Der Höhepunkt der Exporte liegt unmittelbar vor dem Ersten Weltkrieg, eine Folge der Aufrüstung der Kriegsmarinen, und beträgt 1910 fast 6000 Tonnen.[561]

Die Ausbeutung der Wälder Haitis als Folge der »Schuld für die Unabhängigkeit« hat stark zur Entwaldung beigetragen und ist ein wesentlicher Grund für den heutigen prekären Zustand der natürlichen Ressourcen Haitis. Sie ist auch eine der Ursachen für die ökologische Fragilität dieses Teils der Insel. Bei Extremereignissen wie Starkniederschlägen fehlen intakte naturnahe Wälder in Schutzlagen, die den Wasserabfluss verzögern, den Boden zusammenhalten und Abflussspitzen glätten können.

WIE TEAK FÜR DIE ENGLÄNDER, SO MAHAGONI FÜR DIE SPANIER

Als letzte Bastion von Westindischem Mahagoni bleibt noch die Insel mit den ursprünglich bedeutendsten Vorräten an diesem Holz: Kuba, das im Laufe der Zeit weitgehend spanisch beherrscht war. Es ist der einzige Ort, wo im Verbreitungsgebiet des Westindischen Mahagonis Anstrengungen zu einer geregelten Nutzung der Wälder gemacht wurden, doch schließlich hat der Baum hier dasselbe Schicksal erfahren wie überall in der Karibik.

Eine der ganz großen Herausforderungen für das Spanische Reich war stets, genügend Holz für seine Flotte zu finden, die in einem riesigen Einsatzgebiet operierte. Bereits um 1700 verlieren traditionelle nordspanische Werften bei Santander und Bilbao ihre Bedeutung[562], weil die Holzvorräte in den Einzugsgebieten erschöpft sind. Zwar verfügt Spanien – ähnlich wie England während langer Zeit – über bedeutende Bestände an Eichen, vor allem Kork- und Grüneichen, die sich für das Krummholz des Spantengerüstes einsetzen lassen. Die Hölzer sind allerdings viel kürzer und knorriger als die von mitteleuropäischen Bäumen, wie ein Atlas zum iberischen Bootsbau von Anfang des 18. Jahrhunderts zeigt.[563] Dies ist kein Holz, das sich für Planken und Decks eignet. (Bild: Stein- und Korkeichen, Atlas des Bootsbaus von 1719 ↪ Seite 254) Importe aus dem Baltikum, wie sie die Engländer jahrhundertelang tätigen, sind für die Spanier teuer[564] und bleiben eher eine Ausnahme. Für Planken und andere lange Bauteile müssen iberische Bootsbauer daher auf einheimische Föhrenarten zurückgreifen.

Mit dem Niedergang der Werften an der nördlichen Atlantikküste entstehen in den 1720er-Jahren neue Kapazitäten, vor allem in Südspanien, an der Mittelmeerküste bei Cartagena und am Atlantik bei Cadiz.[565] Doch gut zugängliche Waldungen nahe Cadiz sind damals bereits abgeholzt. Auch um Sevilla, das mit Cadiz über den Fluss Guadalquivir verbunden ist, gibt es kaum noch große Bäume. Holz muss daher in weiter entfernten Wäldern Andalusiens, zum Beispiel in den Sierras de Segura, wo das Quellgebiet des Guadalquivir liegt, beschafft werden.[566]

Dort wachsen die von den spanischen Bootsbauern bevorzugten Schwarzföhren[567], allerdings entlang der Bergkämme, oberhalb von 900 Metern über dem Meer und in extrem unwegsamem Gebiet. Tausende von Männern sind dort mit den Holzschlägen beschäftigt. Sind die Stämme einmal in flößbarem Wasser, folgt eine Reise von über 600 Kilometern, vorbei an Cordoba und Sevilla, in den Golf von Cadiz. Über 15 000 Stämme werden 1738 allein über den Guadalquivir geflößt.[568]

Die prekäre Holzversorgung bringt das Spanische Königsreich schon früh dazu, sich dem Mahagoni in seinen karibischen und mittelamerikanischen Eroberungsgebieten zuzuwenden. Für die Spanier bedeutet Mahagoni jahrhundertelang, was Teak nach 1800 für die Engländer wird: eine hervorragende Ressource für den Bau von Hunderten von Kriegsschiffen.

Darum steht Mahagoni in den spanischen Kolonien seit 1622 unter königlichem Monopol und ist ausdrücklich reserviert für den Schiffsbau.[569] In der ersten Werft in der Neuen Welt, den die spanische Marine bei Veracruz im Golf von Mexiko 1629 gegründet hatte[570], wurde vor allem Amerikanischer Mahagoni verwendet. Ab 1722 verschiebt sich das Zentrum des Schiffsbaus auf die Karibikinsel Kuba, und in Havanna entsteht eine zentrale Werft.

Aus Kuba wiederum wird Holz nach Cadiz geschickt, von wo aus es in andere spanische Werften verteilt wird. Stückmäßig der größte Posten war Guayacán, das Holz des Lebensbaums, aus dem Blöcke und Rollen entstehen.[571] Beim Mahagoni sind es geringe Mengen, die wohl eher für Mahagoni-Schiffe reserviert sind, die in Cadiz zur Reparatur kommen.

Kubanische Schiffe aus Westindischem Mahagoni gelten qualitativ als hochwertig, mit doppelt so langer Lebensdauer wie Konstruktionen aus europäischen Hölzern.[572] Das dichte Material lässt sich leicht bearbeiten, hat eine hohe mechanische Widerstandskraft und ist – verglichen mit Eichenholz – weniger für den Schiffsbohrwurm anfällig, speziell in warmen Tropengewässern.[573]

In Havanna, im *Real Arsenal de La Habana*, entstehen im 18. Jahrhundert über hundert große Schiffe. Das bedeutendste, größer als die britische *Victory*, ist die *Santísima Trinidad*, die 1769 vom Stapel läuft und damals als bestes Kriegsschiff der Welt gilt.[574] Sie nimmt an der Schlacht von Trafalgar 1805 teil, als spanisches Flaggschiff im französisch-spanischen Flottenverband gegen die Engländer, wird dabei schwer beschädigt und muss die Flagge streichen. Trotz eines gemeinsamen Rettungsversuchs, den die überlebende spanische Mannschaft zusammen mit englischen Matrosen unternimmt, sinkt sie am Tag nach der Schlacht.

MAHAGONI WIRD FÜR ROHRZUCKER GEOPFERT

Mit der *Santísima Trinidad* geht nicht nur ein riesiger Mahagoniwald unter, vom Verlust eines wichtigen Teils seiner Flotte bei Trafalgar kann sich das spanische Königreich nicht mehr erholen. Das Land ist von Napoleon besetzt und versinkt in mehreren Bürgerkriegen. 1809 beginnen die südamerikanischen Unabhängigkeitskriege, in deren Verlauf schließlich alle spanischen Kolonien in Lateinamerika ihre Unabhängigkeit erlangen.

Aufgrund der Bedeutung der Werft in Havanna und der Holzversorgung des Mutterlands Spanien ist die Waldnutzung auf Kuba bereits im 17. Jahrhundert geregelt. Im 18. Jahrhundert wird diese Regulierung gestrafft und direkt von der königlichen Marine umgesetzt und überwacht.[575] Die Ausscheidung königlicher Waldreservate, sogenannter *cortes*, ist eine der Maßnahmen, um dem Landhunger der Zuckerbarone entgegenzuwirken. Die Plantagenwirtschaft ist hier, wie auf den anderen Karibikinseln, dann am rentabelsten, wenn Zuckerrohr in frisch gerodete, fruchtbare Waldböden gepflanzt werden kann. Das Rodungsholz dient dem Bau von Zuckermühlen und als Brennstoff für den Siedeprozess, bei dem der Zuckersaft zur Kristallisation gebracht wird.

Doch mit dem Niedergang des spanischen Reiches und seiner Seemacht um die Wende zum 19. Jahrhundert wird der regulierte Waldschutz auf Kuba aufgegeben. In den gleichen Jahren öffnen sich mit der Revolution auf Haiti und dem Zusammenbruch der dortigen Zuckerwirtschaft neue Märkte für den Süßstoff. Kuba steigt rasch zum führenden karibischen Exporteur von Zucker, Kaffee und Indigo auf. Die königlichen Waldflächen werden privatisiert, und damit ist auch ausdrücklich die Berechtigung zur Rodung verbunden.[576]

Dieser Prozess erreicht an der Schwelle zum 20. Jahrhundert seinen Höhepunkt. Ein amerikanischer Holzspezialist merkt 1919 zu Kuba an, dass die Vergeudung von Mahagoni für Bahnschwellen oder als Brennholz für das Sieden des Zuckersafts das Ausmaß eines Sakrilegs erreicht habe.[577] Nachdem der Waldanteil auf gerade noch zehn Prozent der Landesfläche geschrumpft ist, widerruft der kubanische Präsident 1926 das Recht zur Waldrodung.[578] Zwei Jahrzehnte später verbietet Kuba aufgrund des hohen Nachfragedrucks auch den Export von Mahagoni.[579]

So sind die Bestände an Westindischem Mahagoni zu Beginn des 20. Jahrhunderts weitestgehend Vergangenheit. Ein großer Teil ist im Rauch der Rodungsfeuer für die karibischen Plantagen aufgegangen oder unter den Zuckerpfannen verbrannt. Nur ein Bruchteil des Edelholzes ist zu Möbeln verarbeitet worden, von denen einige wenige überlebt haben. Ein wunderbarer, dauerhafter Rohstoff ist in schicksalhafter Gedankenlosigkeit einem Genussmittel geopfert worden. Unbeglichen in der Abrechnung bleibt der unsinnig hohe Preis, den Generationen von Sklaven und die Natur bezahlt haben.

DIE ALCHEMIE DES HOLZES – WIE ALLES ZU MAHAGONI WIRD

Unabhängig von seiner Geschichte und der tatsächlichen Verfügbarkeit ist Mahagoni zu einem Wunschbild und einer Referenzgröße für Möbelwerkstoffe geworden. Dem ästhetischen Standard mit den expressiven Farbnuancen und den oft spektakulären Maserungen wird sich die Welt nicht mehr entziehen können. Das Bild des Holzes und dessen Verwendungszweck scheinen sich tief ins kollektive Gedächtnis der Konsumenten eingeprägt zu haben. Die Möbelindustrie, die zunehmend mechanisiert und für immer breitere Einkommensschichten produziert, beginnt ihr Augenmerk von der erschöpften Karibik und dem überholzten British Honduras auf neue, noch nicht erschlossene Ressourcengebiete zu richten.

Dies geschieht zuerst in Afrika, und anschließend, nach den beiden Weltkriegen, im Tropenwaldgürtel Südostasiens. In den 1980er-Jahren gerät wiederum Lateinamerika in den Fokus, diesmal speziell das Amazonasgebiet. Diese lange Entwicklung, als deren Startpunkt Jamaika gelten kann, ist auch die Geschichte des Tropenholzhandels, der seit den 1980er-Jahren für die Wahrnehmung und Deutung der Ursachen der Waldzerstörung im globalen Regenwaldgürtel eine wichtige Rolle einnimmt.

In Afrika bleibt es bis weit in die zweite Hälfte des 19. Jahrhunderts ruhig an der Holzfront, im Gegensatz zur Karibik, Zentralamerika oder der indischen Malabarküste mit dem Teak. Es sind dann wieder die Engländer, die neue Handelsströme aktivieren, und zwar mit einem Holz, das sie als »Westafrikanisches Mahagoni« bezeichnen und das vor allem in den Waldsavannen nördlich des Gambia-Flusses vorkommt. Das Holz ist demjenigen der Mahagoniarten sehr ähnlich, und es stellt sich später heraus, dass *Khaya senegalensis*, so der wissenschaftliche Name, botanisch tatsächlich mit der karibischen und den beiden neotropischen Mahagoniarten verwandt ist. Es ist auch jenes Holz, mit dessen Namen die afrikanischen Sklaven in Jamaika Westindischen Mahagoni bezeichnet haben.

Weitere *Khaya*-Arten werden in den 1880er-Jahren entdeckt, als die Europäer immer tiefer in die großen Wälder des Kontinents vorstoßen.[580] Der französische Botaniker Auguste Chevalier zum Beispiel nutzt dazu die Eisenbahnstrecke, die zu Beginn des 20. Jahrhunderts von Abidjan, der Hauptstadt der Elfenbeinküste, Richtung Ouagadougou in Burkina Faso gebaut wird. Chevalier lässt sich per Draisine an die Spitze der Bautrasse bringen, die damals noch tief im Regenwald liegt.

Dort wird für den Botaniker ein 40 Meter hoher Riese gefällt. Dessen Brettwurzeln erheben sich sechs Meter hoch und stehen auf einem Kreis mit acht Metern Durchmesser. Oberhalb der Wurzeln ist der Stamm zwei Meter dick und bleibt 20 Meter astfrei. Chevalier kann die Krone des gefällten Baumes untersuchen, die Blätter, Blütenrispen und Früchte, und er verleiht der wissenschaftlich noch nicht erfassten Art den botanischen Namen *Khaya ivorensis*. Bald wird sie als »Afrikanisches Mahagoni« in den Handel kommen und lange zu den meistexportierten Hölzern aus den afrikanischen Regenwäldern gehören.

Zu Beginn des 20. Jahrhunderts identifizieren die Botaniker im afrikanischen Regenwaldgürtel vier weitere *Khaya*-Arten. Hinzu kommt die Gattung *Entandrophragma* mit zehn Arten, die ebenfalls zu den Mahagonigewächsen gehören. Auch diese Hölzer gelangen zunächst unter dem Namen »Mahagoni« auf den Markt, heute werden sie als »Sapelli-Mahagoni« gehandelt.

Die populären Namen der afrikanischen Arten zeigen, dass »Mahagoni« nun zu einer allgemeinen Bezeichnung für »Edelholz« geworden ist. Nach wie vor steht »Mahagoni« für die als erstrebenswert empfundenen Accessoires des stilvollen Wohnens. »Echtes Mahagoni« gönnen sich immer noch die bürgerlichen und adligen Häuser, afrikanisches Mahagoni die weniger Begüterten, und am

Schluss der sozialen Skala kommt *trompe l'œil*, mahagoniähnlich gebeizte Imitationen, die auf Nadelhölzer aufgetragen werden.[581]

Auguste Chevalier beobachtet bald Verwüstungen, die mit dem unkontrolliert einsetzenden Holzeinschlag einhergehen. Wie es ein halbes Jahrhundert zuvor die Ärzte und Chirurgen der East India Company in Indien für Teak getan haben (siehe Teak, S. 119), fordert auch Chevalier die rasche Schaffung eines Forstdienstes und die Einführung einer nachhaltigen Bewirtschaftung, insbesondere an der Elfenbeinküste.

Doch mit den globalen Krisen in der ersten Hälfte des 20. Jahrhunderts verzögert sich die Etablierung einer nachhaltigen Waldwirtschaft. Der Markt mit echtem Mahagoni, der lange über den Atlantik hinweg funktioniert hat, teilt sich nun geografisch auf. Nach Europa gelangen jetzt eher die afrikanischen Substitute, nur der alte Handelsstrom zwischen England und British Honduras bleibt bestehen. Die USA andererseits bauen ihre Verbindungen zu den südamerikanischen Vorkommen und Lieferanten von Amerikanischem Mahagoni aus. Bereits 1885 sichern sich Unternehmen in Wäldern Holzerei-Konzessionen im mexikanischen Bundesstaat Tabasco[582], dessen östlicher Teil ebenfalls Maya-Gebiet ist.

SCHNITTIGE BOOTE AUS MAHAGONI

In den USA taucht noch vor dem Ersten Weltkrieg ein neues Mahagoniprodukt auf: das motorisierte Sportboot. Mahagoni ist dafür ein erstklassiges Baumaterial. Die Verwendung des Edelholzes für »Vergnügungsschiffe« erweist sich als sehr beständig, und sie dauert bis heute an. Von den jährlich 130 000 Kubikmetern Mahagoni[583], welche die USA in den ersten drei Jahrzehnten des 20. Jahrhunderts importieren, dürfte viel in dieses neue Segment fließen.

Die amerikanische Firma *Chris-Craft* beginnt 1910 mit dem Bau günstiger Motorboote für den Massenmarkt. 1920 folgen die Dodge-Brüder, die sich bereits erfolgreich im Automobilgeschäft etabliert haben, mit der Gründung der *Dodge Boat Company*. Sie bauen das »WaterCar«, ein Modell mit kräftigem Motor vor der Windschutzscheibe, am Bug eine Meerjungfrau im Art-Deco-Stil aus Messingguss und einem elektrischen Zigarettenanzünder.[584] Mahagoni verleiht den Booten nicht nur die traumhaft elegante Ästhetik, das Holz ist auch genügend fest, um die Vibrationen der starken Motoren aufzufangen. (Bild: Dodge boat ↪ Seite 254)

Auch in Europa kommt Mahagoni in jenen Jahren in Mode, vermehrt auch für Segelboote. 1930 erhält der Physiker Albert Einstein, ein begeisterter Segler, einen Jollenkreuzer ganz aus Mahagoni geschenkt. Das Segelboot wird östlich von Berlin speziell für Einstein gebaut, im Auftrag von drei Freunden um den amerikanischen Banker, Kultur- und Wissenschaftsförderer Henry Goldman. Nach der nationalsozialistischen Machtergreifung Anfang 1933 – Einstein befindet sich da bereits in den USA – wird sein kompletter Besitz von den Nazis beschlagnahmt und »zu Gunsten des preußischen Staates eingezogen«. Die Spur seines Segelboots lässt sich noch bis Ende der 1930er-Jahre verfolgen und verliert sich dann.[585]

In den USA breitet sich die Wirtschaftsdepression aus, und die Dodge Boat Company muss 1930 Konkurs anmelden. Für kurze Zeit sinken die US-Importzahlen von Mahagoni, um bei Kriegsbeginn wieder kräftig anzusteigen.[586] Chris-Craft, die im Geschäft geblieben ist, stellt während des Zweiten Weltkriegs ihre Produktion voll auf die Bedürfnisse der amerikanischen Seestreitkräfte um. Bis 1945 fertigt die Firma 12 000 Patrouillen-, Arbeits- und Rettungsboote.[587]

Auch andere Werften bauen im Krieg Schiffe. Die *Elco Naval Division* in Bayonne, New Jersey, stellt Hunderte Patrouillen-Torpedoboote für die amerikanische Marine her. Deren Rumpf besteht aus einem Mahagonigerüst, das größte, 24 Meter lange Modell, ist doppelt beplankt. Die beiden je zweieinhalb Zentimeter dicken Mahagonischichten werden von einem kunstharzgetränkten Gewebe zusammengehalten. Diese Schiffe lassen sich sehr rasch bauen, sind extrem leicht, schnell und mit vier Torpedos bestückt. Im Kampf jedoch bieten sie nur begrenzten Schutz.

Das bekommt auch das Torpedoboot mit der Kennung PT-109 zu spüren, das von Leutnant John F. Kennedy kommandiert wird, dem späteren Präsidenten der Vereinigten Staaten. PT-109 wird bei den Kämpfen um die Salomonen von einem japanischen Zerstörer in zwei Hälften zerlegt.[588] Kennedy erleidet dabei Rückenverletzungen, die ihn für den Rest seines Lebens plagen, und er wird zum Kriegshelden, als er seine Mannschaft schwimmenderweise auf eine Insel führt, die heute seinen Namen trägt.

DAS COMEBACK VON MAHAGONI UND DEN TROPENHÖLZERN

Als der Krieg vorbei ist, sind die Wälder in Europa stark übernutzt und oft zerstört. Es herrscht große Knappheit an Holz, dabei wird der Rohstoff dringend für den Wiederaufbau benötigt – nicht nur für die Siedlungen, sondern auch für den Abbau von Eisen und Kohle. Um die Verteilung des verfügbaren Holzes für die Kohlegruben und den Aufbau der Städte europaweit zu koordinieren, wird 1947 im Rahmen der Wirtschaftskommission für Europa ein spezielles Holzkomitee gegründet[589], dem auch die USA und Kanada als bedeutende Holzproduzenten angehören.

In den 1950er-Jahren setzt der globale Siegeszug der erdölgetriebenen Wirtschaft ein. Europa rappelt sich auf, die Transportnetze erholen sich, die Hochkonjunktur stellt sich ein, die Kaufkraft steigt und damit auch die Nachfrage nach Holzprodukten. In Südostasien haben Kolonialländer wie die Philippinen, Malaysia oder Indonesien die Unabhängigkeit erlangt. Diese Länder verfügen über bedeutende Regenwaldflächen, die für die jungen, nun eigenständigen Nationen zu wichtigen Devisenquellen werden.

Als Erstes öffnen die Philippinen ihre Wälder für Holzkonzessionen, die in den 1960er-Jahren vor allem von japanischen Unternehmen betrieben werden. Der Rohstoff geht als Rundholz nach Japan, wo er aufgesägt oder zu Sperrholz furniert wird. Ein Jahrzehnt später folgen Malaysia und Indonesien, wo sich die Geschichte praktisch wiederholt, diesmal zusätzlich zu Japan mit den USA und Europa als großen Abnehmern.[590]

Aus dem kollektiven Unterbewusstsein taucht prompt das althergebrachte Synonym für Möbelholz in Form des »Philippinischen Mahagonis« wieder auf – so wird ein Holz von rötlicher Farbe bezeichnet. Die südostasiatischen Hölzer haben botanisch jedoch nichts mit Mahagoni zu tun. Sie gehören zur Familie der Flügelfruchtgewächse, den *Dipterocarpaceen*, von denen es rund 700 verschiedene Arten gibt. Ihr Holz ist regelmäßig gemasert und – verglichen mit dem lebhaften Mahagoni – von eher langweiliger Struktur. Auch sind die meisten dieser Hölzer weich und nicht wasserfest und darum ungeeignet für den Einsatz im Freien. Dafür bilden die Flügelfruchtbäume in den südostasiatischen Tiefland-Regenwäldern lange, regelmäßige Stämme, die sich für die industrielle Verarbeitung in Furnier- und Sperrholzplattenwerken ideal eignen.

Zwischen 1960 und 2000 werden große Flächen der Tiefland-Regenwälder Südostasiens an private Firmen verpachtet, welche die besten Bäume herauspicken und an den verbleibenden Beständen viel Schaden anrichten. Derart geplündert, werden die Wälder meist zu Plantagen umgewandelt, und so entstehen große Flächen mit rasch wachsenden Bäumen, deren Holzfasern zu Papier verarbeitet werden. Tiefer ins Bewusstsein der industrialisierten Länder eingedrungen sind die riesigen Plantagen mit Ölpalmen, nachdem klar geworden ist, dass Palmöl in einem großen Teil unserer Nahrungsmittel und der Produkte für die Körperpflege steckt und diese damit direkt zur Zerstörung des Regenwaldes beitragen.

DIE FRONT DER MAHAGONI-HOLZEREI – IMMER WEITER NACH SÜDEN

Auf dem amerikanischen Kontinent, der von direkten Kriegshandlungen weitgehend verschont blieb, sind die Holzwege zwischen Süden und Norden stets offen geblieben. Als Folge des Schiffsbaus für die US-Marine haben die Mahagoni-Importe der USA während des Zweiten Weltkriegs sogar zugenommen.[591] Danach geht das Handelsvolumen bis Mitte der 1960er-Jahre vorerst zurück, nicht zuletzt, weil die Vorkommen an Mahagoni in den traditionellen mexikanischen Versorgungsgebieten kontinuierlich sinken.[592] Chris-Craft baut 1971 sein letztes Boot, das noch größtenteils aus Mahagoni besteht. Freizeitschiffe werden nun hauptsächlich aus Glasfasern und Kunstharzen gebaut. Mahagoni bleibt jedoch erste Wahl für Aufbauten, Deck und Reling – für alles, was ins Auge fällt.

Eine Reihe scheinbar unabhängiger Entwicklungen führt zu einem neuerlichen Verbrauchsanstieg von Mahagoni in den USA. Der rasche wirtschaftliche Aufschwung im unversehrten Amerika führt zu höheren Konsumausgaben und zu einem Bauboom. Ähnlich wie im 18. Jahrhundert wird Mahagoni wiederum zum bevorzugten Material für Innenausbauten, hochwertige Möbel oder Böden. Diesmal jedoch kommt die Nachfrage aus einer Konsumgesellschaft mit einer breiten Mittelschicht sowie hoher Kaufkraft und ist entsprechend heftig.[593]

Die Schlagfronten von Mahagoni verschieben sich von Mittelamerika weiter gegen Süden, vorerst nach Venezuela in die Llanos des Orinoco.[594] Dort sind die Samen des Waldes nach den Befreiungs- und Bürgerkriegen zu Beginn des 19. Jahrhunderts auf den entvölkerten Landwirtschaftsflächen zu schlagreifen Beständen herangewachsen, die reich an Mahagoni sind. Als diese Vorräte in den 1950er-Jahren ausgedünnt sind, geht es weiter ins Amazonasbecken.

Noch um 1960 weiß niemand genau, wie groß die Mahagonibestände in Amazonien effektiv sind und wo genau die Baumart vorkommt. Einer der besten Mahagoni-Kenner ist der amerikanische Forstmann Bruce Lamb, einer jener Spezialisten, die von den USA nach dem Eintritt in den Zweiten Weltkrieg ins Amazonasgebiet geschickt wurden, um pilzresistente Sorten des Kautschukbaums zu finden (siehe Kautschuk, S. 211). Lamb ist wie seine Kollegen weit in den Wäldern Amazoniens herumgekommen und hat eine der ersten Verbreitungskarten des Amerikanischen Mahagonis erstellt.[595]

Diese Karte ist inzwischen revidiert worden und zeigt, dass Amazonien bei Weitem das größte zusammenhängende Wuchsgebiet des Amerikanischen Mahagonis ist. Allein im brasilianischen Amazonasgebiet dürfte Mahagoni noch um 1960 auf einer Fläche von rund 160 Millionen Quadratkilometern vorgekommen sein.[596] Der Schwerpunkt der brasilianischen Bestände liegt südlich des Amazonasstroms, in Regionen, die eine jährliche Trockenzeit von einigen Monaten aufweisen.[597] Im Amazonasgebiet kommt in den 1960er-Jahren ein Bündel von Entwicklungen zusammen, das den größten Mahagoniboom aller Zeiten und gleichzeitig die größte Verschwendung dieses und weiterer wertvoller Holzarten auslösen wird.

DER WALD ALS RINDERWEIDE UND SIEDLUNGSGEBIET FÜR LANDLOSE

Im Westen des Amazonasbeckens und entlang der Andenausläufer entsteht 1963 das Projekt der *Carretera Marginal de la Selva*, einer 5600 Kilometer langen Straßenachse, die Kolumbien, Peru, Ecuador und Bolivien verbinden soll.[598] Diese vier Länder nehmen im westlichen Teil des Amazonaswaldes rund ein Drittel der Fläche ein.[599] Wie es der Name sagt, verläuft die Straße entlang des Andenfußes, am westlichen Rand des Dschungels. Auch wenn das Projekt auch heute noch bedeutende Lücken aufweist, sind die realisierten Teilstücke doch längst zum Sprungbrett für die Kolonisierung des großen Waldes geworden.

Auf der gegenüberliegenden Seite Amazoniens, im Osten Brasiliens, ist 1960 die BR-010 zwischen Brasília und Belém im Bundesstaat Pará bereits in großen Teilen fertiggestellt. Es ist die erste Verbindungsstraße zwischen dem brasilianischen Zentrum und Amazonien, mit einer Länge von rund 2000 Kilometern.

Im gleichen Jahr wird im Westen Brasiliens mit dem Bau der *Estrada das Onças* begonnen, der Straße der Jaguare, welche die Staaten São Paulo im Süden und Acre im Nordwesten über mehr als 4300 Kilometer verbindet. Sie heißt heute BR-364 und verläuft fast zur Hälfte durch Gebiete, die damals noch dicht bewaldet sind. Damit ist der große Wald im Westen und ebenso im Osten sozusagen von Straßen umzingelt, doch es werden noch viele Tausende Kilometer folgen, die ihn immer tiefer erschließen, zum Beispiel die *Transamazônica*.

Die Transamazônica ist ein 4900 Kilometer langes Straßenprojekt, das rechtwinklig zur BR-010 verläuft. Es beginnt am Atlantik und endet im Bundesstaat Amazonas. Das Vorhaben ist eng mit der Machtübernahme des brasilianischen Militärs 1964 verbunden. Ein wesentlicher Grund für diesen Militärputsch ist die Verhinderung einer Landreform, die die *latifundistas*, die Großgrundbesitzer, zugunsten landloser Kleinbauern zu enteignen beabsichtigt (siehe Kautschuk, S. 216).

Fruchtbare Böden sind in Brasiliens Zentrum und im Süden zwar reichlich vorhanden, aber extrem ungleich verteilt. Die Latifundistas, etwa fünf Prozent der Bevölkerung, beanspruchen über 80 Prozent des pflügbaren Landes. Gleichzeitig haben etwa zehn Millionen Landarbeiter keinen eigenen Boden – eine Folge der damaligen Mechanisierung und des Trends zu agroindustriellen Unternehmen. Dadurch verlieren immer mehr Landarbeiter, ohne deren Hände früher nichts lief, ihre Anstellung und damit auch den Boden, den sie zur Selbstversorgung von ihren Herren gepachtet hatten.[600]

Statt auf eine Landreform setzt die Militärregierung auf die Ansiedlung von Landlosen in Amazonien. 1970 verspricht der damalige brasilianische Präsident Medici ein »Land ohne Menschen für Menschen ohne Land« und gibt den Startschuss zum Bau der Transamazônica[601]. Ziel ist die Ansiedlung von einer Million Menschen, vor allem aus dem Nordeste.

Bis 1999 wächst das Erschließungsnetz im brasilianischen Amazonasgebiet auf über 56 000 Kilometer an. Die Auswirkungen sind ähnlich, wie sie der Eisenbahnbau im nordamerikanischen Westen einst ausgelöst hat: Die Straßen schließen riesige Waldflächen auf, und ein großer Teil davon liegt im Wuchsgebiet des Amerikanischen Mahagonis.

Von überall kommen nun Menschen in den großen Wald. Im Westen sind es Bewohner der *tierra fría*, der kalten und kargen Andenregionen von Peru, Bolivien und Ecuador, die hinunter in die *tierra caliente* Amazoniens gelockt werden. In Brasilien brandet eine erste Einwanderungswelle in den Bundesstaat Pará, wohin die Leute über die BR-010 gelangen. Zum Flop hingegen wird die Transamazônica. Statt der angepeilten Million kommen keine 10 000 Menschen, und davon fliehen viele schon bald wieder aus dem nassen und ungesunden Klima. Die Transamazônica verläuft als einziges der großen Straßenprojekte zu einem guten Teil durch den eigentlichen Regenwald, wo immerfeuchtes Klima herrscht.

Die nächste Besiedlungs-Aktion findet ab 1972 im Bundesstaat Rondônia statt, ausgelöst durch ein großes staatliches Siedlungsprogramm. Rondônia ist vor dem Bau der BR-364 eine der abgelegensten Regionen der Erde, wo vielleicht 80 000 Menschen leben und wo sich seit den Zeiten des Kautschukbooms kaum etwas verändert hat. Dann kommen innerhalb von zehn Jahren 600 000 Neusiedler hinzu.[602]

Auf Satellitenbildern lässt sich fast in Echtzeit verfolgen, wie sich die Rodungen von den Straßen aus in den Wald fressen. Es sind nicht nur kleinbäuerliche Neuzuzüger. Es sind auch große Unternehmen aus dem brasilianischen Süden dabei, die durch ein Bündel staatlicher Anreize angelockt werden (siehe Kautschuk, S. 216). Sie wandeln den Wald großflächig in Viehweiden um, wobei nicht die Fleischproduktion ihr primäres Ziel ist, sondern die Sicherung möglichst ausgedehnter Landrechte. Hier wird nicht produziert, sondern spekuliert: auf Erdöl-, Eisenerz- oder Goldvorkommen, wie sie in jenen Jahren im Süden Parás entdeckt werden.[603]

Zum Geschäftsmodell der Viehzucht kommt ein weiterer Zweig hinzu: Holzwirtschaft, speziell die Jagd nach Mahagoni. Mahagoni ist bei Weitem die wertvollste Holzart in den Neusiedlungsgebieten. Brasilien, Peru und Bolivien treten nun an die Stelle der zentralamerikanischen Länder als Mahagoni-Lieferanten und sind ab 1990 die großen Exporteure – dominierend ist Brasilien.[604] Weit mehr als die Hälfte des brasilianischen Holzes geht in diesen Jahren nach Amerika, jährlich rund 100 000 Kubikmeter beste Qualität, und dies über mehr als ein Jahrzehnt bis in die 2000er-Jahre hinein.[605] Einen Teil übernimmt Europa, bedeutende Mengen gehen aber auch in die urbanen Zentren des brasilianischen Südens.[606]

Mahagoni ist in den frühen 1990er-Jahren ein gutes Geschäft. Pro Kubikmeter exportfähiges Schnittholz kann mit einem Preis von 700 US-Dollar gerechnet werden. Der erste Hotspot ist Pará, das durch die BR-010 auch zuerst erschlossen wurde. Die meisten Mahagoni-Sägewerke dort sind bereits vertikal integriert, das heißt, sie sind an der Holzerei, dem Transport, dem Einschnitt und dem Verkauf beteiligt. Ein typisches Sägewerk mit einer Bandsäge schneidet pro Jahr rund 10 000 Kubikmeter Rundholz ein, was etwa halb so viel Schnittholz ergibt. Das kommt einem Verkaufswert von drei Millionen US-Dollar gleich, aus dem ein jährlicher Reingewinn von 800 000 US-Dollar resultiert.[607]

Das Vorgehen entspricht den zeitgemäßen Möglichkeiten. Zuerst findet eine Prospektion des Blätterdachs aus Kleinflugzeugen statt. Weil Mahagoni-Kronen aus dem übrigen Kronendach herausragen, lassen sich so die rentabelsten Bestände ausfindig machen.[608] Der rasante Vormarsch der Holzindustrie wird durch Motorsägen und Raupenschlepper ermöglicht, ebenso durch hohe Marktpreise und eine Verkehrsinfrastruktur, die laufend verbessert wird. Es herrscht eine Boomzeit wie im 18. Jahrhundert auf Jamaika: Nur das Beste kommt in die Sägerei, viel wird verschwendet und bleibt im Wald liegen.[609] Mit einer geregelten, nachhaltigen Waldbewirtschaftung hat das Ganze nichts zu tun – es ist vielmehr ein großer Raubzug.

Bevorzugt für die Holzerei werden die *terras devolutas*, also Land, das seit der Kolonisierung im Besitz des Zentralstaates und noch nicht vergeben ist. Dort sind auch keine Interventionen von Firmen oder Gemeinden zu erwarten.[610] Ist die eine Schlagfront erschöpft, werden Holzer und Geräte zur nächsten verschoben. Staatliche Regelungen bleiben in den riesigen Räumen des großen Waldes vollkommen unbeachtet, und die entsprechenden Vollzugsbehörden sind hoffnungslos unterbesetzt.

Als riesige geografische Produktionsräume für Mahagoni kommen Anfang der 1990er-Jahre Rondônia und Acre hinzu, mit der BR-364 als Transportachse. Das Mahagonigeschäft läuft überall in Amazonien nach ähnlichem Muster ab und ist immer eng mit dem Landgewinn für Viehweiden verknüpft. Daran sind kleine Siedler beteiligt, die für ihr Überleben roden. Viel größer jedoch sind die Flächen, die von den staatlich subventionierten Unternehmen oder kapitalkräftigen Personen in den Wald gebrannt werden. Manchmal, aber bei Weitem nicht immer, wird Mahagoni vor der Brandrodung noch aus dem Wald geschafft. Es kann auch umgekehrt sein: Zuweilen öffnen Holzwege neue Pfade in den Wald, über die dann Siedler eindringen. Im südlichen Pará zum Beispiel treiben die Holzunternehmen bis in die 1990er-Jahre rund 3000 Kilometer Transportstraßen in den Wald.[611]

Es ist das Zusammenspiel all dieser Kräfte, das zu den insgesamt riesigen Entwaldungen in Amazonien führt. Längst nicht überall ist Mahagoni direkt im Spiel. Das Holz ist eher ein untergeordneter Faktor, wie es seinerzeit auf den Karibikinseln mit dem Westindischen Mahagoni war: Der eigentliche Treiber ist der Landhunger. Auch in Brasilien geht es um Land, und weil die Viehweiden rasch an Fruchtbarkeit verlieren und verbuschen, müssen laufend neue Flächen in den Wald gehauen werden. Auswertungen von Satellitenbildern zeigen, dass Pará, Rondônia und Acre zusammen zwischen 2001 und 2023 fast 24 Millionen Hektar[612] Wald verloren haben – das entspricht der Fläche Großbritanniens. In Rondônia ist innerhalb von zwei Jahrzehnten über ein Viertel der ursprünglichen Waldfläche verschwunden.[613]

Die Bilanz für Mahagoni: Schätzungen gehen davon aus, dass zwischen 1971 und 2001 über zwei Millionen Bäume gefällt wurden.[614] Unter der Annahme, dass auf einem Hektar etwa ein fällreifer Mahagonibaum vorkommt, wird klar, dass mindestens zehnmal so viel des edlen Holzes in den Rodungsflammen verbrannt ist.

CITES UND DIE VORLÄUFIGE BILANZ EINES RAUBZUGS

Die rasanten Entwicklungen im ganzen Amazonasgebiet lösen zu Beginn der 1990er-Jahre Sorgen um die Bestände und die Zukunft des Amerikanischen Mahagonis aus und führen zu Aktionen zum Schutz dieser Leitbaumart und ihrer Wälder. Ein wesentlicher Schritt erfolgt im Rahmen von CITES, dem »Übereinkommen über den internationalen Handel mit gefährdeten Arten frei lebender Tiere und Pflanzen«. Diese Konvention ist 1973 in Washington verabschiedet worden, unterzeichnet haben bis heute 184 Mitgliedstaaten.

Bereits 1992 hat CITES den Westindischen Mahagoni in den Anhang II aufgenommen. Dies bedeutet die Verpflichtung der Mitgliedstaaten, Handel mit der entsprechenden Art nur nach Überprüfung der Unbedenklichkeit zuzulassen. Die Produzentenländer sind zu einem behördlichen Monitoring der Baumart und der Entwicklung ihres Bestandes verpflichtet. Auch die Konsumentenländer werden in die Pflicht genommen und können nur Einfuhren zulassen, die von entsprechenden Genehmigungen des Herkunftslandes begleitet sind.

1992 wird ein Antrag von Costa Rica und den USA, auch den Amerikanischen Mahagoni in den Anhang II aufzunehmen, von der Konferenz der Parteien abgelehnt. Zwei weitere Anläufe scheitern ebenfalls, doch wird eine Arbeitsgruppe eingesetzt, um die Problematik vertieft zu prüfen. 1995 nimmt Costa Rica den Amerikanischen Mahagoni unilateral in Anhang III auf, und 1997 tun dies auch Mexiko, Bolivien und Brasilien. 2002, ein Jahrzehnt nach dem ersten Versuch, wird der Amerikanische Mahagoni dann in Anhang II des Artenschutzabkommens aufgenommen.

Bereits im Jahr davor hat sich die Regierung Brasiliens gezwungen gesehen, Ernte, Verarbeitung und Export von Mahagoni zu verbieten, da die national eingeführten Schutzmaßnahmen durch illegale Holzerei sowie Betrug bei den Exportbewilligungen massiv unterlaufen werden. Involviert ist nicht nur die Holzindustrie, zum Betrugsschema gehören auch jene Behörden, die für die Durchsetzung der waldrelevanten Gesetze und für die Verifizierung der Legalität verantwortlich sind. Die USA reagieren 2002 als Importland auf diese Vorfälle und senden Mahagoni-Lieferungen, die von zweifelhaften Papieren begleitet sind, retour nach Brasilien.[615]

Als die CITES-Bestimmungen 2003 in Kraft treten, sind in Brasilien noch geschätzte 35 Prozent des natürlichen Verbreitungsgebiets nicht ausgebeutet. Dies entspricht etwa 55 Millionen Hektar, wenig mehr als die Fläche Frankreichs. Die verbliebenen Bestände befinden sich mehrheitlich in abgelegenen, noch unerschlossenen Regionen, in steilem Gelände oder dort, wo hoher Niederschlag den Zugang erschwert. Etwa ein Drittel dieser Waldungen liegt in Schutzgebieten oder in Reservaten indigener Völker.[616]

Nach der Aufnahme des Amerikanischen Mahagoni in Anhang II wird die brasilianische Mahagoni-Industrie 2002 im Wesentlichen stillgelegt. Offiziell bleiben nur zwei Konzessionen aktiv, eine in Acre, die andere in Rondônia.[617] Die Bundesvorschriften sind 2003 verschärft worden. In umfassenden Wirtschaftsplänen müssen alle handelsüblichen Baumarten inventarisiert werden. Die Mahagoni-Ernte ist auf Bäume mit einem Durchmesser von mehr als 60 Zentimetern beschränkt. Zudem gibt es Regeln zu Samenbäumen, die stehen zu lassen sind. Die Wirtschaftspläne werden durch Fachgremien genehmigt.[618]

Nicht betroffen ist der Inlandsverbrauch in den produzierenden Ländern und ebenso Holz, das aus Plantagen von Ländern außerhalb des natürlichen Verbreitungsgebiets – hauptsächlich Fiji und Indonesien – stammt. Den Vorgaben von CITES genügen auch die *Ejidos* im mexikanischen Quintana Roo, zurzeit praktisch die einzigen Produzenten im natürlichen Verbreitungsgebiet, die Mahagoni legal fällen und verkaufen dürfen.

DER WALD WIRD SEIT JAHRTAUSENDEN GENUTZT

Mit Mahagoni ist in Amazonien in den letzten Jahrzehnten ein Waldwesen gejagt und ausgebeutet worden, von dem trotz seines enormen natürlichen Verbreitungsgebietes erstaunlich wenig bekannt ist. Das Wissen über die ökologischen Bedürfnisse und die Verhaltensweisen der Baumart ist rudimentär, und über das natürliche Verjüngungsverhalten auf den Amazonasstandorten bestehen selbst unter Wissenschaftlern unterschiedliche Wahrnehmungen und Meinungen. Das ursprüngliche Wuchsgebiet, wie es sich vor dem großen Ansturm präsentiert hat, ist durch die enorme Rodungstätigkeit der letzten Jahrzehnte bereits stark verschleiert.

Paradoxerweise sind mit der Entwaldung auch neue, überraschende Erkenntnisse zum Vorschein gekommen, die ein interessantes Licht auf die Verbreitung und Ökologie von Mahagoni und insgesamt auf die Geschichte des großen Waldes werfen. Eine Folge der Entwaldung ist nämlich, dass das Bodenrelief nun über große Flächen sichtbar ist, und dies hat in den letzten Jahrzehnten wesentlich dazu beigetragen, unser Verständnis der präkolumbischen indigenen Kulturen und deren Auswirkungen auf den Wald in Amazonien zu revolutionieren. Faszinierend ist, dass wie im Maya-Gebiet nun auch in Amazonien laufend bauliche Strukturen entdeckt werden. Dabei sind die Funde durchaus vergleichbar mit jenen im zentralamerikanischen Maya-Gebiet, wobei in den Schwemmlandschaften Amazoniens keine Steine, sondern nur Erde und Holz zur Verfügung stehen. Die Entdeckungen zeugen von einer langen, intensiven Präsenz von Menschen und einer entsprechenden Dynamik in einem Waldgebiet, das bisher als ewig unberührt gegolten hat.

Kurz nach dem Jahr 2000 sichtet ein Wissenschaftler auf einem Linienflug nach Rio Branco, der Hauptstadt des Bundesstaates Acre, auf einem Weidegebiet eine rätselhafte symmetrische Struktur.[619] Am Boden erweist sich diese als Erdwall von viereckiger Form, mit einem inneren und einem äußeren Rechteck und einer Kantenlänge von rund 240 Metern. Einige Jahre später, nach einem Update von Google Earth mit hochauflösenden Satellitendaten, entdecken Forscher in wenigen Stunden Dutzende weitere solcher Erdwerke.[620] Bis 2020 werden allein in Acre etwa 800 Strukturen identifiziert.[621] Sie weisen präzise geometrische Formen auf, oft Kombinationen von Vierecken und Kreisen, haben Kantenlängen von bis zu 300 Metern und Gräben mit bis zu vier Metern Tiefe.[622]
(Bilder: Erdwerke in Acre ↪ Seite 255)

Der Bau dieser Werke begann vor 2000 Jahren[623], zum Teil auch früher, mit einem Höhepunkt zwischen 1250 und der europäischen Invasion, die das Amazonasgebiet vor Mitte des 16. Jahrhunderts erreichte.[624] Die Konstruktionen, so wird heute angenommen, dienten als zeremonielle und religiöse Zentren.[625] Zum Teil haben sie auch defensive Aufgaben erfüllt: Darstellungen von frühen europäischen Amazonasreisenden zeigen runde Palisadenwerke mit Kampfszenen zwischen Indigenen.

Über die Erbauer der Erdbauten ist wenig bekannt. Angenommen wird, dass sie zu einer komplexen Gesellschaft mit einem entwickelten sozialen System und guten Verbindungen zwischen lokalen Gruppen gehörten[626], sich jedoch deutlich von den kleinen Populationen heutiger indigener Völker unterschieden haben.[627]

Inzwischen zeigen weitere Funde, dass präkolumbianische Erdbaukulturen entlang des gesamten südlichen Bereichs der Amazonasregion siedelten; dieser Bereich erstreckt sich über mehr als 1800 Kilometer[628], von Bolivien im Westen bis zum brasilianischen Bundesstaat Pará im Osten. Wie im Gebiet der Maya sind mithilfe von LIDAR-Untersuchungen viele Dutzend zusätzliche Bauten unter dem Kronendach gefunden worden. Die Scans fanden auf begrenzten Flächen statt, sodass Wissenschaftler davon ausgehen, dass in Amazonien weitere 10 000 bis 23 000 Erdbauten noch unentdeckt in den Wäldern liegen.[629]

Überreste verwandter Kulturen finden sich auch entlang des Amazonas und des Tapajós. In Santarém, wo der Tapajós in den Amazonas mündet, sowie in einem ausgedehnten Gebiet südlich dieser Stadt werden seit den 1980er-Jahren immer wieder präkolumbische Spuren entdeckt.[630] Dazu gehören Bestattungsurnen, hochentwickelte Keramik, Steinäxte oder Objekte aus Feuerstein. Auffällig in und um Santarém sind auch die ausgedehnten Flächen von »Schwarzer Erde«. Diese *terras pretas de indios* sind Spuren einer langfristigen Nutzung durch indigene Völker. Die Böden sind mit Holz- und Pflanzenkohle durchsetzt, daher die dunkle Farbe (siehe auch Kautschuk, S. 206). Die gesamte Ausdehnung von Schwarzen Erden in Amazonien wird auf ein Prozent geschätzt, etwa 70 000 Quadratkilometer, was der Fläche Irlands entspricht.[631] Auf Schwarzen Erden sind oft auch Mahagonibäume von eindrücklicher Größe zu finden, die einst im Licht auf den Rodungsflächen keimten und von der Fruchtbarkeit dieser Böden profitieren.[632] Das gilt auch für andere Baumarten, die sich wie Mahagoni nach dem Brachfallen auf derartigen Standorten ansiedeln, zum Beispiel für den Samaúma, den Kapokbaum.

All diese Funde sind Belege dafür, dass Amazonien am Vorabend der europäischen Eroberung weitaus dichter besiedelt war, als heute allgemein angenommen wird. Viele Wissenschaftler gehen davon aus, dass die Bevölkerung Amazoniens in die Millionen ging.[633] Besiedelt war nicht nur der Bereich der fruchtbaren Flussufer, sondern auch die mageren, ausgelaugten Terra-Firme-Böden der weitläufigen Gebiete zwischen den Flüssen.

Die Geschichte dieser Völker endet abrupt mit der europäischen Invasion. Im Westen Amazoniens finden 1541 erste Kontakte statt, als spanische Konquistadoren die Anden überqueren und auf der Suche nach *El Dorado* ins Amazonasgebiet hinuntersteigen. Unter der Führung von Francisco de Orellana fährt ein Teil dieser Truppe als erste Europäer den Amazonas hinunter. Von dieser Expedition wissen wir aus dem Tagebuch des mitreisenden Dominikanermönchs

Gaspar de Carvajal. Er berichtet von blühenden Gärten und Teichen, in denen Schildkröten gezüchtet werden, von vielen Menschen und von Dörfern, die mit Palisaden und Gräben befestigt sind. Es gibt Ackerbau mit Mais, Maniok, Erdnüssen oder Tabak. Von gastfreundlichen Völkern werden die Spanier mit einem feinen Getränk aus Kakao und Vanille empfangen.[634]

Als die Portugiesen ein gutes Jahrhundert später vom Mündungsgebiet des Amazonas flussaufwärts mit der Besiedlung beginnen, sind keine Gärten und keine Siedlungen mehr zu sehen. Baumriesen und Lianen haben die Flussufer wieder in schwer durchdringbare Wände verwandelt. Schon Orellanas Truppe hat wohl Krankheiten aus dem alten Kontinent mitgebracht, gegen die die Amazonasvölker nicht immun waren. Die Bevölkerung brach rasch zusammen. 90 Prozent oder mehr dürften an Pocken, Malaria und Gelbfieber gestorben sein, alles Krankheiten mit Ursprung in Europa.

Gaspar de Carvajals Beschreibungen eines üppigen Amazonaslebens werden – zusammen mit den nachfolgenden Schilderungen von Missionaren, Abenteurern und Wissenschaftlern des 16. und 17. Jahrhunderts – ins Reich der Fantasien verbannt oder als fiebrige Träume abgetan. So ist der Mythos der großen »Menschenleere Amazoniens« entstanden, und auch die Wissenschaft glaubte lange, dass der riesige Wald kaum berührte Urlandschaft ist – eine Vorstellung, von der die globale Allgemeinheit nach wie vor ausgeht.

PARANUSS, MANIOK ODER ANANAS

Neben den archäologischen Spuren haben die präkolumbischen Völker weitere Vermächtnisse hinterlassen. Wir wissen mittlerweile, dass auf ihren Rodungsflächen über Jahrtausende hinweg diverse, heute weltweit wichtige Nahrungsmittel domestiziert wurden, etwa Maniok, Erdnüsse oder Ananas.[635] Maniok, aus dessen Wurzel stärkehaltiges Mehl geröstet wird, ist gegenwärtig für eine halbe Milliarde Menschen in den Tropen ein Hauptnahrungsmittel.[636]

Wie sehr die Bewirtschaftung der präkolumbischen Völker auch die Zusammensetzung der Baumarten in Amazonien beeinflusste, beginnen wir eben erst zu verstehen. Ihre traditionellen Techniken führten wie im Maya-Gebiet zu diversen Ausprägungen von Kulturwäldern, mit einer Fülle von Baumarten, die essbare Früchte lieferten oder auf andere Weise wertvoll waren. Pupunha gehört dazu, die Pfirsichpalme, die stärke- und ölhaltige Früchte liefert. Auch Kakao ist weitverbreitet.

Ein eindrückliches Beispiel präkolumbischer Wirtschaftsweise ist der Paranussbaum, *Bertholletia excelsa*. Die länglichen, fett- und nährstoffreichen Samen finden sich heute in vielen unserer Nussmischungen. Ihre Nutzung beginnt vor über 9000 Jahren, bald nach Einwanderung der Menschen in den großen Wald.[637] Paranüsse gehören bis heute zum Nahrungskorb der Einwohner Amazoniens. Die Bäume werden über 500 Jahre alt und bis zu 50 Meter hoch, produzieren jährlich bis zu 300 verholzte Kugeln, die je 26 Nüsse enthalten. Diese bleiben für viele Waldbewohner in Brasilien und Bolivien ein wichtiges wirtschaftliches Standbein. 2004 hat der Handelswert von Paranüssen allein in Brasilien 15 Millionen Dollar ausgemacht.[638]

Der Paranussbaum ist in jungen Jahren lichtbedürftig, und das häufige Vorkommen alter Bäume in Gruppen deutet auf eine Verjüngungssituation hin, in der einst zum Anbau landwirtschaftlicher Kulturen gerodet wurde. Paranussbäume sind oft in der Nähe archäologischer Stätten zu finden.[639] Sobald die Baumvegetation auf einem Rodungsfeld wieder überhandnimmt, reichern es die Menschen mit Paranusssamen oder -setzlingen an. In derart gestörten Flächen findet die Lichtbaumart günstige Bedingungen und kann sich gegen andere Bäume durchsetzen.

Neben Feuer nutzen die präkolumbischen Völker diverse andere Techniken zur Beeinflussung der Artenzusammensetzung, ähnlich wie die Maya. Dazu gehört die Beibehaltung von Samenbäumen in Rodungsflächen oder selektives Jäten zur Förderung bevorzugter Arten, was sich später im Wald in Form kleiner Flächen oder Streifen mit einer Vielfalt von wirtschaftlich wertvollen Arten manifestiert. Diese Bewirtschaftungsweise bedeutet auch, dass seit Jahrtausenden eine genetische Auslese stattfindet. Heutige Paranüsse zum Beispiel sind deutlich größer als 2000 Jahre alte Früchte, die archäologische Grabungen zutage gefördert haben.[640] Beim Kakao hat die lange Bewirtschaftung in Westamazonien zu einer hohen genetischen Vielfalt geführt.[641]

Die jahrtausendelange kulturell bedingte Begünstigung von erwünschten Pflanzenarten könnte auch zur Erklärung eines rätselhaften Phänomens in der Baumartenverteilung Amazoniens beitragen: In diesem riesigen Raum, der etwa der Fläche der USA entspricht, wachsen rund 16 000 verschiedene Baumarten, doch es sind nur 227 Arten, die zusammengenommen die Hälfte aller Individuen ausmachen.[642] Viele dieser sogenannten »hyperdominanten Arten«[643] sind traditionelle Nahrungspflanzen oder liefern andere, für Waldbewohner interessante Ressourcen.[644] Wissenschaftler interpretieren die Zusammensetzung der heutigen Amazonasflora als Ergebnis eines jahrtausendelangen ko-evolutionären Prozesses von Menschen und Pflanzen, der mit der menschlichen Besiedlung eingesetzt hat.[645] Auch in diesem Bereich bestehen starke Ähnlichkeiten zum Lebensraum der Maya.

MAHAGONI – AUCH IN AMAZONIEN EIN KULTURFOLGER

Im Kielwasser der menschlichen Dynamik für die Nahrungsproduktion hat ohne Zweifel auch eine andere Baumart profitiert: Mahagoni. Wiederum drängt sich der Vergleich mit den Maya-Gebieten auf. Paranussbaum und Mahagoni sind ökologisch wesensverwandt und bezüglich ihres Verjüngungsverhaltens sehr ähnlich. Interessant ist, dass sich die Verbreitungsgebiete der beiden Lichtbaumarten über weite Strecken decken. Beide sind Kulturfolger und zeigen Störungen des Waldgefüges an, wie sie durch Stürme verursacht werden oder auch durch die Kulturflächen der indigenen Völker.[646]

Regionen mit dichten Mahagonibeständen, zum Beispiel an den Oberläufen des Purus, sind auf gestörte Bereiche zurückzuführen, etwa ehemalige Rodungsfelder von indigenen Völkern oder von Kautschukzapfern. Mahagoni entwickelt sich auch dort gehäuft, wo Flüsse ihr Bett wechseln und Altläufe trockenfallen. Solche Bestände heißen *Caobales* im Spanischen oder *Mogonais* im Portugiesischen.[647] Sie sind Beispiele von Dutzenden von Waldtypen, die auch von den heutigen Waldbewohnern noch auseinandergehalten werden. Viele dieser Formationen gehen auf Kulturen der Urbewohner mit ihren bevorzugten Baumarten zurück.

Bis vor Kurzem haben wir den Amazonaswald für kaum von menschlicher Hand berührt gehalten, für Naturgewalt in ihrer ursprünglichen Form, die jede menschliche Spur schnellstens überwächst und zum Verschwinden bringt. Eine drei Jahrzehnte disziplinenübergreifende Forschung widerlegt nun den Mythos der Unberührtheit fundamental. Amazonien ist seit Jahrtausenden Schauplatz enger Verflechtungen zwischen Menschen und Natur. Der Mensch erscheint dabei selbst als Natur, als eine ihrer diversen Kräfte, und kann nicht abgetrennt davon betrachtet werden – hier wilde Natur, da zahme Kultur.

In Amazonien haben Gemeinschaften ebenso wie auf Yucatán im Laufe der Jahrtausende diverse und dynamische Methoden entwickelt, um den Nutzwert ihrer Umwelt zu steigern, inklusive der Produktion von Holz und Nicht-Holz-Waldprodukten. Dabei haben sie über große Flächen und auf erstaunliche Weise auch das Aussehen des Waldes mitgeformt. Unsere Generation blickt nicht auf Urwald, sondern auf eine Kulturlandschaft, die seit langer Zeit und auf subtile Weise von Menschen verändert und mitgestaltet wurde.

Sind diese Forschungserkenntnisse dazu geeignet, unsere verzweifelte Hoffnungslosigkeit, die sich in Bezug auf Amazonien zunehmend einstellt, etwas zu dämpfen? Verglichen mit dem, was im großen Waldgebiet heute passiert, waren die präkolumbischen Störungen Nadelstiche und zweifellos um ein Vielfaches weniger ausgedehnt und dramatisch als heute. Doch auch die großen aktuellen Rodungsflächen bleiben nicht entwaldet, sondern wachsen zum Teil überraschend schnell wieder ein, sobald sie nicht mehr gepflegt oder beweidet werden. Wo Samenbäume überlebt haben, kann sich auch Mahagoni gut verjüngen, wie auf Yucatán nach Tropenstürmen.

Die präkolumbischen Kulturen haben auch gezeigt, dass begrenzte Rodungen für den Anbau von Nutzpflanzen sogar in nährstoffarmen Böden Amazoniens Nahrung für viel mehr Menschen zu erzeugen vermögen, als Wissenschaftler noch vor Kurzem dachten. Zudem haben die Altvorderen mit der *Terra Preta* ein System der Bodenverbesserung praktiziert, dem heute in den Tropen großes Potenzial zugeschrieben und dessen Anwendbarkeit gegenwärtig auch in den gemäßigten Zonen erprobt wird.

Speziell interessant sind die präkolumbischen Lösungen für die Waldphase des Wirtschaftszyklus. Für die historischen Völker waren baumförmige Nahrungspflanzen wie Paranuss natürlich wichtiger als Mahagoni. Die beiden Arten sind sich in ihrem ökologischen Verhalten jedoch derart nah, dass es kein Problem gewesen wäre, im Bedarfsfall Mahagoni nachzuziehen, zum Beispiel für die Palisaden der Erdwälle. Aus heutiger Sicht und mit globalen Wirtschaftskreisläufen vor Augen dagegen erscheint es sinnvoll, Mahagoni als eines der weltweit wertvollsten Hölzer für den Verkauf zu produzieren.

USE IT OR LOSE IT – NACHHALTIGE OPTIONEN FÜR AMAZONIEN

Wie kann Amazonien als Lebensgrundlage für eine wachsende lokale Bevölkerung nachhaltig bewirtschaftet werden, sodass auch der unverzichtbare Beitrag der Wälder zur Erhaltung der Biodiversität, für den Klimaschutz sowie für die regionalen und globalen Wasserkreisläufe erhalten bleibt? Im Vordergrund stehen drei Möglichkeiten: den Wald als Schutzgebiet erhalten, den Wald nachhaltig bewirtschaften, speziell auch die Sekundärwälder, oder alternative landwirtschaftliche Wirtschaftsweisen entwickeln. Mahagoni kann in all diesen Optionen ein wesentlicher Teil der Lösung sein.

Indigene Territorien und Naturschutzgebiete machen rund die Hälfte der Waldfläche Amazoniens aus.[648] Etwa 16 Millionen Hektar, ein Drittel der verbliebenen Bestände mit Mahagoni, liegen in diesen Schutzgebieten.[649] Grundsätzlich sind indigene Territorien mit klaren Grenzen und anerkannten Landrechten eine wichtige Barriere und haben eine deutlich geringere Entwaldung als Gebiete ohne diesen Status.[650] Dies unterstreicht auch die große Bedeutung von Schutzgebieten für die Erhaltung der Lebensgrundlagen und Kulturen der indigenen Völker und für die mit dem Wald verbundenen Umweltleistungen.[651]

Allerdings greifen Projekte, die oft im nationalen Interesse erstellt werden, etwa Straßen oder Flusskraftwerke, immer wieder auf Reservate über. Dies erhöht deren Zugänglichkeit und schafft Einfallstore für illegale Aktivitäten durch Goldgräber oder illegalen Holzschlag.[652] In der Periode von 2019 bis 2021 ist die Entwaldung in indigenen Territorien Brasiliens dramatisch angestiegen. Regierungsrhetorik und -maßnahmen provozierten eine drastische Zunahme von illegalen Aktivitäten sowie Gewalt gegen indigene Gemeinschaften. Die *Fundação Nacional do Índio*, die für den Schutz der Indigenen zuständige Regierungsstelle, wurde über personelle Veränderungen und Budgetkürzungen geschwächt. Schutzgebiete sind ohne entsprechenden politischen Willen nicht zu halten, aber selbst wenn dieser Wille vorhanden ist, werden ausreichend Ressourcen für die Durchsetzung der gesetzlichen Vorschriften benötigt.

Um den Wald außerhalb von Reservaten vor einer Umwandlung in Viehweide oder für den Anbau von Soja zu bewahren, drängt sich eine anderweitige Nutzung auf. *Use it or lose it*: Bewirtschafte den Wald dauerhaft, dann fällt er ausbeuterischen Nutzungen nicht zum Opfer. In Amazoniens Wäldern lässt sich sehr wohl nachhaltig Holz produzieren und nutzen. Das belegt die Bewirtschaftung ihrer Wälder durch indigene Völker, aber auch einzelne private Firmen nutzen nachhaltig Holz, zum Teil seit gut einem Vierteljahrhundert, einzelstammweise und ohne Entwaldung.[653]

Für das Holz sind auch bedeutende regionale und nationale Absatzmärkte vorhanden. Alle Amazonas-Anrainerstaaten haben wachsende Volkswirtschaften mit einem riesigen Holzbedarf. Brasilien mit einer Bevölkerung von etwa 220 Millionen benötigt jährlich gut 45 Millionen Kubikmeter Holz oder Holzwerkstoffe, beispielsweise für die Herstellung von Papier oder Verpackungen.[654] Längst fließt auch viel Holz aus Amazonien in die wachsenden Wirtschaftsräume im brasilianischen Süden.

Nachhaltige Waldbewirtschaftung unterscheidet sich fundamental von der Raubwirtschaft der Mahagonijagd. Bei einer nachhaltigen Waldnutzung geht es nicht nur um Holz, sondern auch um Klima- und Biodiversitätsschutz sowie um sichere Arbeitsplätze für die lokale Bevölkerung. In einer nachhaltigen Waldwirtschaft wird nur wenig in den Wald eingegriffen, und die Fällzyklen liegen Jahrzehnte auseinander. Dabei entstehen eher kleine Lücken im Kronendach, in die Bäume aus den unteren Schichten hineinwachsen können. Oft sind dies schattentolerante Baumarten. Sie können viele Jahre im Schatten des Kronendachs überleben, ohne in die Höhe zu wachsen. Sobald aber ein großer Baum abstirbt, in einem Sturm umgeweht oder gefällt wird, entwickeln sich die schattenertragenden Arten rasch in den offenen Raum hinein. Lichtbaumarten wie Mahagoni benötigen größere Lücken. Diese sollten mindestens 20 auf 20 Meter messen.[655]

Der Wald kann sich gut regenerieren, wenn er derart zurückhaltend genutzt wird. Aus Sicht des Klima- und Biodiversitätsschutzes kommt es zwar zu temporären Störungen. Das Ökosystem ist aber in der Lage, diese innerhalb von Jahrzehnten zu kompensieren.[656] Bezüglich der Holzvorräte legen Forschungsergebnisse der letzten Jahre nahe, dass sich diese in bewirtschafteten Wäldern auf einem tieferen, jedoch konstanten Niveau halten lassen, falls eine genügend lange Rotationszeit zwischen den Schlägen gewählt wird.[657]

Wie lange der Zyklus zwischen zwei Holzschlägen sein soll, kann durch Modellrechnungen ermittelt werden, ähnlich wie Abschätzungen zur Entwicklung einer menschlichen Bevölkerungsgruppe. Eingangsgrößen sind zum Beispiel Samenproduktion, Keimungsraten oder das Wachstum nach Altersklassen vom Keimling bis zum Baumgreis.[658] Für Mahagoni werden diese Daten seit 1996 in einem Forschungswald im Südosten Parás systematisch erhoben. Die in die Zukunft projizierte Entwicklung des Baumbestandes zeigt, dass eine Rotationszeit von 30 Jahren, wie sie von den brasilianischen Behörden festgelegt wurde, nur in optimalen Fällen ausreicht, um auch in 100 Jahren gleich viel Mahagoniholz fällen zu können, wie dies im erstmals genutzten Bestand der Fall war. Optimal sind die Bedingungen dann, wenn durch alle Rotationen hindurch ausreichend jüngere Mahagoni vorhanden sind, die in den nächsten drei Jahrzehnten zur Erntereife heranwachsen.[659]

Die Anzahl junger Bäume lässt sich bei Mahagoni durch waldbauliche Maßnahmen leicht fördern: Diese müssen unmittelbar nach der Ernte mit der Pflanzung von Mahagoni-Sämlingen beginnen. Versuche zeigen, dass Sämlinge in Lücken bis zu einem Meter pro Jahr in die Höhe wachsen. Damit kann Mahagoni mit den meisten anderen Arten der Lückenvegetation mithalten. Entscheidend ist, dass die Sämlinge nur dort gepflanzt werden, wo keine Beschattung durch andere Pflanzen besteht. Der vertikale Lichtschacht oberhalb des jungen Baumes muss zwei oder drei Jahre jederzeit offen bleiben, und dazu muss die konkurrierende Vegetation allenfalls zurückgeschnitten werden.[660] Dies beschleunigt das Höhenwachstum[661] und verschafft dem gesetzten Mahagoni ausreichend Vorsprung im Rennen um das Licht.

Anreicherungspflanzungen sind auch in Sekundärwäldern möglich, wo wenig oder kein Mahagoni vorkommt. Sekundärwälder entstehen vor allem auf Flächen, die Viehweiden in die Amazonaswälder gefressen haben. Die Weiden verursachen hohe Kosten für Düngung und Unkrautbekämpfung und wachsen daher oft rasch wieder zu Wald ein. 2020 bedecken solche Sekundärwälder allein in Brasilien weit über 160 000 Quadratkilometer, das entspricht etwa zweimal der Fläche Österreichs.[662]

Sekundärwälder können schon innerhalb von zwei Jahrzehnten viel von ihren Naturwaldfunktionen zurückerlangen. Die Möglichkeiten für waldbauliche Einflussnahme sind auch hier bedeutend. So kann zum Beispiel durch Pflanzung Mahagoni angereichert oder einheimische Holzarten können durch entsprechende Pflege gefördert werden. Der Holzertrag würde zur großen nationalen Nachfrage nach Holz beitragen und ebenso Holzarten und Qualitäten erzeugen, die im Export guten Ertrag abwerfen. Nicht zuletzt trägt dies zum Schutz der verbliebenen natürlichen Wälder bei.[663]

Noch viel größer als die Sekundärwälder ist im brasilianischen Amazonasgebiet die Fläche degradierter Wälder. Sie wird auf 630 000 Quadratkilometer geschätzt[664], nahezu die Größe Frankreichs. Degradierte Wälder sind nicht aus Rodungsflächen hervorgegangen, es sind vielmehr Waldflächen, die durch meist illegale Holzgewinnung oder angrenzende Feuer stark gestört sind. Auch hier besteht ein großes Potenzial, durch eine geregelte Waldbewirtschaftung auf diesen Flächen Erträge zu generieren, die wesentlich zur Lebensbasis der lokalen Bevölkerung beitragen. Dies ist mit Holz-, aber auch mit Nichtholzprodukten möglich.[665]

VON KAHLSCHLÄGEN ZU BAUMGÄRTEN UND NEUEM WALD

Wie aus großflächigen Kahlschlägen eine nachhaltige Kulturlandschaft entstehen kann, zeigt das Beispiel von Tomé-Açu, wo seit über 50 Jahren eine sehr subtile Landnutzungsweise umgesetzt und laufend weiterentwickelt wird, die viele Ähnlichkeiten mit präkolumbianischen Nutzungen aufweist. Tomé-Açu liegt rund 190 Kilometer südlich von Belém im Bundesstaat Pará und ist eine Gründung von japanischen Siedlern, die 1929 ins brasilianische Amazonasgebiet eingewandert sind.

Ihr Start war sehr schwierig. Die Böden in Tomé-Açu sind nährstoffarme Terra-Firme-Standorte außerhalb des Überflutungsbereichs der Flüsse, aber durch Anreicherung mit Kompost und Hühnermist gelingt es den Siedlern, aus Japan mitgebrachtes Gemüse zu ziehen und in Belém zu vermarkten. Malaria und Gelbfieber fordern immer wieder Menschenleben, und viele Familien versuchen ihr Glück im freundlicheren Südbrasilien. Andere bleiben auf dem eigenen Land, wie es Tradition in Japan ist. Die Bindung an ihren Boden mag damit zusammenhängen, dass die japanischen Bauern vor allem mit Pflanzen arbeiten. Die portugiesisch-stämmigen Brasilianer hingegen sind im Grunde ihres Herzens Viehzüchter geblieben, Gaúchos mit nomadischem Blut.

Die erfolgreichste Kulturpflanze in Tomé-Açu wird Pfeffer, der über die Handelsgenossenschaft CAMTA (Cooperativa Agrícola Mista de Tomé-Açu) vermarktet wird. Um 1960 ist der Wald in Tomé-Açu großflächig abgeholzt und wurde durch 800 000 Stützpfosten mit wuchernden Pfefferpflanzen ersetzt. Der Pfefferpreis klettert mit, und 1961 erzeugt die kleine Gemeinschaft von 500 Familien über fünf Prozent der Pfeffer-Weltproduktion.[666] (Bild: Pfefferlandschaft Tomé-Açu in den 1950er-Jahren ↪ Seiten 256, 257)

Die Straße nach Belém ist noch nicht mehr als eine Staubpiste. Doch in Tomé-Açu gibt es ein Spital, die Bekämpfung der Malaria ist Teil des Lebens geworden, die Associação Cultural vermittelt zu den japanischen Wurzeln und ist ein Ort für den Erfahrungsaustausch und die Weiterbildung. Die Beziehungen zu Südbrasilien, wo mittlerweile Hunderttausende japanischer Auswanderer leben, erleichtern den Handel. Der Pfeffer bringt Wohlstand und ermöglicht weitere Investitionen in der Landwirtschaft.

1965 kommt die große Pfefferkrise. Der Weltmarktpreis bricht ein, und gleichzeitig beginnt sich auf den Pfefferranken eine Pilzkrankheit auszubreiten, die den Anbau erschwert. Die Landschaft, wo Pfeffer angebaut wird, wird nun diversifiziert. Ein Teil der Plantagen wird Pionierbaumarten überlassen und vom Wald zurückerobert. Zum anderen Teil entstehen Baumgärten, mit Kombinationen diverser Arten, unter anderem: *Cupuaçu*, verwandt mit Kakao; *Acerola*, fruchtig-sauer und mit viel Vitamin C; *Açaí*, eine Palme, aus deren Trieben delikate, spargelähnliche Palmherzen geschnitten werden; *Macacauba*, ein Baum mit wertvollem Hartholz; und Dutzende anderer Arten. Geerntet wird jeweils nur, was gerade Spitzenpreise erzielt. (Bild: Baumgärten, Kulturlandschaft Tomé-Açu 2018 ↪ Seiten 256, 257)

Pfeffer erforderte pro Hektar und Jahr etwa 4000 Kilogramm Kompost und 1500 Kilogramm Kunstdünger.[667] Baumgärten hingegen benötigen lediglich ein Zehntel davon und auch nur dann, wenn eine Ernte vorgesehen ist. Durch entsprechende Artenwahl kann auch die Versorgung mit Stickstoff verbessert werden. *Erythrina* beispielsweise, ein Baum, der sich zum Überschirmen von Kakaosträuchern eignet, besitzt Wurzelbakterien, die Luftstickstoff fixieren, der dann anderen Pflanzen zur Verfügung steht.

Ende der Achtzigerjahre wachsen in Tomé-Açu bereits 34 verschiedene Baum- und Palmenarten, ein Dutzend mehrjährige Sträucher oder Lianen sowie viele einjährige Pflanzen wie Reis und diverse Gemüsesorten.[668] Mit dem Ausbau einer Fabrik positioniert sich die Genossenschaft als Hersteller tropischer Säfte, heute die hauptsächlichen Handelsprodukte von CAMTA. Hinzu kommen Pfeffer, Kakaobohnen und diverse seltene Pflanzenöle. (Bild: Kakaofrucht ↪ Seite 256)

Das agroforstliche System wird laufend weiterentwickelt und unter dem Begriff *Sistema Agroflorestal de Tomé-Açu* bekannt. Diese Baumgärten tragen wesentlich zum wirtschaftlichen, ökologischen und sozialen Fortschritt der Region bei. Über 1800 Kleinbauernfamilien produzieren die Rohstoffe für die Saftfabrik, und rund 10 000 Arbeitsplätze sind in der Region entstanden.[669] (Bild: Baumgarten in Tomé-Açu 2018 ↪ Seiten 258, 259)

Mit der Entwicklung hin zu einer »Kultur mit Bäumen« und einer breiten Palette von Nutzpflanzen haben die Menschen von Tomé-Açu dasselbe Rezept zum Leben im Regenwald Amazoniens gefunden, wie die präkolumbischen Völker, die mehr als 10 000 Jahre zuvor ebenfalls aus Asien eingewandert sind. Aus den Kahlflächen ist eine Kulturlandschaft entstanden mit einem Mosaik aus diversen Elementen, wie es sie auch in den präkolumbischen Kulturen gegeben hat: Sekundärwälder, Kakao gemischt mit Palmen und diversen Baumarten, dazwischen offene Flächen mit Passionsfrucht, Pfeffer oder Ananas. Aber auch Viehweiden oder kleinere Plantagen mit Ölpalmen sind anzutreffen.

Auch Mahagoni wäre in diesen agroforstlichen Systemen eine hervorragende Wahl, denn die Gegend um Tomé-Açu war noch in den 1980er-Jahren reich daran. Tatsächlich gibt es größere gemischte Pflanzungen, zusammen mit diversen Palmenarten und Kakao in der Strauchschicht. Doch es handelt sich nicht um Amerikanischen Mahagoni, sondern um eine afrikanische *Khaya*-Art. Der Grund für diese Baumartenwahl ist der Respekt der Bauern vor den Anforderungen im Rahmen von CITES und dem damit verbundenen administrativen Aufwand für eine Schlagbewilligung. Für *Khaya* ist eine solche nicht notwendig.

Agroforstliche Systeme wie in Tomé-Açu haben alle Kulturen, die sich auf den Lebensraum Amazonien eingelassen haben, früher oder später adaptiert – die präkolumbischen Kulturen, die heutigen indigenen Völker und ebenso lokale Gemeinschaften wie die *Caboclos*, die Mischlinge afrikanischer, europäischer und indigener Herkunft. Der aktuelle Trend im Großteil Amazoniens geht jedoch Richtung agrarindustrielles Management. Viele dieser Bewirtschafter sind kulturell Neuankömmlinge und gehen davon aus, dass großflächige Brandrodungslandwirtschaft raschen Gewinn ermöglicht. Doch diese Wirtschaftsweise ist in Amazonien nicht nachhaltig und wird auch weiterhin zu verbreiteter Entwaldung führen.[670]

REGELN, ÜBERWACHEN, DURCHSETZEN

Auch Mahagoni, das zeigt sich in diesem Baumporträt klar, ist in seinem natürlichen Verbreitungsraum, mit Ausnahme der Maya-Gebiete, kaum je mit einer nachhaltigen Zielsetzung bewirtschaftet worden. Bis heute sind beide, der Westindische wie der Amerikanische Mahagoni, ausgespäht, gejagt und erlegt worden, oft im Vorfeld von anrollenden Entwaldungsfronten.

In Brasilien befindet sich ein großer Teil der Holzwirtschaft nach wie vor in diesem Raubtiermodus. Das zeigen Daten aus den Bundesstaaten Pará und Mato Grosso, die zusammen rund 75 Prozent des Holzes aus dem Amazonasgebiet liefern. Zwischen 2007 und 2019 sind rund 70 Prozent der Exporte aus Pará auf illegalen Holzeinschlag zurückzuführen, und für Mato Grosso sind es 44 Prozent.[671] Dabei wird in allen Phasen des Geschäfts – bei Ernte, Transport und Verkauf des Holzes – gegen Gesetze verstoßen. Nicht bezahlte Abgaben und Steuern schädigen die Staatsfinanzen. Vorschriften zu Arbeitsbedingungen und zur Arbeitssicherheit werden unterlaufen. Die Löhne der Holzarbeiter sind schlecht und die Schäden an der Umwelt viel zu groß.

Eine speziell negative Auswirkung von illegalem Holzeinschlag ist die Tatsache, dass er auch die Etablierung einer verantwortungsvollen, nachhaltigen Waldbewirtschaftung untergräbt. Eine solche erfordert erhebliche Investitionen über einen langen Zeitraum. Diese können nicht amortisiert werden, wenn die Holzpreise durch illegale Tätigkeiten gedrückt werden und nachhaltige Betriebe dadurch nicht wettbewerbsfähig sind. Entscheidend für die Erfolgsaussichten einer nachhaltigen Waldbewirtschaftung, aber auch der anderen erwähnten wirtschaftlichen Optionen, ist eine Reihe von politischen und legalen Rahmenbedingungen und deren Durchsetzung auf dem Terrain.

Brasilien hat von 2004 bis 2012 vorgemacht, wie dem Kampf gegen illegalen Holzeinschlag zu Erfolg verholfen werden kann.[672] Mit einem koordinierten, behördenübergreifenden Vorgehen sind Veränderungen im Wald durch Fernerkundung und Verifizierung am Boden überwacht worden. Straftäter wurden gerichtlich belangt und erhielten Geldbußen. Zwischen 2019 und 2022 sind diese Verfahren jedoch außer Kraft gesetzt worden, mit verheerenden Folgen. Sofort stieg die Entwaldung – vor allem für neue Weideflächen und Sojafelder – auf Rekordwerte.

Technisch wird gezieltes Vorgehen gegen illegale Machenschaften zunehmend einfacher. Eine ständig steigende Auflösung von Satellitenaufnahmen sowie Deep-Learning-Methoden machen es möglich, selbst kleinräumige Waldstörungen, wie sie durch selektiven Holzeinschlag entstehen, fast in Echtzeit zu erkennen. Auch neue Werkzeuge zur Verfolgung geernteter Stämme ermöglichen eine verbesserte Überwachung der Legalität von Holz entlang der Produktionskette.[673] Die Anwendung neuer Instrumente und vor allem die Durchsetzung auf dem Boden bei Übertretungen ist eine Frage des politischen Willens.

LANDRAUB UND DROGENMAFIA

Nach wie vor steht die Walderhaltung unter großem Druck, vor allem durch den ungebrochenen Trend zur Privatisierung der *Terras Devolutas*, des öffentlichen Waldes unter Hoheit der Zentralregierung. Dieser Prozess ist von der Militärregierung in den 1960er-Jahren angestoßen worden (siehe Kautschuk, S. 216). Mittlerweile droht er vollkommen außer Kontrolle zu geraten, denn die ohnehin starke Tendenz zur laufenden Vergrößerung privater Landflächen wird durch neue Akteure zusätzlich verstärkt.

Dahinter stecken bedeutende wirtschaftliche Interessen, insbesondere von großen Agrar- und Bergbauunternehmen.[674] Die Zucht neuer Sorten macht es möglich, dass Soja- oder Maiskulturen von den saisonal trockenen Gebieten des Mato Grosso immer weiter nördlich und damit in feuchteren Zonen verwendet werden können. In Acre zum Beispiel ist der Sojaexport wertmäßig von zwei Prozent 2019 auf 26 Prozent 2022[675] angestiegen. Im Bergbau sind die uralten

Träume von El Dorado stets präsent, und es geht nach wie vor darum, sich Optionen für Vorkommen von Erz, Öl oder Gas offen zu halten.

Es sind vor allem große Landeigentümer, die sich zusätzlich riesige Flächen aneignen. Die letzte Erhebungsperiode im Amazonasgebiet Brasiliens, die 2017 endete, weist zusätzlich entstandenes Privatland von gut 15 Millionen Hektar aus – mehr als zweimal die Fläche von Irland. Fast zwei Drittel davon sind zu Besitztümern hinzugekommen, die bereits zuvor über 2500 Hektar groß waren. 2500 Hektar ist jene Fläche, die in der brasilianischen Verfassung als obere Grenze für die Zuweisung öffentlicher Ländereien festgelegt ist. Ungeachtet der gesetzlichen Regeln befindet sich schon 2017 die Hälfte der 61 Millionen Hektar Privatland in Amazonien in riesigen Grundstücken, die größer als 10 000 Hektar sind.[676] Der Trend zur Bodenkonzentration in immer weniger Händen wie im Süden setzt sich offenbar auch im Amazonasgebiet fort, sehr oft auf Kosten von Kleinbauern oder mittleren Akteuren.

Grundsätzlich bevorzugt der Landmarkt entwaldeten Boden. Zur Herstellung dieses »Produkts« ist in Amazonien ein Mechanismus für Landraub entstanden, der mit Illegalität, Drohungen, Gewalt und Menschenrechtsverletzungen gespickt ist.[677] *Grileiros*, professionelle Landräuber, und ihre *pistoleros* eignen sich Grundstücke von kleinen oder mittelgroßen Bauern an und arrondieren sie zu Landgrößen, die höhere Marktpreise versprechen. Dokumente werden gefälscht, Nullen hinzugefügt, Archive gehen in Flammen auf. Allein 2020, in einem Klima schwacher, respektive absichtlich geschwächter staatlicher Präsenz, sind im brasilianischen Amazonas 1132 Landkonflikte registriert worden, sowie Dutzende Morddrohungen gegen Bauern und indigene Völker. 17 Menschen, viele davon Mitglieder ziviler Organisationen, die die Landopfer verteidigt haben, sind ermordet worden.[678]

Als Brandbeschleuniger für diese Vorgänge wirken jüngste Entwicklungen im Drogenmarkt. Heute ist ein großer Teil des Kokains, das in Kolumbien und Peru produziert wird, für Europa bestimmt, wo der Kokainkonsum global am schnellsten wächst. Die Schmuggelrouten zu den Häfen am Atlantik führen nun über das Flusssystem Amazoniens; vielerorts sind inzwischen Operationsbasen der Schmuggler entstanden, auch in Manaus oder Belém.

Was auf diversen Ebenen folgt, befeuert die Privatisierungs- und Landraubprozesse zusätzlich. Die organisierte Kriminalität unterwandert den Staat, beeinflusst die Lokalpolitik, die Behörden, die Justiz. Die jetzt schon unzureichende staatliche Souveränität und die bescheidenen Mittel für deren Durchsetzung werden zusätzlich unterhöhlt. Davon profitieren alle illegalen Akteure: Drogenbanden, Holzschmuggler, Goldsucher und auch die Landräuber.[679]

Illegale Holzfälloperationen in Brasilien weiten sich von etablierten Gebieten wie Mato Grosso, Pará und Rondônia auf entlegenere Gliedstaaten wie Acre, Roraima und Amazonas aus. Die Kombination aus holzreichen Wäldern, billigem Land und begrenzten Kontrollen hat zu einer Explosion der illegalen Abholzung geführt, speziell auch in den notorisch zu wenig geschützten Reservaten der indigenen Bevölkerung.[680] Gleichzeitig wird Drogengeld direkt in Amazonien gewaschen, indem in Sägewerke, Rinderfarmen oder Goldclaims investiert wird. Dies führt zu einer zusätzlichen Entwaldung: *narco-desmatamento*, Regenwaldrodung durch die Drogenmafia.[681]

Um sich der organisierten Kriminalität und den damit verbundenen Auswirkungen entgegenzustellen, braucht es Maßnahmen auf allen Ebenen und über die Kontinente hinweg. Die Zusammenarbeit zwischen den betroffenen Ländern muss intensiviert werden, insbesondere im Grenz- und Zollbereich, in der Drogenfahndung und bei der Präsenz von Polizeikräften. Allerdings ist es bisher trotz hoher Kosten an Menschenleben nicht gelungen, Drogenproduktion und -handel unter Kontrolle zu bringen.

In der Pflicht stehen auch die Konsumländer, die es in der Hand haben, die kriminellen Handelsströme trockenzulegen, etwa in Form einer geregelten Drogenabgabe.[682] Auch bei den anderen Produkten sind die Importländer gefragt: Die Verifizierung der Herkunft und Legalität von Holz, Gold oder Sojabohnen muss laufend verbessert werden. Güter, die mit Umweltzerstörung, Entwaldung und illegalen Landpraktiken verbunden sind, dürfen für den Import nicht akzeptiert werden.

Amazonien ist, mit Ausnahme des Waldes indigener Völker, Neusiedlungsland und damit großflächig ohne kulturelle Traditionen, wie dies bei den Maya der Fall ist. Darum ist auf lokaler und regionaler Ebene eine Stärkung der Gemeinden, der Bauern und indigenen Völker unabdingbar, in der durch den Drogenhandel verschärften Situation erst recht. Hier stehen alle Regierungsebenen in der Pflicht. Es genügt nicht, Zehntausende von Kilometern Straßen in den Wald zu bauen, dadurch Menschen anzulocken und sie dann allein zu lassen. Es braucht auch Maßnahmen zur Entwicklung der lokalen Gemeinschaften, um Lebensqualität und Wohlbefinden der Menschen zu verbessern. Es braucht Rechtssicherheit, was auch ausreichend Kräfte für die Durchsetzung des Rechts bedingt. Es braucht Förderung wirtschaftlicher Aktivitäten, die Stärkung sozialer und wirtschaftlicher Netzwerke und Dienstleistungen. Funktionierende lokale Gemeinschaften können sich gegen die Untergrabung demokratischer Vorgänge besser wehren. All dies sind Voraussetzungen für die Entstehung nachhaltiger Kulturlandschaften, wie sie sich in Tomé-Açu entwickelt haben.[683]

Um im klebrigen Netz der Illegalitäten des Landmarkts nicht unterzugehen, müssen die lokalen Behörden zusammen mit der Zivilgesellschaft und den indigenen Völkern Zugang zu diversen modernen Werkzeugen erhalten. Dazu gehören Datenbanken zu Landbesitz und Transaktionen, Geoinformationssysteme zur Kartierung und Analyse von Eigentumsverhältnissen sowie Plattformen zur Verbreitung und zum Austausch von Informationen unter den verschiedenen Akteuren. Damit lassen sich Unstimmigkeiten aufdecken, legale von illegalen Landtransaktionen unterscheiden und Handelsketten von Eigentum schnell und kostengünstig zurückverfolgen.[684]

Wirksam gegen illegale Vorgänge ist auch Wald, der als gemeinsames Eigentum durch eine Gemeinde bewirtschaftet wird, wie im mexikanischen Noh Bec. Das Potenzial für gemeinschaftliche Waldbewirtschaftung ist riesig in Amazonien. Allein in Brasilien ist eine solche auf weit über 50 Millionen Hektar möglich.[685] Während private Unternehmen oft ausschließlich auf Holz fokussiert sind, nutzen Gemeinden mehrere Waldressourcen und vermögen die Einkommensquellen zu diversifizieren. Neben Holz können dies Kautschuk oder andere Nichtholzprodukte sein, auch Ökotourismus ist denkbar. Indigene Völker und lokale Gemeinschaften können ihre Landrechte besser schützen, die Intensität der Holzeinschläge anpassen und mit dem Einkommen Gemeindeleistungen finanzieren.[686] Wenn zum Beispiel Mahagoni auf einem Hochpreismarkt verkauft werden kann, wird der Wald kaum zu Weide werden.

Mehr denn je hängt in unserer Gegenwart alles mit allem zusammen. Die Drogenpolitik, speziell auch in den Konsumentenländern, die Herkunft von Holzprodukten, von Soja und von Fleisch hat bedeutenden Einfluss auf das Schicksal von Amerikanischem Mahagoni und auf die Wälder dieser Leitart. Es ist im Grunde dieselbe Geschichte wie diejenige des Westindischen Mahagonis. Damals war Rohrzucker das treibende Konsumgut, heute sind es Fleisch, Soja und Drogen. Heute jedoch haben wir eine viel umfassendere Sicht auf das laufende Drama um den Amerikanischen Mahagoni, und wir kennen die Maßnahmen, um dieses in eine positive Richtung umzulenken.

ENDNOTEN

1 Latex und Kautschuk werden oft synonym verwendet.
2 Kremer, Petit & Ducousso 2002, 117
3 Lowe, et al. 2005, 68
4 Vgl. Kremer 2015
5 Chassé 2016, 113
6 Chassé 2016, 114
7 Kremer 2015, 21
8 Kremer 2015, 22
9 Cottrell, et al. 2002, 182
10 Vgl. Kremer 2015
11 Kremer 2015, 25
12 Cottrell, et al. 2002, 181
13 Vgl. https://latenium.ch/de/das-latenium/welterbeliste/
14 Vgl. Pillonel 2007
15 Vgl. Blum, Bollinger & Turck 2022
16 Gassmann 1989, 113
17 Thirgood 1971, 3
18 Küchli 2000, 12
19 Küchli 2000, 12
20 Küchli 2000, 13
21 Thirgood 1971, 2
22 Mitteilung von Denis Horisberger, Villars-Burquin, Herbst 2022
23 Vgl. Küchli 2000
24 Vgl. Ellis Davidson 1990
25 Vgl. Bonde, et al. 2016
26 Bonde, et al. 2016, 6
27 Jorgensen 2013, 392
28 Thirgood 1971, 2
29 http://www.vikinganswerlady.com/vik_pets.shtml
30 Küchli 2000, 7
31 https://www.etymonline.com/search?q=acorn
32 Jorgensen 2013, 389
33 https://www.forestryengland.uk/new-forest/pannage-pigs-and-acorns
34 https://www.forestryengland.uk/new-forest/pannage-pigs-and-acorns
35 Gilgen, 2003, 62
36 Bernard, Renaudin & Marguerie 2006
37 Thirgood 1971, 2
38 Czajkowski, et al. 2006
39 Jõgiste, et al. 2018
40 https://esajournals.onlinelibrary.wiley.com/doi/pdf/10.1002/ecs2.2503
41 Vgl. Wazny & Eckstein 1987
42 Vgl. Daly & Tyers 2022
43 Vgl. Daly & Tyers 2022
44 Wazny, 2002
45 https://www.worldhistory.org/Ghent_Altarpiece/
46 https://www.kultur-port.de/index.php/blog/bildende-kunst/15295-baltische-eichen-im-kunstmuseum-rigaer-boerse.html
47 Seim, et al. 2024, 1
48 Carey 2009, 194
49 Carey 2009, 198
50 Vgl. Oosterbaan, Doeve & van Daalen 2023
51 Oosterbaan, Doeve & van Daalen 2023, 422
52 Oosterbaan, Doeve & van Daalen 2023, 422
53 Estreicher 2023, 132
54 Castro 2008, 79
55 Gauthier-Bérubé & Thakar 2023, 167
56 Vgl. Oster 2015, 22
57 Albion 2026, 174
58 Hasler 1998, 3
59 Ufer 2012, 118
60 Ufer 2012, 151
61 Vgl. Gaastra 2002
62 Vgl. Iken 2024
63 Vgl. http://www.zeno.org/Meyers-1905/A/Niederlande
64 Vgl. Lambert 1985
65 Ufer 2012, 132
66 Morin, et al. 1996, 36
67 Küchli 1992, 98
68 https://www.pepysdiary.com/encyclopedia/462/
69 Melby, 2015, 15
70 Albion 1926, 50 ff.
71 Albion 1926, 108
72 Albion 1926, 131
73 Albion 1926, 131
74 Thirgood 1971, 12
75 https://www.newforestnpa.gov.uk/things-to-do/walking/new-forest-walks/knightwood-oak-stroll/
76 Knight 1986, 223
77 https://seppingsfamilyhistory.com/2018/07/08/the-age-of-sail-milligen-seppings-and-lockyer-military-men-england-pt-1/
78 Thirgood 1971, 10
79 Albion 1926, 12
80 https://www.spiegel.de/wissenschaft/natur/schiffsbohrwuermer-die-termiten-der-meere-a-560115.html
81 https://thedockyard.co.uk/plan-your-visit/learning/digital/history-of-the-dockyard/
82 Albion 1926, 133
83 Oster 2015, 4
84 Oster 2015, 22
85 Oster 2015, 19
86 Baker, et al. 2002, 80
87 Vgl. Baker, et al. 2002
88 Vgl. Baker, et al. 2002
89 Baker, et al. 2002, 79
90 Albion 1926, 380
91 Albion 1926, 373
92 Albion 1926, 374
93 Thirgood 1971, 11
94 Albion 1926, 377
95 Albion 1926, 137
96 Vgl. Seppings 1817
97 Vgl. Seppings 1814
98 Vgl. Goodwin 1997
99 https://erebusandterrorfiles.blogspot.com/2014/03/the-sole-survivor-of-franklin-saga.html (Bild 2, 5.2025).
100 Schramm 1952, 96
101 Meyer 1931, 442
102 Vgl. Küchli & Stuber 2001
103 Vgl. Küchli 2000, 505
104 https://schweden-geschichte.blogspot.com/2012/03/die-insel-visingso-in-der-schwedischen.html
105 Persönliche Mitteilung von Fredrik Ellgren, Statens

fastighetsverk, Stockholm, 18.12.2019
106 https://www.onf.fr/foret-exception/troncais-foret-dexception/+/bf6::vivre-la-foret-de-troncais-lhistoire-de-la-sylviculture-grandeur-nature.html
107 https://www.onf.fr/foret-exception/troncais-foret-dexception/+/8c6::troncais-foret-dexception-une-chenaie-prestigieuse-au-coeur-du-territoire.html
108 Schneider 1998, 13
109 Estreicher 2023, 133
110 Vgl. Wondrich 2020
111 https://dico-du-vin.com/troncais-foret-de-troncais/
112 Estreicher 2023, 128
113 Eriksson, et al. 2015, 4
114 Silva, et al. 2023, 3
115 https://natuerlichkork.de/wp-content/uploads/2015/03/WWF_Broschure_Cork_Screwed.pdf
116 Frehner, et al. 2018, 8
117 Frehner, et al. 2018, 4
118 Frehner, et al. 2018, 8
119 Vgl. Bonfils, et al. 2013
120 Milesi, et al. 2024
121 Bonfils, et al. 2015
122 Vgl. Junod 2020
123 Vgl. Junod 2016
124 Vgl. Bonfils, et al. 2025; https://www.waldwissen.net/de/lebensraum-wald/tiere-im-wald/voegel/markwart-der-vorlaute-eichenpflanzer
125 https://diewaldloesung.de/haeherkasten/
126 https://www.scientificamerican.com/article/is-reintroducing-acorns-into-the-human-diet-a-nutty-idea/?print=true
127 https://selva.sith.itb.ac.id/2018/11/16/sos-in-forest/
128 Sérougne 2020, 133
129 Dowson 1879, 316 ff.
130 https://www.studylight.org/encyclopedias/eng/bri/t/teak.html
131 Birdwood G, 1881: Indian Forestry. The Gardeners Chronicle 26 Juli 1881, S. 110
132 https://www.teakrc.com/perfume-is-one-of-the-many-uses-of-teak/#
133 Vgl. Guruaja, Shilpa & Himanshu 2021
134 Brandis 1896, 441
135 Vgl. Brandis 1896
136 Vgl. Lindsay & Brandis 1874
137 Vgl. Peluso 1991
138 Vgl. Verhaegen, et al. 2010
139 Durand 1993, 255
140 Verhaegen, et al. 2010
141 Gururaja, Shilpa & Himanshu 2021
142 Altona 1922, 869
143 Altona 1922, 869
144 Vgl. Patra 2010
145 Wertheim 1956, 281
146 Verhaegen, et al. 2010
147 Durand 1993, 255
148 Durand 1993, 255
149 Boomgard 1988, 71
150 Wayan Ugir, Taxifahrer auf Bali
151 Zandvliet 2012, 180
152 Zandvliet 2012, 182
153 Boomgaard 1988, 62
154 Boomgaard 1988, 61
155 Parthesius 2010, 164
156 Parthesius 2010, 167
157 Durand 1993, 259
158 Boomgaard 1988, 69
159 Boomgaard 1988, 77
160 Durand 1993, 264
161 https://www.threedecks.org
162 Albion 1926, 116
163 Albion 1926, 37
164 Albion 1926, 364
165 Sérougne 2020,126
166 Chandran 1997, 146
167 Pouchepadass 1990, 14
168 Chandran 1997, 149
169 Mann 2001, 408
170 Sérougne 2020, 125
171 Sérougne 2020, 126
172 Albion 1926, 367
173 Lambert 1994, 150
174 Walker 2010, 39
175 Walker 2010, 39
176 Vgl. Vries 2001
177 Sérougne 2020, 139
178 Krishnan 1997, 224
179 Sérougne 2020,129
180 Lambert 1994, 153
181 Mann 2001, 411
182 Küchli 1997, 38 ff.
183 Mann 2001, 411
184 Mann 2001, 407
185 Nisbet 1901, 414
186 Nisbet 1901, 414
187 Nisbet 1901, 16
188 Stebbing 1947, 819
189 Bryant 2009, 5
190 Nisbet 1901, 426
191 De'Ath 1992, 56
192 Nisbet 1901, 15
193 Toke Gale 1974, 134
194 Toke Gale 1974, 139
195 https://elefanten.fandom.com/wiki/Wei%C3%9Fer_Elefant
196 Anonymus 2016, 2
197 Nisbet 1901, 95
198 Duroiselle 1963, 13
199 Nisbet 1901, 40
200 Duroiselle 1963, 22
201 Duroiselle 1963, 23
202 Bryant 1997, 24
203 Bryant 1997, 24
204 Bryant 1997, 29
205 Latham 1954, 451
206 Bryant 1997, 27
207 Nisbet 1901, 419
208 Latham 1954, 452
209 Vgl. Goodwin 1997
210 https://www.britannica.com/place/Myanmar/The-unification-of-Myanmar
211 Hall 1960, 52
212 Williams 2002, 357
213 Küchli 1997, 35
214 Küchli 1997, 36
215 Zit. aus: Williams 2002, 358
216 Vgl. Grove 1988
217 Williams 2002, 348
218 Vgl. Grove 1988
219 Vgl. Grove 1988
220 Vgl. Grove 1988
221 Vgl. Grove 1988
222 https://www.spiegel.de/panorama/leute/koenig-charles-iii-zeitplan-gaeste-tv-programm-so-laeuft-heute-die-kroenung-ab-a-c4fa4b71-34c0-4864-962a-f853c83988ac?sara_ref=re-so-app-sh
223 Stebbing 1947, 819
224 Stebbing 1947, 819
225 Vgl. Barton 2000
226 Hesmer 1975, 19
227 www.forstwirtschaft-in-deutschland.de/waelder-entdecken/waldflaeche/

228 Vgl. Hesmer 1975
229 Brandis 1896, 329
230 Hesmer 1975, 20
231 Hesmer 1975, 22
232 Hesmer 1975, 23
233 Nyunt, et al. 2017, 39
234 Nyunt, et al. 2017, 39
235 Brandis 1896, 338
236 Boomgard 1988, 71
237 Nisbet 1901, 57
238 Brandis 1896, 329
239 Bryant 1997, 64
240 Bryant 1997, 64
241 Stebbing 1947, 819
242 Bryant 1997, 63
243 Bryant 1997, 66
244 Bryant 1997, 64
245 Zit. aus: Brandis 1896, 349
246 Brandis 1896, 409
247 Brandis 1896, 399
248 Bryant 1997, 67
249 Bryant 1994, 232
250 Bryant 1994, 232
251 Küchli 1997, 41
252 Brandis 1896, 409
253 Vgl. Hardin 1968
254 Nisbet 1901, 78
255 Nisbet 1901, 94
256 Vgl. Barton & Bennett 2010
257 Barton & Bennett 2010, 66
258 Küchli 1997, 162
259 Banubatana 1962, 3
260 Barton & Bennett 2010, 70
261 Banubatana 1962, 3
262 Barton & Bennett 2010, 70
263 Barton & Bennett 2010, 70
264 De'Ath 1992, 52
265 Küchli 1997, 160
266 Vgl. Betgem 2021
267 Barton & Bennett 2010, 72
268 Barton & Bennett 2010, 72
269 Barton & Bennett 2010, 78
270 Barton & Bennett 2010, 71
271 Barton & Bennett 2010, 71
272 Barton & Bennett 2010, 75
273 Vgl. Barton & Bennett 2010, 77
274 Barton & Bennett 2010, 78
275 Barton & Bennett 2010, 86
276 Morehead 1944, 56
277 Vgl. https://bbtcl.com/company-profile/
278 Banubatana 1962, 7
279 Küchli 1997, 162
280 Morehead 1944, 58
281 Gyi & Tint 1998
282 https://www.statista.com/statistics/1066922/population-india-historical/
283 https://www.worlddata.info/asia/burma/populationgrowth.php
284 https://www.statista.com/statistics/1067115/population-thailand-historical/
285 Küchli 1997, 164
286 Nyunt, et al. 2017, 41
287 Küchli 1997, 166
288 Nyunt, et al. 2017, 46
289 Vgl. Kastren 2001, 8
290 Nyunt, et al. 2017, 41
291 Kastren 2001, 19
292 Mündliche Aussage U Kyaw Win Maung 2016
293 https://www.bbc.com/news/world-asia-33632291
294 Zar Chi Hlaing 2022, 44
295 https://www.nzz.ch/international/militaerputsch-in-myanmar-junta-plant-wahl-mit-massiven-einschraenkungen-ld.1599361
296 https://www.dw.com/en/blood-teak-for-the-super-rich-props-up-a-cruel-regime/a-64854613
297 https://www.dw.com/en/blood-teak-for-the-super-rich-props-up-a-cruel-regime/a-64854613
298 https://www.icij.org/investigations/deforestation-inc/myanmar-teak-trade-sanctions-military-regime/
299 https://www.latimes.com/world-nation/story/2022-01-11/myanmar-teak-sanctions-imports
300 https://www.boat24.com/de/blog/teakdeck-decksbelag/
301 Boonsermsuk 2022, 25
302 Trisurat, et al. 2022, 101
303 Trisurat, et al. 2022, 105
304 Bryant 2007, 13
305 Boonsermsuk 2022, 30
306 Vgl. Bhat, et al. 2004
307 Moya, Bond & Quesada 2014, 428
308 Vgl. de Andrade Coutinho & Takizawa 2022, 183
309 Kastren 2001, 10
310 de Andrade Coutinho & Takizawa 2022, 197
311 de Andrade Coutinho & Takizawa 2022, 188
312 Boonsermsuk 2022, 30
313 Zar Chi Hlaing 2022, 44
314 Zar Chi Hlaing 2022, 45
315 Vgl. Neue Zürcher Zeitung 2011
316 FAO 2019, 42
317 Ball, et al. 1999, 5
318 Fauzi & Rimbawanto 2022, 220
319 Brandis 1896, 399
320 Lieberei 2007, 1
321 Vgl. Schultes 1984
322 https://tiregrades.com/buying-guides/tire-production-statistics/
323 Laroche, et al. 2022
324 Jaramillo-Giraldo, et al. 2017, 187
325 Lieberei 2007, 1126
326 https://www.gesetze-im-internet.de/krwaffkontrg/anlage.html
327 https://rmis.jrc.ec.europa.eu/eu-critical-raw-materials
328 Onokpise & Louime 2012, 3154
329 Lieberei 2007, 1126
330 Schultes 1956, 138
331 Schultes 1956, 139
332 Grandin 2009, 305
333 Schultes 1984, 3
334 Grün & Grün 1973, 241
335 Grün & Grün 1973, 278
336 Grün & Grün 1973, 260
337 Soentgen 2013, 308
338 Soentgen 2013, 306
339 Soentgen 2013, 297
340 Soentgen 2013, 319
341 United States Patent Office 1839
342 http://www.loadman.co.uk
343 Vgl. Stephens 2023
344 http://www.loadman.co.uk
345 Jackson 2009, 206
346 Hecht & Cockburn 1989, 235
347 Santos 2002, 11
348 Yungjohann & Prance 2021
349 Yungjohann & Prance 2021, 23
350 Yungjohann & Prance 2021, 31
351 http://meteo-climat-bzh.dyndns.org/station-1278-Cruzeiro_do_sul.php
352 Yungjohann & Prance 2021, 51, 79

353 Yungjohann & Prance 2021, 74
354 Yungjohann & Prance 2021, 80
355 Yungjohann & Prance 2021, 80
356 Yungjohann & Prance 2021, 106
357 Hecht & Cockburn 1989, 69
358 Hecht & Cockburn 1989, 69
359 Hecht & Cockburn 1989, 71
360 Fifer 1970, 125
361 Fifer 1970, 137
362 https://issuu.com/gilmarcortezrodriguez/docs/revista_mesopotamia_beniana
363 Fifer 1970, 131
364 Fifer 1970, 129
365 Fifer 1970, 130
366 Fifer 1970, 144
367 Fifer 1970, 136
368 Fifer 1970, 140
369 Fifer 1970, 137 ff.
370 Rummenhoeller 2003, 157
371 Vgl. Küchli 1997, 144 ff.
372 Vgl. Condamine 1738
373 Hobhouse 1987, 34
374 Jackson 2009, 50
375 Jackson 2009, 52
376 Schultes 1984, 6
377 Jackson 2009, 125
378 Jackson 2009
379 Jackson 2009, 178
380 Jackson 2009, 181
381 Jackson 2009, 197
382 Jackson 2009, 199
383 Jackson 2009, 204
384 https://www.botanicgardens.gov.lk/service/henarathgoda-botanic-gardens-gampaha/
385 Vgl. Kennedy 1971
386 https://modeltfordfix.com/time-to-re-tire-model-t-fords-and-clincher-tires/
387 https://media.ford.com/content/fordmedia/feu/ch/de/news/2016/03/16/rund-um-die-welt-mit-einem-100-jahre-alten-ford-modell-t.html
388 http://www.loadman.co.uk
389 http://www.loadman.co.uk
390 Vgl. Bradford, Barham & Coomes 1994, 83
391 Jackson 2009, 266
392 Davis 1997, 3
393 Jackson 2009, 274
394 Jackson 2009, 275
395 Davis 1997, 3
396 Hecht & Cockburn 1989, 79
397 Fifer 142
398 Hecht & Cockburn 82
399 Jackson 2009, 247
400 Jackson 2009, 191
401 Zerbe 2002, 295
402 Jackson 2009, 267
403 Schultes 1984, 10
404 Ledebur & Taylor 2008, 7
405 https://www.faz.net/aktuell/wirtschaft/vor-100-jahren-wie-das-fliessband-die-autoproduktion-revolutioniert-hat-12426514/der-laubfrosch-12530236.html
406 Vgl. Grandin 2009
407 Davis 1997, 3
408 Grandin 2009, 25
409 Grandin 2009, 60
410 Grandin 2009, 2
411 Grandin 2009, 298
412 Gunkel 2010
413 Grandin 2009, 171
414 https://www.in2013dollars.com/us/inflation/1931
415 Vgl. https://www.thehenryford.org/collections-and-research/digital-resources/popular-topics/brazilian-rubber-plantations/
416 Davis 1997, 8
417 Lieberei 2007, 1128
418 Grandin 2009, 319
419 Grandin 2009, 319
420 https://www.thehenryford.org/collections-and-research/digital-resources/popular-topics/brazilian-rubber-plantations/
421 Grandin 2009, 341
422 Gunkel 2010
423 https://www.thehenryford.org/collections-and-research/digital-resources/popular-topics/brazilian-rubber-plantations/
424 http://www.loadman.co.uk
425 https://www.whitehousehistory.org/photos/photo-3-12
426 Davis 1997, 8
427 http://www.loadman.co.uk
428 *Hevea nitida* var. *toxicodendroides*
429 Hettler & Plotkin 2019, 8
430 Hettler & Plotkin 2019, 10
431 Hettler & Plotkin 2019, 11
432 vgl. https://www.nal.usda.gov/collections/special-collections/ernest-p-imle-papers
433 Vgl. Davis 1997, 8
434 https://www.calculateme.com/inflation/700000000-dollars/from-1945/to-now
435 Davis 1997, 5
436 Davis 1997, 5, 6
437 Davis 1997, 8
438 Davis 1997, 8
439 https://natural-rubber.michelin.com/natural-rubber-by-michelin/natural-rubber-at-a-glance#:~:text=Rubber%20cultivation&text=Trees%20are%20planted%2C%20about%20550,of%20rubber%20during%20its%20lifetime
440 http://www.loadman.co.uk
441 http://www.loadman.co.uk
442 https://de.statista.com/themen/4832/kautschuk/#topicOverview
443 https://natural-rubber.michelin.com/natural-rubber-by-michelin/natural-rubber-at-a-glance#:~:text=Rubber%20cultivation&text=Trees%20are%20planted%2C%20about%20550,of%20rubber%20during%20its%20lifetime
444 Killmann & Hong 2000, 6
445 Killmann & Hong 2000, 6
446 https://www.massivum.de/wissenswertes/holz-und-geflechtarten/teakholz/
447 Hecht & Cockburn 1989, 88
448 Vgl. Küchli 1997
449 Küchli 1997, 150
450 Vgl. Küchli 1997
451 Vgl. Küchli 1997
452 Salisbury & Schmink 2007, 1237
453 Salisbury & Schmink 2007, 1237
454 https://www.cbd.int/financial/pes/brazil-pesrubbertappers.pdf
455 Salisbury & Schmink 2007, 1243
456 Jaramillo-Giraldo, et al. 2017, 187
457 Küchli 1997, 153

458 Jaramillo-Giraldo, et al. 2017, 187
459 https://press.pirelli.com/pirelli-opens-new-tyres-factory-in-brasil/
460 https://press.pirelli.com/pirelli-opens-new-tyres-factory-in-brasil/
461 https://press.pirelli.com/pirelli-acquires-hevea-tec-the-biggest-independent-processor-of-natural-rubber-in-brazil/
462 de Souza, et al. 2023, 12
463 https://tiregrades.com/buying-guides/tire-production-statistics/
464 https://www.smithers.com/services/market-reports/transportation/the-future-of-global-tires-to-2028
465 https://www.statista.com/topics/3268/rubber/#topicOverview
466 https://de.statista.com/statistik/daten/studie/200663/umfrage/produktionsmenge-von-kautschuk-weltweit-seit-1990/
467 https://www.statista.com/statistics/275397/caoutchouc-production-in-leading-countries/
468 Wang, et al. 2023, 340
469 Wang, et al. 2023, 341
470 Wang, et al. 2023, 342
471 Zhen, et al. 2022, 1
472 Vgl. Zhu, et al. 2023
473 Zhu, et al. 2023, 30
474 Dove 2016, 1
475 http://www3.lgm.gov.my/Digest/digest/digest-4-2024.pdf
476 Tang, et al. 2016, 1
477 Snook 1998, 67
478 Vgl. Bakewell-Stone 2023
479 Vgl. Burkhardt 2016
480 Vgl. Burkhardt 2016
481 Keay 1996, 5
482 Vgl. Whitmore 2003
483 Whitmore 2003, 2
484 Snook 1998, 67
485 Snook 1998, 67
486 Snook 2003, 172
487 Snook 2003, 172; Whitmore 2003, 3
488 Snook 1998, 68
489 Vgl. Veillon 1976
490 Snook 1998, 62
491 Ford & Nigh 2016, 17
492 Ford & Nigh 2016, 18
493 Ford & Nigh 2016, 18
494 Vgl. Ford & Nigh 2016
495 Ford 2017, 213
496 Ford 2017, 217
497 Ford 2017, 213
498 Ford & Nigh 2016, 18
499 Ross & Rangel 2011, 141
500 Auld-Thomas, et al. 2024, 1341
501 Lentz & Hockaday 2009, 1342
502 Vgl. https://www.britannica.com/place/Dos-Pilas
503 https://www.fao.org/giahs/giahsaroundtheworld/mexico-ich-kool-mayan-milpa-system/en
504 Navarro-Martinez, et al. 2018, 1
505 Snook 2005, 58
506 Snook 2005, 58
507 Snook 2005, 58
508 Viaux-Locquin 1997, 2
509 Snook 1998, 62
510 Snook 1998, 62
511 Vgl. Harper, et al. 2008
512 https://collections.frick.org/objects/237/
513 Albion 1926, 36
514 Walvin 2017, 92
515 Bowett 1996, 22
516 Bowett 1997, 142
517 Walvin 2017, 88
518 Bowett 1998, 17
519 Bowett 1998, 16
520 Lamb 1966, 8; Keay 1996, 6
521 Bowett 1996, 31
522 https://harewood.org/explore/house/servants-corridor/
523 Vgl. Freedgood 2006
524 Walvin 2017, 87
525 Ebner 2018
526 Walvin 2017, 91; Bowett 1996, 18
527 Anderson 2004, 72
528 Anderson 2004, 73
529 Bowett 1996, 96
530 Anderson 2004, 54
531 Anderson 2004, 54
532 Bowett 1998, 34
533 Bowett 1996, 70
534 Anderson 2004, 55
535 Bowett 1996, 148
536 Bowett 1996, 149
537 Anderson 2004, 77
538 Anderson 2004, 53
539 Vgl. Finamore 2008
540 Anderson 2004, 58
541 Anderson 2004, 61
542 Alford, et al. 2024
543 Anderson 2004, 70
544 Bowett 1996, 84
545 Anderson 2004, 64
546 Huxley 1920, 35
547 Anderson 2004, 76
548 Christies 2008a, Christies 2008b
549 Walvin 2017, 91
550 Bowett 1996, 83
551 Sidler 2018, 27
552 Library of Congress 2006, 2
553 Sidler 2018, 28
554 Sidler 2023
555 Bellande 2016, 132
556 Bellande 2016, 137
557 Candler 1842, 63
558 Candler 1842, 63
559 Bellande 2016, 138
560 Bellande 2016, 139
561 Bellande 2016, 139
562 Amparo López Arandia 2018, 139
563 Vgl. Victoria 1719
564 Amparo López Arandia 2018, 141
565 Amparo López Arandia 2018, 139
566 Vgl. Amparo López Arandia 2018
567 Amparo López Arandia 2018, 145
568 Amparo Lopez Arandia 2018, 142
569 Bowett 1996, 89
570 Snook 1998, 62
571 Trindade 2024, 450
572 Funes Monzote 2008, 60
573 Trindade 2024, 450
574 Funes Monzote 2008, 60
575 Funes Monzote 2008, 62
576 Carlson 2011
577 https://www.wood-database.com/cuban-mahogany/
578 Carlson 2011
579 https://www.wood-database.com/cuban-mahogany/
580 Chevalier 1937, 716
581 Bietz 2010, 3
582 Lamb 1966, 18

583 Lamb 1966, 19
584 https://absoluteclassics.com/blogs/boathouse-blog/wooden-motor-boats-of-the-early-30-s
585 https://einstein-website.de/tuemmler/
586 Lamb 1966, 20
587 https://build.chriscraft.com/our-story/timeline/
588 https://www.jfklibrary.org/learn/about-jfk/jfk-in-history/john-f-kennedy-and-pt-109
589 Küchli & Blaser 2011, 96
590 Küchli 1982, 36
591 Lamb 1966, 20
592 Lamb 1966, 21
593 Lamb 1966, 20
594 Mündliche Mitteilung Jean-Pierre Veillon 1992
595 Lamb 1966, 54
596 Vgl. https://web.archive.org/web/20160401133449/http://swietking.org/natural-range.html
597 Vgl. https://web.archive.org/web/20160401133449/http://swietking.org/natural-range.html
598 Snyder 1967, 87
599 Williams 2002, 461
600 Küchli 1997, 148
601 Küchli 1997, 147
602 Vgl. Küchli 1997, 150
603 Vgl. Küchli 1997, 148
604 Robbins 2000, 16
605 Robbins 2000, 12
606 Vgl. https://web.archive.org/web/20160401133416/http://swietking.org/exploitation.html
607 Verissimo, et al. 1995, 39
608 Vgl. https://web.archive.org/web/20160401133416/http://swietking.org/exploitation.html
609 Rodan, Newton & Verissimo 1992, 332
610 Vgl. https://web.archive.org/web/20160401133416/http://swietking.org/exploitation.html
611 Verissimo, et al. 1995, 39
612 https://www.globalforestwatch.org (Para: https://gfw.global/3sZrkG9; Rondônia: https://gfw.global/3VBW23i ; Acre: https://gfw.global/4cb3Tvo)
613 https://gfw.global/3VBW23i
614 Vgl. https://web.archive.org/web/20160401133416/http://swietking.org/exploitation.html
615 Vgl. https://web.archive.org/web/20160401133444/http://swietking.org/cites.html
616 Vgl. https://web.archive.org/web/20160401133234/http://swietking.org/current-status.html
617 Vgl. https://web.archive.org/web/20160401133416/http://swietking.org/exploitation.html
618 Grogan, et al. 2016, 6
619 Vgl. Pärssinen, et al. 2009
620 Ranzi & Brown 2007, 227
621 Sette Câmara 2019
622 Watling, et al. 2017
623 Schaan, et al. 2012, 132
624 De Souza, et al. 2018, 7
625 De Souza, et al. 2018, 2
626 Watling, et al. 2017
627 Iriarte, et al. 2020, 2
628 De Souza, et al. 2018, 7
629 Peripato, et al. 2023, 103
630 Stenborg, Schaan & Lima 2012
631 Furquim, et al. 2023, 264
632 Persönliche Mitteilung José do Carmo Alves Lopes, November 2018
633 De Souza, et al. 2018, 8
634 Grün & Grün 1973
635 Vgl. Clement, et al. 2010
636 Watling, et al. 2018, 1
637 Neves 2016, 233
638 Neves 2016, 231
639 Levis, et al. 2018, 1
640 Pärssinen, Schaan & Ranzi 2020
641 Thomas 2012, 10
642 ter Steege, et al. 2013, 325
643 Vgl. ter Steege, et al. 2013
644 McMichael, et al. 2017, 525
645 Furquim, et al. 2023, 268
646 Mayhew & Newton 1998, 16
647 Pinedo-Vasquez, Hecht & Padoch 2012, 135
648 Josse, et al. 2024, 1
649 https://web.archive.org/web/20160401133234/http://swietking.org/current-status.html
650 Moutinho, et al. 2023, 1
651 Moutinho, et al. 2023, 1
652 Josse, et al. 2024, 9
653 Vgl. https://www.preciouswoods.com/domains/preciouswoods_com/data/free_docs/PreciousWoods_Sustainability_Report_2023.pdf
654 Persönliche Mitteilung 2021 Alex McCusker, ECE/FAO Forestry and Timber Section, Geneva
655 Vgl. Lopes 2008
656 Sist, et al. 2023, 2
657 Sist, et al. 2023, 4
658 Grogan, et al. 2016, 5
659 Grogan, et al. 2016, 6
660 Lopes, Jennings & Matni 2008, 304
661 Lopes, Jennings & Matni 2008, 305
662 Sist, et al. 2023, 5 (163.624 km)
663 Vgl. Sist, et al. 2023, 5
664 Sist, et al. 2023, 6 (36 Mha)
665 Vgl. Blaser, Frizzo & Norgrove 2021
666 Küchli 1997, 141
667 Küchli 1997, 142
668 Küchli 1997, 142
669 https://camta.com.br/index.php/c-a-m-t-a/nossa-historia
670 Iriarte, et al. 2020, 22
671 Sist, et al. 2023, 8
672 Sist, et al. 2023, 8
673 Sist, et al. 2023, 8
674 Costa, et al. 2023, 8
675 De Souza, et al. 2023, 12
676 Costa, et al. 2023, 7
677 Costa, et al. 2023, 8
678 Costa, et al. 2023, 9
679 Vgl. Busch & Renner 2024
680 UNODC 2023, 15
681 Vgl. Busch & Renner 2024
682 Costa, et al. 2023, 15
683 Vgl. Küchli 1997, 138 ff.
684 Costa, et al. 2023, 2
685 Sist, et al. 2023, 7
686 Sist, et al. 2023, 7

LITERATUR UND QUELLEN

EICHE

BAUM DER GLOBALISIERUNG

Albion R G, 1926: Forests and Sea Power. The Timber Problem of the Royal Navy 1652–1862. Cambridge, Harvard University Press.

Baker M, Barlow A, Jones C, Quarm R, Dawson C, 2002: The English Timber Cartel in the Napoleonic Wars. NOTES, The Mariner's Mirror, 88:1, 79–81.

Bernard V, Renaudin S, Marguerie D, 2006: Evidence of trimmed oaks (Quercus sp.) in North Western France during the early Middle Ages (9th–11th century A.D.). UMR 6566 »Civilisations Atlantiques et Archéosciences«, Université de Rennes 1, Beaulieu F-35042 Rennes Cedex (France).

Blum J, Bolliger M, Turck R, 2022: Die Siedlungskammer Vinelz. Eine dendrotypologische Untersuchung zur Waldnutzung im 28. Jahrhundert v. Chr. Archäologie Bern, 2022, 112–131 (https://www.zora.uzh.ch/entities/publication/85698e13-39a4-427e-bc50-58e221737644).

Bonde N, Stylegar F-A, 2016: Between Sutton Hoo and Oseberg – dendrochronology and the origins of the ship burial tradition, Danish Journal of Archaeology (http://dx.doi.org/10.1080/21662282.2016.1245885, abgerufen: 5.2025).

Bonfils P, Junod P, Drollinger F, Studhalter S, 2025: Die Eiche, der Eichelhäher und der Förster. Schweiz. Z. Forstwesen, 126/3: 172–173.

Bonfils P, Rudow A, Studhalter S, Kamm U, Kellner S, Ammann P, De Boni A, Hirt J, Peter T, Reiss G, Rellstab C, 2025: Optimale Nutzung von forstlichem Vermehrungsgut der einheimischen Eichenarten. WSL Berichte, Heft 162.

Bonfils P, Rigling A, Brändli U B, Brang P, Forster B, Engesser R, Gugerli F, Junod P, Müller R, Günthardt-Goerg M S, 2015: Die Eiche im Klimawandel. Zukunftschancen einer Baumart. Eidg. Forschungsanstalt WSL, Merkblatt für die Praxis, Volume 55 (https://www.dora.lib4ri.ch/wsl/islandora/object/wsl:9152).

Bonfils P, Kuster T, Fonti P, Arend M, Vollenweider P, Junod P, Günthardt-Goerg M S, 2013: Die Eiche reagiert plastisch. Die Eiche im Klimawandel, Teil 2: Trockenheit und Anpassung. Wald + Holz, 3/13, 45–49.

Carey M, 2009: If trees could talk. Wicklow's trees and woodlands over four centuries. COFORD, Dublin.

Castro F, 2008: In Search of Unique Iberian Ship Design Concepts. Historical Archaeology 42, 63–87.

Chassé B, 2016: Eating Acorns: What Story Do the Distant, Far, and Near Past Tell Us, and Why? The Journal of the International Oak Society, Issue No. 27/ 2016, ISSN 1941–2061.

Cottrell J E, Munro R C, Tabbener H E, Gillies A C M, Forrest G I, Deans J D, Lowe A J, 2002: Distribution of chloroplast DNA variation in British oaks (Quercus robur and Q. petraea): the influence of postglacial colonisation and human management. Forest Ecology and Management 156, 181–196.

Czajkowski T, et al., 2006: Zur Verbreitungsgrenze der Buche (Fagus sylvatica L.) im nordöstlichen Mitteleuropa. FORSTARCHIV 77 (2006), 203–216.

Daly A, Tyers I, 2022: The sources of Baltic oak. Journal of Archaeological Science 139 (2022) 105550.

Ellis Davidson H R, 1990: Gods and Myths of Northern Europe. London Penguin Books.

Eriksson G, Varela M C, Lumaret R, Gil L, 2015: Genetic conservation and management of Quercus suber. Technical Bulletin. European Forest Genetic Resources Programme (EUFORGEN), Bioversity International, Rome.

Estreicher S K, 2023: Wine and France: A Brief History. European Review, Vol. 31, No. 2, 91–179. Cambridge University Press on behalf of Academia Europaea.

Frehner M, Brang P, Kaufmann G, Küchli C, 2018: Standortkundliche Grundlagen für die Waldbewirtschaftung im Klimawandel. WSL Berichte 66.

Gaastra F S, 2002: The Dutch East India Company: Expansion and Decline. Walburg Pers, Zutphen.

Gassmann P, 1989: Le stockage du bois sur le site bronze final de Cortaillod-Est. Dendrochronologia 7, 104–116.

Gauthier-Bérubé M, Thakar H B, 2023: Eighteenth-Century Shipbuilding and Forestry Management: Assessing the Impacts of Resource Intensification in Southwestern France. In: Thakar H B, Flores Fernandes C, 2023: Human Behavioral Ecology and Coastal Environments. University Press of Florida, Gainesville.

Gilgen C, 2003: Der Eichenwitwald von Wildenstein: Wahrnehmung, Entstehung und Einzigartigkeit. Mitteilungen der Naturforschenden Gesellschaften beider Basel, 7, 59–66.

Goodwin P, 1997: The Influence of Iron in Ship Construction: 1660 to 1830. Maritime Park Association, San Francisco (https://maritime.org/conf/conf-goodwin.php, abgerufen: 5.2025).

Hasler K, 1998: Die ehemalige Flösserei auf der Aare. Neujahrsblatt 1998, Wangen an der Aare.
Horisberger D, 2021: Adéquation stationnelle et gestion des chênes indigènes au nord de l'Arc alpin suisse et en Valais. Dossier thématique, proQuercus (https://www.proquercus.org/willkommen/thematische-dossiers/40-jahre-praxisforschung/, abgerufen: 5.2025).
Iken K, 2024: Frauen im »Goldenen Zeitalter« der Niederlande: »In Holland kräht die Henne, während der Hahn nur gackert«. SPIEGEL Geschichte 3/2024.
Jõgiste K, et al., 2018: Imprints of management history on hemiboreal forest ecosystems in the Baltic States. Ecosphere, Volume 9/11 2018 (unvollständig).
Jorgensen D, 2013: Pigs and Pollards: Medieval Insights for UK Wood Pasture Restoration. Sustainability, 5, 387–399.
Junod P, 2016: Erfahrungen mit Eiche in ungleichförmigen Wäldern. Zürcher Wald 3/16, 13–17.
Junod P, 2020: Effiziente Pflege von Eichenjungwaldbeständen, 12 S. Hrsg. proQuercus (https://s12796023cacbd601.jimcontent.com/download/version/1633530001/module/11573060295/name/FT8-DT_2020_Dezember.pdf).
Knight R J B, 1986: New England Forests and British Seapower: Albion Revised. American Neptune Volume XLVI, No. 4.
Kremer A, Petit R-J, Ducousso A, 2002: Biologie évolutive et diversité génétique des chênes sessile et pédonculé. Revue forestière française, 54/2, 2002, 117.
Kremer A, 2015: Did Early Human Populations in Europe Facilitate the Dispersion of Oaks? International Oaks, No 26, 2015.
Küchli C, 1992: Wurzeln und Visionen – Promenaden durch den Schweizer Wald. AT Verlag, Aarau.
Küchli C, 2000: Auf den Eichen wachsen die besten Schinken – Zehn intime Baumporträts. AT Verlag, Aarau.
Küchli C, 2000: Nachhaltigkeit im Wald – vor und hinter der Welle der Globalisierung. Schweiz. Z. Forstwes. 12: 502–507.
Küchli C, Stuber M, 2001: Wald und gesellschaftlicher Wandel - Erfahrungen aus den Schweizer Alpen und aus Bergregionen in Ländern des Südens. CD-ROM, Gestaltung Atelier Marc Zaugg. Bern: DEZA und BUWAL.
Lambert A M, 1985: The Making of the Dutch Landscape. An Historical Geography of the Netherlands. Second Edition, Academic Press, London.
Lowe A, Unsworth C, Gerber S, Davies S, Munro R, Kelleher C, White A, Cottrell J, 2005: Route, speed and mode of Oak Postglacial colonisation across the British Isles: Integrating molecular ecology, palaeoecology and modelling approaches. Botanical Journal of Scotland, 57(1+2), 59–81.
Melby P, 2015: Insatiable Shipyards: The Impact of the Royal Navy on the World's Forests, 1200–1850. Western Oregon University (http://www.wou.edu/history/files/2015/08/Melby-Patrick.pdf, abgerufen: 5.2025).
Meyer K A, 1931: Geschichtliches von den Eichen in der Schweiz. Mitteilungen der Schweizerischen Centralanstalt für das forstliche Versuchswesen, Band XVI, 2. Heft.
Milesi P, Kastally C, Dauphin B, Cervantes S, Bagnoli F, Budde K B, Cavers S, Fady B, Faivre-Rampant P, González-Martínez S C, Grivet D, Gugerli F, Jorge V, Lesur K, Ojeda D I, Olsson S, Opgenoorth L, Pinosio S, Plomion C, Rellstab C, Rogier O, Scalabrin S, Scotti I, Vendramin G G, Westergren M, Lascoux M, Pyhäjärvi T, GenTree Consortium, 2024: Resilience of genetic diversity in forest trees over the Quaternary. Nature Communications, 15(1), Article 8538 (https://doi.org/10.1038/s41467-024-52612-y).
Morin G-A, et al., 1996: Long-Term Historical Changes in the Forest Resource. Geneva Timber and Forest Study Papers, Geneva UNECE.
Oosterbaan J, Doeve P, van Daalen S, 2023: Provenance and Production: Casks in the Dutch Archaeological Context. International Journal of Wood Culture 3, 412–441.
Oster R M, 2015: Great Britain in the age of sail: scarce resources, ruthless actions and consequences. Air University, Maxwell Air Force Base, Alabama (https://apps.dtic.mil/sti/pdfs/AD1012795.pdf, abgerufen: 5.2025).
Pillonel D, 2007: Entaillage des arbres: des marques de propriété du Cortaillod classique. In: Besse M (Hrsg.), 2007: Sociétés néolithiques, des faits archéologiques aux fonctionnements socio-économiques. Colloque interrégional sur le Néolithique, Neuchâtel, 1 et 2 octobre 2005. Lausanne: Cahiers d'archéologie romande 108.
Schneider R, 1998: Die Arbeit des Küfers. Schweiz. Z. Obst-Weinbau, Nr. 1/98.
Schramm G, 1952: Jahrbuch des Eisenbahnwesens 1952. Eisenbahnschwellen (https://www.kirchseeon-intern.de/Eisenbahnschwellen-Schramm-Jahrbuch-des-Eisenbahnwesens-1952.pdf, abgerufen: 5.2025).
Seim A, Edvardsson J, Daly A, Fraiture P, Tyers I, Tegel W, Pukienė R, Wazny T, Jover de Celis M, Vander Auwera J, Davies J, 2024: Timber trade in 17th-century Europe: different wood sources for artworks of Flemish painters. Scientific Reports, 6 August 2024 (https://www.nature.com/articles/s41598-024-68641-y, abgerufen: 5.2025).
Seppings R, 1814: On a new principle of constructing His Majesty's Ships of War (https://archive.org/details/philtrans00335731/mode/1up?view=theater&q=iron, abgerufen: 12.2022).

Seppings R, 1817: On the Great Strength given to Ships of war by the Application of Diagonal Braces (https://ia601405.us.archive.org/25/items/philtrans05264745/05264745.pdf, abgerufen: 12.2022).

Silva J, de Sousa Araújo S, Sales H, Pontes R, Nunes J, 2023: Quercus suber L. Genetic Resources: Variability and Strategies for Its Conservation. Forests 14, 1925 (https://doi.org/10.3390/f14091925).

Thirgood J V, 1971: The historical significance of oak. In: Oak Symposium Proceedings. Morganstown, WV, Upper Darby. USDA Forest Service, North Central Forest Experimental Station, 1–18.

Ufer U, 2012: Amsterdam – Wege zur Moderne. In: Keller W (Hrsg.), 2012: Kapital. Kaufleute in Venedig und Amsterdam. Kein & Aber, Schweizerisches Nationalmuseum.

Wazny T, 2002: Baltic timber in Western Europe – an exciting dendrochronological question. Dendrochronologia 20/3 (2002) 1–8 (unvollständig).

Wazny T, Eckstein D, 1987: Der Holzhandel von Danzig/Gdansk – Geschichte, Umfang und Reichweite. Holz als Roh- und Werkstoff 45/509–513.

Wondrich D, 2020: When Barrels Set Sail – The History of Aging Spirits at Sea https://www.thedailybeast.com/when-barrels-set-sail-the-history-of-aging-spirits-at-sea, (abgerufen: 5.2025).

Internetquellen

https://dico-du-vin.com/troncais-foret-de-troncais/ (abgerufen: 5.2025).

https://erebusandterrorfiles.blogspot.com/2014/03/the-sole-survivor-of-franklin-saga.html (abgerufen: 5.2025).

https://esajournals.onlinelibrary.wiley.com/doi/pdf/10.1002/ecs2.2503 (abgerufen: 5.2025).

https://www.etymonline.com/search?q=acorn (abgerufen: 5.2025).

https://diewaldloesung.de/haeherkasten/ (abgerufen: 5.2025).

https://www.forestryengland.uk/new-forest/pannage-pigs-and-acorns (abgerufen: 5.2025).

https://www.kultur-port.de/index.php/blog/bildende-kunst/15295-baltische-eichen-im-kunst-museum-rigaer-boerse.html (abgerufen: 5.2025).

https://latenium.ch/de/das-latenium/welterbeliste/ (abgerufen: 5.2025).

https://natuerlichkork.de/wp-content/uploads/2015/03/WWF_Broschure_Cork_Screwed.pdf (abgerufen: 5.2025).

https://www.newforestnpa.gov.uk/things-to-do/walking/new-forest-walks/knightwood-oak-stroll/ (abgerufen: 5.2025).

https://www.onf.fr/foret-exception/troncais-foret-dexception/+/bf6::vivre-la-foret-de-troncais-lhistoire-de-la-sylviculture-grandeur-nature.html (abgerufen: 5.2025).

https://www.onf.fr/foret-exception/troncais-foret-dexception/+/8c6::troncais-foret-dexception-une-che-naie-prestigieuse-au-coeur-du-territoire.html (abgerufen: 5.2025).

https://www.pepysdiary.com/encyclopedia/462/ (abgerufen: 5.2025).

https://schweden-geschichte.blogspot.com/2012/03/die-insel-visingso-in-der-schwedischen.html (abgerufen: 5.2025).

https://www.scientificamerican.com/article/is-reintroducing-acorns-into-the-human-diet-a-nutty-idea/?print=true (abgerufen: 5.2025).

https://seppingsfamilyhistory.com/2018/07/08/the-age-of-sail-milligen-seppings-and-lockyer-military-men-england-pt-1/ (abgerufen: 5.2025).

https://www.spiegel.de/wissenschaft/natur/schiffsbohrwuermer-die-termiten-der-meere-a-560115.html (abgerufen: 5.2025).

https://thedockyard.co.uk/plan-your-visit/learning/digital/history-of-the-dockyard/ (abgerufen: 5.2025).

http://www.vikinganswerlady.com/vik_pets.shtml (abgerufen: 5.2025).

https://www.waldwissen.net/de/lebensraum-wald/tiere-im-wald/voegel/markwart-der-vorlaute-eichenpflanzer (abgerufen: 5.2025).

https://www.worldhistory.org/Ghent_Altarpiece/ (abgerufen: 5.2025).

http://www.zeno.org/Meyers-1905/A/Niederlande (abgerufen: 5.2025).

TEAK

BAUM DER EWIGKEIT

Albion R G, 1926: Forests and Sea Power. The Timber Problem of the Royal Navy 1652–1862. Cambridge, Harvard University Press.

Altona T, 1922: De Djatibosschen van den Bismarck Archipel (The Teak-Forests [Tectona Grandis L. f.] in the Bismarck-Archipelago), Tectona, DEEL XV, No. 10 October 1922.

Anonymus, 2016: Shwe Nan Taw Kyaung or Golden Palace Monastery. Besucherbroschüre des ehemaligen Palastteils und Klosters.

Ball J B, Pandey D, Hirai S, 1999: Global Overview of Teak Plantations. Paper presented to the Regional Seminar Site, Technology and Productivity of Teak Plantations Chiang Mai, Thailand 26–29 January 1999.

Banubatana D, 1962: The management of forests in Thailand. Bangkok, Royal Forest Department (Deutsche Stiftung für Entwicklungsländer, Seminar Forestry in tropical countries May 28 to July 8, 1961).

Barton G, 2000: Keepers of the Jungle: Environmental Management in British India, 1855–1900. The Historian Vol. 62, No. 3, 557–574.

Barton G A, Bennett B M, 2010: Forestry as Foreign Policy, Anglo-Siamese Relations and the Origins of Britain's Informal Empire in the Teak Forests of Northern Siam, 1883–1925. Itinerario volume XXXIV, Issue 2, 2010.

Betgem F, 2021: The Bombay Burmah Trading Corporation. https://www.chiangmai-alacarte.com/blog/the-bombay-burmah-trading-corporation/ 3.2023.

Bhat K M, Hwan Ok Ma, 2004: Teak growers unite! Tropical Forest Update, Issue 14 No 1 (https://www.itto.int/tfu/id=6660000).

Birdwood G, 1881: Indian Forestry. The Gardeners Chronicle 26 Juli 1881, p. 110 (https://www.biodiversitylibrary.org/item/84275#page/123/mode/1up).

Boomgaard P, 1988: Forests and Forestry in Colonial Java, 1677–1942. In: Dargavel J, Dixon K, Semple N (Hrsg.), 1988: Changing Tropical Forests. Historical Perspectives on Today's Challenges in Asia, Australasia and Oceania. Centre for Resource and Environmental Studies, Australian National University.

Boonsermsuk S, 2022: Teak Management in Thailand. In: ITTO and TEAKNET. 2022. Teak in Mekong for a Sustainable Future. Kasetsart University, Bangkok, Thailand; International Tropical Timber Organization, Yokohama, Japan; and TEAKNET, Kerala, India. 359 p.

Brandis D, 1896: The Burma Teak Forests. Garden and Forest. I: 318–319; II: 329–330; III: 338–339; IV: 348–350; V: 358–359; VI: 368–369; VII: 378–379; VIII: 389–390; IX: 399–400; X: 408–409; XI: 418–419; XII: 428.

Bryant R L, 1994: Shifting the Cultivator: The Politics of Teak Regeneration in Colonial Burma. Modern Asian Studies 28, 2.

Bryant R L, 1997: The Political Ecology of Forestry in Burma. University of Hawai'i Press, Honolulu.

Bryant R, 2007: Burma and the Politics of Teak. In: Greg Bankoff & Peter Boomgaard (ed.), A History of Natural Resources in Asia, chapter 7, pages 143–161, Palgrave Macmillan.

Bryant R L, 2009: Consuming Burmese Teak: Anatomy of a Violent Luxury Resource. Department of Geography, King's College London.

Chandran S M D, 1997: On the ecological history of the Western Ghats. Current Science, VOL. 73/2, 146–155.

de Andrade Coutinho S, Takizawa F H, 2022: Silvicultural Aspects of Large-Scale Teak Plantations in Brazil. In: ITTO and TEAKNET. 2022. Teak in Mekong for a Sustainable Future. Kasetsart University, Bangkok, Thailand; International Tropical Timber OrganizFauziation, Yokohama, Japan; and TEAKNET, Kerala, India. 359 p.

De'Ath C, 1992: A History of Timber Exports from Thailand with Emphasis on the 1870–1937 Period. Nat Hist Bull Siam Soc 40: 49–66.

Dowson J, 1879: Classical Dictionary of Hindu Mythology and Religion, History and Literature. Reprinted 1984 Rupa & Co., Calcutta.

Durand F, 1993: Trois siècles dans l'île du teck. Les politiques forestières aux Indes néerlandaises (1602–1942). In: Colonisations et environnement. Paris: Société française d'histoire d'outre-mer, 1993 Bibliothèque d'histoire d'outre-mer. Études, 13, pp. 251–305.

Duroiselle C, 1963: Mandalay Palace. The Directorate of Archaeological Survey. The Rangoon University Press, Rangoon (https://web.archive.org/web/20180128074542/http://www.lib.washington.edu/myanmar/pdfs/MP0001a.pdf, abgerufen: 12.2025).

FAO 2019: Forest futures – Sustainable pathways for forests, landscapes and people in the Asia-Pacific region. Asia-Pacific Forest Sector Outlook Study III. Bangkok. 352 pp.

Fauzi A, Rimbawanto A, 2022: Teak Small Holder Plantations in Indonesia for Improving Livelihood. In: Teak in Mekong for a Sustainable Future. Kasetsart University, Bangkok, Thailand; International Tropical Timber Organization, Yokohama, Japan and TEAKNET, Kerala, India. 359 p.

Goodwin P, 1997: The Influence of Iron in Ship Construction: 1660 to 1830. Maritime Park Association, San Francisco (https://www.maritime.org/conf/conf-goodwin.php, abgerufen: 12.2022).

Grove R H, 1988: Conservation and Colonialism: The Evolution of Environmental Attitudes and Conservation Policies on St. Helena, Mauritius and in Western India, 1660–1854. In: Dargavel J, Dixon K (Hrsg.): Changing Tropical Forests: Historical Perspectives on Today's Challenges in Asia, Australasia and Oceania. Canberra, Centre for Resource and Environmental Studies, Australian National University.

Gururaja M P, Shilpa K, Himanshu J, 2021: A Review on Ethnopharmacology of Tectona grandis. Journal of Xi'an Shiyou University, Natural Science Edition, 17/10 (https://www.xisdxjxsu.asia/viewarticle.php?aid=507).

Gyi K K, Tint K, 1998: Management status of natural teak. In: Kashio M and White K (ed.), Teak for the future – Proceedings of the Second Regional Seminar on Teak. RAP PUBLICATION 5, FAO Regional Office for Asia and the Pacific, Bangkok, Thailand.

Hall D G E, 1960: Burma. Hutchinson & CO, London.

Hardin G, 1968: The Tragedy of the Commons. Science, No 3859, 1243–1248.

Hesmer H, 1975: Leben und Werk von Dietrich Brandis 1824–1907. Begründer der tropischen Forstwirtschaft, Förderer der forstlichen Entwicklung in den USA,

Botaniker und Ökologe. Abhandlungen der Rheinisch-Westfälischen Akademie der Wissenschaften, Vol. 58.
Kastren T, 2001: Timber Trade and Wood Flow Study, Myanmar. Regional Environmental Technical Assistance 5771/Poverty Reduction & Environmental Management in Remote Greater Mekong Subregion (GMS)/Watersheds Project (Phase I).
Krishnan K V K, 1997: Colonial State and the Malabar Teak. Proc. Int. Teak Symp., 1997, 222–225.
Küchli C, 1997: Forests of Hope – Stories of Regeneration. Earthscan, London (Deutsch: Wälder der Hoffnung. Verlag Neue Zürcher Zeitung).
Lambert A, 1994: Empire and Seapower: Shipbuilding by the East India Company at Bombay for the Royal Navy 1805–1850. In: Les flottes des Compagnies des Indes 1600–1857. V Journées franco-britanniques d'histoire de la marine, Lorient, 4–6 mai 1994.
Latham B, 1954: The growth of the Teak trade. Wood, 19:371–373; 415–417; 451–453; 504–506.
Lindsay S J, Brandis D, 1874: The forest flora of north-west and central India: a handbook of the indigenous trees and shrubs of those countries. London, W. H. Allen & Co.
Mann M, 2001: Timber Trade on the Malabar Coast 1780–1840. Environment and History 7, no. 4 (November 2001): 403–425.
Morehead F T, 1944: The Forests of Burma. Burma Pamphlets No. 5. Longmans, London.
Moya R, Bond B, Quesada H, 2014: A review of heartwood properties of Tectona grandis trees from fast-growth plantations Wood Sci Technol (2014) 48:411–433.
Neue Zürcher Zeitung 2011: Hort der weissen Elefanten und feldgrünen Könige. 5.1.2011.
Nisbet J, 1901: Burma under British Rule – and before. Archibald Constable, Westminster.
Nyunt Khaing, Min Min Oo, Tet Nay Tun, Ohn Lwin, Yazar Minn, Michael Kleine, 2017: Natural Teak Forests – Silviculture and Stand Management. In: Walter Kollert, Michael Kleine (ed.): The Global Teak Study. Analysis, Evaluation and Future Potential of Teak Resources IUFRO World Series Volume 36 (2017) Vienna 108 p.
Parthesius R, 2010: Dutch Ships in Tropical Waters. The development of the Dutch East India Company (VOC) shipping network in Asia 1595–1660. Amsterdam University Press.
Patra B, 2010: Role of Kalinga in the Process of Ancient Indian Colonization in South-East Asia. Orissa Review, November 2011.
Peluso N L, 1991: The history of state forest management in colonial Java. For. Conserv. Hist. 35: 65–75.
Pouchepadass J, 1990: The Ecological History of the Central Western Ghats in the Modern Period: A Preliminary Survey. Pondy Papers in Social Sciences. N°6, September 1990.
Schorcht M, 2014: Tectona grandis. Enzyklopädie der Holzgewächse: Handbuch und Atlas der Dendrologie. Wiley-VCH.
Sérougne L, 2020: Teak conquest. Wars, forest imperialism and shipbuilding in India (1793–1815). Ann. Hist. Révol. Franç, Vol. 399/1, 123 to 152.
Stebbing E P, 1947: The Teak forests of Burma. Nature, Vol 160, 818–820.
Thirgood J V, 1971: The historical significance of oak. In: Oak Symposium Proceedings. 1971 August 16–20; U.S. Department of Agriculture, Forest Service, Northeastern Forest Experiment Station: Upper Darby, 1–18.
Toke Gale U, 1974: Burmese Timber Elephant. Trade Corp.
Trisurat Y, Boonsermsuk S, Vongkhamsao V, Zar Chi Hliang, 2022: Climate Change Impact on Natural Teak Forests in the Greater Mekong Subregion. In: ITTO and TEAKNET. 2022. Teak in Mekong for a Sustainable Future. Kasetsart University, Bangkok, Thailand; International Tropical Timber Organization, Yokohama, Japan; and TEAKNET, Kerala, India. 359 p.
Verhaegen D, Fofana IJ, Logossa ZA, Ofori D, 2010: What is the genetic origin of teak (Tectona grandis L.) introduced in Africa and in Indonesia? Tree Genetics and Genomes, Springer 2010, 6, pp.717–733.
Vries D J, 2001: Navies in Transition. The perfecting of the wooden man-of-war in the context of early 19th century international politics (https://web.achive.org/web/20070929083108/http://www.btinternet.com/~philipr/woodmanowar.htm, abgerufen: 12.2022).
Walker F M, 2010: Ships & Shipbuilders. Pioneers of Design and Construction. US Naval Institute Press.
Wertheim W F, 1956: Indonesian Society in Transition: A Study of Social Change. Van Hoeve, The Hague.
Williams M, 2002: Deforesting the Earth. From Prehistory to Global Crisis. University of Chicago Press.
Zandvliet K, 2012: Reisen nach Batavia. In: Kapital. Kein & Aber Zürich.
Zar Chi Hlaing, 2022: Natural Teak Forests and Teak Plantations in Myanmar. In: ITTO and TEAKNET. 2022. Teak in Mekong for a Sustainable Future. Kasetsart University, Bangkok, Thailand; International Tropical Timber Organization, Yokohama, Japan; and TEAKNET, Kerala, India. 359 p.

Internetquellen

https://www.bbc.com/news/world-asia-33632291 (abgerufen: 4.2023).
https://bbtcl.com/company-profile/ (abgerufen: 4.2023).
https://www.boat24.com/de/blog/teakdeck-decksbelag/ (abgerufen: 12.2025).

https://www.britannica.com/place/Myanmar/The-unification-of-Myanmar (abgerufen: 4.2023).
https://www.dw.com/en/blood-teak-for-the-super-rich-props-up-a-cruel-regime/a-64854613 (abgerufen: 4.2023).
https://elefanten.fandom.com/wiki/Wei%C3%9Fer_Elefant (abgerufen: 4.2023).
https://www.forstwirtschaft-in-deutschland.de/waelder-entdecken/waldflaeche/ (abgerufen: 4.2023).
https://www.icij.org/investigations/deforestation-inc/myanmar-teak-trade-sanctions-military-regime/ (abgerufen: 4.2023).
https://www.latimes.com/world-nation/story/2022-01-11/myanmar-teak-sanctions-imports (abgerufen: 4.2023).
https://www.maritime.org/conf/conf-goodwin.php (abgerufen: 4.2023).
https://www.nzz.ch/international/militaerputsch-in-myanmar-junta-plant-wahl-mit-massiven-einschraenkungen-ld.1599361 (abgerufen: 4.2023).
https://selva.sith.itb.ac.id/2018/11/16/sos-in-forest/ (abgerufen: 4.2023).
https://www.spiegel.de/panorama/leute/koenig-charles-iii-zeitplan-gaeste-tv-programm-so-laeuft-heute-die-kroenung-ab-a-c4fa4b71-34c0-4864-962a-f853c83988ac?sara_ref=re-so-app-sh (abgerufen: 4.2023).
https://www.threedecks.org (abgerufen: 4.2023).
https://www.statista.com/statistics/1066922/population-india-historical/ (abgerufen: 4.2023).
https://www.statista.com/statistics/1067115/population-thailand-historical/ (abgerufen: 4.2023).
https://www.studylight.org/encyclopedias/eng/bri/t/teak.html (abgerufen: 4.2023).
https://www.teakrc.com/perfume-is-one-of-the-many-uses-of-teak/# (abgerufen: 4.2023).
https://www.worlddata.info/asia/burma/populationgrowth.php (abgerufen: 4.2023).

KAUTSCHUK

BAUM DER INDUSTRIALISIERUNG

Bradford L, Barham B L, Coomes O T, 1994: Reinterpreting the Amazon Rubber Boom. Latin American Research Review, January 1994.
Condamine de La Ch-M: Sur l'arbre du Quinquina. Mémoires de l'Académie royale des sciences 1738, Paris 1740, S. 226–243.
Cortéz Rodríguez G, 2015: Historia del Ferrocarril Madera-Mamore, Revista Mesopotamia Beniana, Sep 13, 2015, 7–9 (https://issuu.com/gilmarcortez rodriguez/docs/revista_mesopotamia_beniana).
Davis W, 1997: The Rubber Industry's Biological Nightmare. Fortune, August 4, 1997.
de Souza A C S, Carvalho T M de S, de Lima Júnior F B, Soliani R D, Oliveira P R de S, Nora L A R da S, Drumond T D R, 2023: Foreign Trade of the State of Acre, Brazil, Between 2019 and 2022: An Analysis of Commercial Interactions. International Journal of Professional Business Review 8(10):1–21.
Dove M R, 2016: The societies that rubber built. Nature Plants, Vol 2, June 2016, 1–2.
Fifer J V, 1970: The Empire Builders: A History of the Bolivian Rubber Boom and the Rise of the House of Suárez. J Lat Amer Stud 2, 2, 113–146.
Grandin G, 2009: Fordlandia: The Rise and Fall of Henry Ford's Forgotten Jungle City. Picador.
Grün R, Grün E (ed.), 1973: Die Eroberung von Peru. Pizarro und andere Conquistadoren 1526–1712. Knaur, München/Zürich.
Gunkel C, 2010: Warum Henry Ford in Brasiliens Urwald scheiterte (https://www.spiegel.de/geschichte/vergessene-orte-a-948720.html).
Hecht S, Cockburn A, 1989: The Fate of the Forest. Developers, Destroyers and Defenders of the Amazon. Verso.
Hettler B, Plotkin M, 2019: The Amazonian Travels of Richard Evans Schultes. Chapter II. World War II Rubber Mission (https://www.amazonteam.org/maps/schultes/archivos/ACT_SchultesMap_2_WWIIRubberMission_2019.04.04.pdf).
Hobhouse H, 1987: Fünf Pflanzen verändern die Welt. Klett-Cotta, Stuttgart.
Jackson J, 2009: The Thief at the End of the World. Rubber, Empire and the Obsessions of Henry Wickham. Duckworth Overlook, London.
Jaramillo-Giraldo C, Soares Filho B, Carvalho Ribeiro S M, Coelho Gonçalves R, 2017: Is It Possible to Make Rubber Extraction Ecologically and Economically Viable in the Amazon? The Southern Acre and Chico Mendes Reserve Case Study. Ecological Economics 134 (2017) 186–197.
Kennedy P M, 1971: Imperial Cable Communications and Strategy, 1870–1914. The English Historical Review. 86 (341): 728–752.
Killmann W, Hong L T, 2000: Rubberwood – the success of an agricultural byproduct. Unasilva 201, 2000.
Küchli C, 1997: Forests of Hope – Stories of Regeneration. Earthscan, London (Deutsch: Wälder der Hoffnung. Verlag Neue Zürcher Zeitung, 1997).
Laroche P C S J, Schulp C J E, Kastner T, Verburg P H, 2022: Assessing the contribution of mobility in the European Union to rubber expansion. Ambio, 51(3), 770–783.
Ledebur L, Taylor J, 2008: Akron, Ohio. A Restoring Prosperity Case Study. Brookings Institution.
Lieberei R, 2007: South American Leaf Blight of the Rubber Tree (Hevea spp.): New Steps in Plant

Domestication using Physiological Features and Molecular Markers. Annals of Botany 100: 1125–1142, 2007.

Loadman J, et al.: Everything you ever wanted to know about Rubber (http://www.loadman.co.uk).

Onokpise O, Louime C, 2012: The Potential of the South American Leaf Blight as a Biological Agent. Sustainability 2012, 4, 3151–3157.

Rummenhoeller K, 2003: Los Santarrosinos (Kichwaruna) en el Departamento de Madre de Dios: Apuntes sobre su desarrollo histórico. In: Huertas Castillo B, García Altamirano A (Ed), 2003: Los pueblos indígenas de Madre de Dios. IWGIA Documento nr 32, Lima.

Salisbury D S, Schmink M, 2007: Cows versus rubber: Changing livelihoods among Amazonian extractivists. Geoforum 38 (2007) 1233–1249.

Santos N, 2002: Seringueiros da Amazônia sobreviventes da fartura. Teses, Departamento de geografia humana, Universidade de Sao Paulo.

Schultes R E, 1956: The Amazon Indian and evolution in Hevea and related genera. Journal of the Arnold Arboretum 37:123–148.

Schultes R E, 1984: The tree that changed the world in one century (Hevea, history, rubber plantations and industry). Arnoldia 44 (2):2–16.

Soentgen J, 2013: Die Bedeutung indigenen Wissens für die Geschichte des Kautschuks. Technikgeschichte Bd. 80.

Stephens C, 2023: A brief history of the development and use of vulcanised rubber in dentistry. British Dental Journal volume 234, pages 607–610.

Tang C, Yang M, Fang Y, et al., 2016: The rubber tree genome reveals new insights into rubber production and species adaptation. Nature Plants, Vol 2, June 2016, 1–10.

United States Patent Office, Patent No. 1,090, February 24, 1839. Improvement in the Mode of Preparing Caoutchouc with Sulfur for the Manufacture of Various Articles (https://docs.google.com/viewer?url=patentimages.storage.googleapis.com/pdfs/US1090.pdf).

Yungjohann J C, Prance G (ed.), 2021: White Gold. The Diary of a Rubber Cutter in the Amazon 1896–1906. Synergetic Press, Santa Fe/London.

Wang Y, Hollingsworth P M, Zhai D, West C D, Green J M H, Chen H, Hurni K, Su Y, Warren-Thomas E, Xu J, Ahrends A, 2023: High-resolution maps show that rubber causes substantial deforestation. Nature, Vol 623, 9 November 2023 (https://doi.org/10.1038/s41586-023-06642-z).

Zerbe N, 2002: Contested Ownership: TRIPs, CBD, and Implications for Southern African Biodiversity. Perspectives on Global Development and Technology, Volume 1, Issue 3–4.

Zhen L, Zhengtao S, Shixiang G, Tao W, Weiwei Z, Guojian F, 2022: Impact of Climate Change and Rubber (Hevea brasiliensis) Plantation Expansion on Reference Evapotranspiration in Xishuangbanna, Southwest China. Frontiers in Plant Science, Volume 13.

Zhu X, Yuan X, Lu E, Yang B, Wang H, Du Y, Singh A K, Liu W, 2023: Soil splash erosion: An overlooked issue for sustainable rubber plantation in the tropical region of China. International Soil and Water Conservation Research, Volume 11, Issue 1, 30–42.

Internetquellen

http://www3.lgm.gov.my/Digest/digest/digest-4-2024.pdf (abgerufen: 12.2025).

https://www.botanicgardens.gov.lk/service/henarathgoda-botanic-gardens-gampaha/ (abgerufen: 9.2024).

https://www.calculateme.com/inflation/700000000-dollars/from-1945/to-now (abgerufen: 4.2024).

https://www.cbd.int/financial/pes/brazil-pesrubber tappers.pdf (abgerufen: 9.2024).

https://de.statista.com/statistik/daten/studie/200663/umfrage/produktionsmenge-von-kautschuk-weltweit-seit-1990/ (abgerufen: 9.2024).

https://de.statista.com/themen/4832/kautschuk/#topicOverview (abgerufen: 9.2024).

https://www.faz.net/aktuell/wirtschaft/vor-100-jahren-wie-das-fliessband-die-autoproduktion-revolutioniert-hat-12426514/der-laubfrosch-12530236.html (abgerufen: 9.2024).

https://www.gesetze-im-internet.de/krwaffkontrg/anlage.html (abgerufen: 9.2024).

https://www.in2013dollars.com/us/inflation/1931 (abgerufen: 9.2024).

https://issuu.com/gilmarcortezrodriguez/docs/revista_mesopotamia_beniana (abgerufen: 9.2024).

http://www.loadman.co.uk (abgerufen: 9.2024).

https://www.massivum.de/wissenswertes/holz-und-geflechtarten/teakholz/ (abgerufen: 9.2024).

https://media.ford.com/content/fordmedia/feu/ch/de/news/2016/03/16/rund-um-die-welt-mit-einem-100-jahre-alten-ford-modell-t.html (abgerufen: 9.2024).

https://modeltfordfix.com/time-to-re-tire-model-t-fords-and-clincher-tires/ (abgerufen: 9.2024).

https://www.nal.usda.gov/collections/special-collections/ernest-p-imle-papers (abgerufen: 9.2025).

https://natural-rubber.michelin.com/natural-rubber-by-michelin/natural-rubber-at-a-glance#:~:text=Rubber%20cultivation&text=Trees%20are%20planted%2C%20about%20550,of%20rubber%20during%20its%20lifetime (abgerufen: 9.2024).

https://rmis.jrc.ec.europa.eu/eu-critical-raw-materials (abgerufen: 12.2025).

https://press.pirelli.com/pirelli-acquires-hevea-tec-the-biggest-independent-processor-of-natural-rubber-in-brazil/ (abgerufen: 9.2024).

https://press.pirelli.com/pirelli-opens-new-tyres-factory-in-brasil/ (abgerufen: 9.2024).
https://www.smithers.com/services/market-reports/transportation/the-future-of-global-tires-to-2028 (abgerufen: 9.2024).
https://www.statista.com/statistics/275397/caoutchouc-production-in-leading-countries/ (abgerufen: 9.2024).
https://www.statista.com/topics/3268/rubber/#topicOverview (abgerufen: 9.2024).
https://tiregrades.com/buying-guides/tire-production-statistics/ (abgerufen: 9.2024).
https://www.thehenryford.org/collections-and-research/digital-resources/popular-topics/brazilian-rubber-plantations/ (abgerufen: 9.2024).
https://www.whitehousehistory.org/photos/photo-3-12 (abgerufen: 9.2024).

MAHAGONI

BAUM DES LUXUS

Albion R G, 1926: Forests and Sea Power. The Timber Problem of the Royal Navy 1652–1862. Cambridge, Harvard University Press.
Alford A E, Griffith W J, Bolland O N, 2024: Belize. Britannica. History (https://www.britannica.com/place/Belize/Early-history, abgerufen: 11.2024).
Amparo López Arandia M, 2018: Timber Supplying in the South Spanish Dockyards During the 18th Century. In: Polónia A, Contente Domingues F, 2018: Shipbuilding: Knowledge and Heritage. CITCEM (https://ler.letras.up.pt/uploads/ficheiros/17301.pdf, abgerufen: 11.2024).
Anderson J L, 2004: Nature's Currency – The Atlantic Mahogany Trade and the Commodification of Nature in the Eighteenth Century. Early American Studies, 2004/2, 47–80.
Auld-Thomas L, Canuto M A, Velázquez Morlet A, Estrada-Belli F, Chatelain D, Matadamas D, Pigott M, Fernández Díaz J C, 2024: Running out of empty space: environmental lidar and the crowded ancient landscape of Campeche, Mexico. Antiquity 98 (401): 1340–1358.
Bakewell-Stone P, 2023: Swietenia macrophylla (big leaved mahogany) CABI Compendium. (https://www.cabidigitallibrary.org/doi/full/10.1079/cabicompendium.52155, abgerufen: 10.2024).
Barnet J P, 2019: Naval Stores – A History of an Early Industry Created from the South's Forests. US Forest Service, Research & Development, Southern Research Station, General Technical Report SRS-240.
Bellande A, 2016: Haiti dans le marché mondial du bois aux 19ème et 20ème siécles: commerce et environnement. The Journal of Haitian Studies, Volume 22/1.
Bietz S, 2010: Holzhandel und Möbelkonsum in Europa. Zur Selbstdarstellung bürgerlicher Gesellschaftskreise um 1900. In: Themenportal Europäische Geschichte. (http://www.europa.clio-online.de/2010/Article=474, abgerufen: 11.2024).
Blaser J, Frizzo J, Norgrove L, 2021: Not only timber: the potential for managing non-timber forest products in tropical production forests – a comprehensive literature review. ITTO Technical Series No. 50. International Tropical Timber Organization (ITTO), Yokohama, Japan, and Precious Forests Foundation, Zürich, Switzerland.
Bowett A, 1996: The English Mahogany Trade 1700–1793. Thesis, Buckinghamshire College, Brunel University.
Bowett A, 1997: Thomas Ripley and the Use of Early Mahogany. The Georgian Group Journal, VII, 1997, 140–145.
Bowett A, 1998: The Jamaica trade: Gillow and the use of Mahogany in the Eighteenth Century. Regional Furniture, Volume XII, 14–45.
Burkhardt L, 2016: Verzeichnis eponymischer Pflanzennamen. Eine botanische • historische • biographische Recherche zu Widmungen in den Pflanzengattungen (https://www.bgbm.org/de/other-publications/verzeichnis-eponymischer-pflanzennamen-erweiterte-edition, abgerufen: 10.2024).
Busch A, Renner A, 2024: Die Drogenmafia kontrolliert weite Teile der Amazonasregion – ein Besuch vor Ort. Neue Zürcher Zeitung, 22.03.2024 (https://www.nzz.ch/international/die-organisierte-kriminalitaet-kontrolliert-weite-teile-des-amazonasgebietes-sie-wirkt-als-brandbeschleuniger-fuer-die-regenwaldvernichtung-ld.1776366, abgerufen: 1.2025).
Candler J, 1842: Brief Notices of Hayti: With Its Conditions, Resources, and Prospects. London, 1842.
Carlson D, 2011: Review: From Rainforest to Cane Field in Cuba: An Environmental History since 1492, by Reinaldo Funes Monzote, translated by Alex Martin. Chapel Hill, University of North Carolina Press, 2008. Canadian Journal of History/ Annales Canadiennes d'Histoire, XLVI, 1/2011.
Chevalier A, 1937: Notes historiques et souvenirs sur les Acajous vrais. Revue de Botanique Appliquée & D'Agriculture Tropicale. 17e Année, Octobre, Bulletin no 194, 709–724.
Christie's, 2008a: A George III Giltwood Sofa. Designed by Robert Adam and made by Thomas Chippendale, 1765. (https://www.christies.com/lot/lot-5092522, abgerufen: 11.2024).
Christie's, 2008b: A Pair of George III Giltwood Armchairs. Designed by Robert Adam and made by Thomas Chippendale, 1765 (https://www.christies.com/lot/lot-5092521, abgerufen: 11.2024).

Clement C R, de Cristo-Araújo M, Coppens d'Eeckenbrugge G, Alves Pereira A, Picanço-Rodrigues D, 2010: Origin and Domestication of Native Amazonian Crops. Diversity 2010, 2, 72–106; doi:10.3390/d2010072.

Costa F de A, Larrea C, Araújo R, Benatti JH, Giraldo V, Hecht S, Murmis MR, Peters S, Schmink M, Terán E, Treccani J, 2023: Land Market and Illegalities: The Deep Roots of Deforestation in Amazonia. Science Panel for the Amazon, doi:10.55161/SLBQ1069 (https://www.theamazonwewant.org/wp-content/uploads/2023/12/PB-Illegalities-EN.pdf, abgerufen: 1.2025).

De Souza G, et al. (2018): Pre-Columbian earth-builders settled along the entire southern rim of the Amazon. Nature Communications (2018) 9:1125.

Ebner G, 2018: China saugt viel Eiche ab – Eichen-Sägerundholz wird für Säger immer knapper und damit teurer. Holzkurier.com (https://www.holzkurier.com/rundholz/2018/05/china-saugt-viel-eiche-ab.html, abgerufen: 10.2024).

Finamore D, 2008: Furnishing the Craftsman: Slaves and Sailors in the Mahogany Trade (https://chipstone.org/article.php/582/American-Furniture-2008/Furnishing-the-Craftsman:-Slaves-and-Sailors-in-the-Mahogany-Trade, abgerufen: 12.2024).

Ford A, Nigh R, 2016: The Maya Forest Garden: Eight Millennia of Sustainable Cultivation of the Tropical Woodlands. Routledge, New York.

Ford A, 2017: Valuing the Maya Forest as a Garden. In: Sanz N: Exploring frameworks for tropical forest conservation: integrating natural and cultural diversity for sustainability, a global perspective. Mexico City: UNESCO (https://unesdoc.unesco.org/ark:/48223/pf0000265651, abgerufen: 2.2025).

Freedgood E, 2006: Souvenirs of Sadism: Mahogany Furniture, Deforestation, and Slavery in Jane Eyre. In: Freedgood E, 2006: The Ideas in Things. Fugitive Meaning in the Victorian Novel. University of Chicago Press.

Funes Monzote R, 2008: From Rainforest to Cane Field in Cuba: An Environmental History since 1492. Translated by Alex Martin. Chapel Hill, University of North Carolina Press.

Furquim LP, Neves EG, Shock MP, Watling J, 2023: The Constructed Biodiversity, Forest Management and Use of Fire in Ancient Amazon: An Archaeological Testimony on the Last 14 000 Years of Indigenous History. In: Ikeya K, W. Balée W (ed.), 2023: Global Ecology in Historical Perspective, Springer Nature Singapore Pte Ltd. (https://doi.org/10.1007/978-981-19-6557-9_15, abgerufen: 11.2025).

Grogan J, Schulze M, Paz Pires I, Free C M, Landis R M, Pinelo Morales G, Johnson A, 2016: How sustainable is mahogany management? ITTO Tropical Forest Update 25/1, 5–9.

Grün R, Grün E (ed.), 1973: Die Eroberung von Peru. Pizarro und andere Conquistadoren 1526–1712. Knaur, München/Zürich.

Harper K N, Ocampo P S, Steiner B M, George R W, Silverman M S, Bolotin S, Pillay A, Saunders N, Armelagos G J, 2008: On the Origin of the Treponematoses: A Phylogenetic Approach. PLOS (https://doi.org/10.1371/journal.pntd.0000148, abgerufen: 11.2025).

Huxley A, 1920: Beyond the Mexique Bay. Chatto & Windus, 1949 (https://archive.org/details/in.ernet.dli.2015.462790/, abgerufen: 11.2024).

Iriarte J, Elliott S, Maezumi S Y, Alves D, Gonda R, Robinson M, Gregorio de Souza J, Watling J, Handley J, 2020: The origins of Amazonian landscapes: Plant cultivation, domestication and the spread of food production in tropical South America. Quaternary Science Reviews, Volume 248, 15 November 2020, 106582.

Josse C, Tupinambá R, Viscarra F E, Armenteras D, Barretto Filho H T, Guzmán León L, Cípio Aureliano I, Martins Machado A, Heilpern S, Anzolin Begotti R, Wayna Kambeba M, 2024: Protected Areas and Indigenous Territories: Pillars for Achieving Conservation Goals in the Amazon. Science Panel for the Amazon (https://eng-briefs.sp-amazon.org/241022%20PA%20and%20IT%20PB_Digital%20(English).pdf, abgerufen: 2.2025).

Keay R W J, 1996: The future for the genus Swietenia in its native forests. Botanical Journal of the Linnean Society (1996), 122: 3–7.

Küchli C, 1982: Feuer und kaltes Geld. Natur, Juli 1982, 30–45.

Küchli C, 1997: Forests of Hope – Stories of Regeneration. Earthscan, London (Deutsch: Wälder der Hoffnung. Verlag Neue Zürcher Zeitung, 1997).

Küchli C, Blaser J, 2011: Schweizer Waldpolitik – zwischen internationaler Verantwortung und nationalen Interessen (Essay). Schweizerische Zeitschrift für Forstwesen, 162 (2011) 4: 96–106.

Lamb F B, 1966: Mahogany of Tropical America. Its Ecology and Management. The University of Michigan Press, Ann Arbor.

Lentz D L, Hockaday B, 2009: Tikal timbers and temples: ancient Maya agroforestry and the end of time. Journal of Archaeological Science 36, 1342–1353.

Levis C, et al. (2018): How People Domesticated Amazonian Forests. Frontiers in Ecology and Evolution, January 2018, Volume 5, Article 171.

Library of Congress – Federal Research Division 2006: Country Profile: Haiti (https://web.archive.org/web/20150625044613/http:/lcweb2.loc.gov/frd/cs/profiles/Haiti.pdf, abgerufen: 12.2024).

Lopes J do C A, Jennings S B, Matni N M, 2008: Planting mahogany in canopy gaps created by commercial harvesting. Forest Ecology and Management 255, 300–307.

Mayhew J E, Newton A C, 1998: The Silviculture of Mahogany. CABI Publications, Wallingford, UK.
McMichael C N H, Matthews-Bird F, Farfan-Rios W, Feeley K J (2017): Ancient human disturbances may be skewing our understanding of Amazonian forests. PNAS 114 (3) 522–527 (https://doi.org/10.1073/pnas.1614577114, abgerufen: 12.2024).
Moutinho P, Leite I, Baniwa A, Mirabal G, Josse C, Macedo M, Alencar A, Salinas M, Ramos A, 2023: The role of Amazonian indigenous peoples in fighting the climate crisis. Science Panel for the Amazon (https://www.theamazonwewant.org/spa_publication/policy-brief-the-role-of-amazonian-indigenous-peoples-in-fighting-the-climate-crisis/, abgerufen: 2.2025).
Navarro-Martínez A, Ellis E A, Hernández-Gómez I, Romero-Montero J A, Sánchez-Sánchez O, 2018: Distribution and Abundance of Big-Leaf Mahogany (Swietenia macrophylla) on the Yucatan Peninsula, Mexico. Tropical Conservation Science, 11:1–17.
Neves E G, 2016. A tale of three species or the ancient soul of tropical forests. In: Tropical forest conservation: long-term processes of human evolution, cultural adaptations and consumption patterns. 2016/229–244.
Pärssinen M, Schaan D, Ranzi A, 2009: Pre-Columbian geometric earthworks in the upper Purus: a complex society in western Amazonia. Antiquity 83, 1084–1095.
Pärssinen M, Linhares Ferreira E J, Virtanen P K, Ranzi A (2020): Domestication in Motion: Macrofossils of Pre-Colonial Brazilian Nuts, Palms and Other Amazonian Planted Tree Species Found in the Upper Purus. Environmental Archaeology, June 2020.
Peripato V (plus 225 authors), 2023: More than 10,000 pre-Columbian earthworks are still hidden throughout Amazonia. Science 382, 103–109.
Pinedo-Vasquez M, Hecht S, Padoch C, 2012: Amazonia. In: Parrotta J A, Trosper RL (ed.), Traditional Forest-Related Knowledge: Sustaining Communities, Ecosystems and Biocultural Diversity, World Forests 12 (doi: 10.1007/978-94-007-2144-9_4).
Ranzi A, Brown F, 2007: Internet Software Programs Aid in Search for Amazonian Geoglyphs. EOS 88, No. 21.
Robbins C S, 2000: Mahogany Matters: The U.S. Market for Big-Leafed Mahogany and Its Implications for the Conservation of the Species. TRAFFIC North America.
Rodan B D, Newton A C, Verissimo A, 1992: Mahogany Conservation: Status and Policy Initiatives. Environmental Conservation 19/4.
Ross N J, Rangel T F, 2011: Ancient Maya Agroforestry Echoing Through Spatial Relationships in the Extant Forest of NW Belize. Biotropica, 43/2, 141–148.
Schaan D, Pärssinen M, et al., 2012: New radiometric dates for pre-Columbian (2000–700 B.P.) earthworks in western Amazonia, Brazil. Journal of Field Archaeology 37(2):132–142.
Sette Câmara R, 2019: Os geoglifos do Acre e o passado da Amazônia. 360meridianos.com. Postado em 19-11-2019, Atualizado 17-05-2023 (https://www.360meridianos.com/especial/geoglifos-acre-amazonia, abgerufen: 11.2025).
Sidler F, 2018: Die Geschichte eines geschundenen Staates. Bieler Tagblatt 8.12.2018, 27–28.
Sidler F, 2023: Die Niederlande entschuldigen sich für die Sklaverei – Frankreich schweigt. Neue Zürcher Zeitung, 7. Januar 2023 (https://www.nzz.ch/meinung/die-niederlande-entschuldigen-sich-fuer-die-sklaverei-frankreich-schweigt-ld.1781137, abgerufen: 2.2025).
Sist P, Peña-Claros M, Baldiviezo Calles J P, Derroire G, Kanashiro M, Mendoza Ortega K, Piponiot C, Roopsind A, Veríssimo A, Vidal E, Wortel V, Putz F E, 2023: Forest management for timber production and forest landscape restoration in the Amazon: the way towards sustainability. Science Panel for the Amazon, doi:10.55161/wXnQ3205 (https://www.theamazonwewant.org/wp-content/uploads/2023/12/PB-Forest-Management-EN.pdf, abgerufen: 2.2025).
Snook L K, 1998: Sustaining Harvests of Mahogany (Swietenia macrophylla King) from Mexico's Yucatán Forests: Past, Present, and Future. In: Primack R B, Bray D, Galletti H, Ponciano I, 1998: Timber, Tourists and Temples: Conservation and Development in the Maya Forest of Belize, Guatemala and Mexico, Island Press, 61–80.
Snook L K, 2003: Regeneration, Growth, and Sustainability of Mahogany in México's Yucatán Forests. In: Lugo A E, Figueroa Colón J C, Alayón M (ed.), 2003: Big-Leaf Mahogany. Genetics, Ecology, and Management, Springer, 169–192.
Snook L K, 2005: Sustaining mahogany: research and silviculture in Mexico's community forests. Bois et Forêts des Tropiques No. 285 (3), 55–65.
Snyder D E, 1967: The »Carretera Marginal de la Selva«: A Geographic Review and Appraisal. Revista Geográfica No. 67, 12/87–100.
Stenborg P, Schaan D P, Lima M A (2012): Precolumbian Land Use and Settlement Pattern in the Santarém Region, Lower Amazon. Amazônica – Revista de Antropologia 4 (1): 222–250.
ter Steege H, et al., 2013: Hyperdominance in the Amazonian Tree Flora. Science 342, 325.
Thomas E (2012): Present Spatial Diversity Patterns of Theobroma cacao L. in the Neotropics Reflect Genetic Differentiation in Pleistocene Refugia Followed by Human-Influenced Dispersal. PLOS ONE, October 2012, Volume 7, Issue 10.
Trindade A R, 2024: Caribbean timber supply for the Spanish Navy: Shipbuilding and maintenance

of war vessels in the Maritime Department of Cadiz (1729–1759). International Journal of Maritime History, Vol. 36(3) 438–465.

UNODC (United Nations Office on Drugs and Crime), 2023: The Drugs-Crime Nexus in the Amazon Basin. How a Complex Crime Ecosystem is Endangering the World's Largest Rainforest and Imperilling Efforts to Combat Climate Change (https://www.unodc.org/res/WDR-2023/Research_Brief_Amazon_FINAL.pdf, abgerufen: 1.2025).

Veillon J-P, 1976: Las Deforestaciones en los Llanos Occidentales de Venezuela desde 1950 hasta 1975. In: Hamilton L S, Steyermark J, Veillon J-P, Mondolfi E, 1976: Conservacion de los Bosques Humedos de Venezuela. Caracas: Sierra Club.

Veríssimo A, Barreto P, Tarifa R, Uhl C. 1995: Extraction of a high-value natural resource in Amazonia: the case of mahogany. Forest Ecology and Management, Volume 72/1, 39–60.

Viaux-Locquin J, 1997: Les bois d'ébénisterie dans le mobilier français. Léonce Laget, Paris.

Victoria, Juan José Navarro, Marqués de la, 1719: Diccionario demostrativo, con la configuración o anatomía de toda la architectura naval moderna … (https://bibliotecavirtual.defensa.gob.es/BVMDefensa/es/consulta/registro.do?id=999387).

Walvin J, 2017: Mahogany – Fashion and Slavery. In: Walvin J, 2017: Slavery in Small Things: Slavery and Modern Cultural Habits, John Wiley & Sons, 82–103.

Watling J, et al., 2017: Impact of pre-Columbian »geoglyph« builders on Amazonian forests. PNAS 114: 1868–1873.

Watling J, Shock M P, Mongeló G Z, Almeida F O, Kater T, De Oliveira P E, Neves E G, 2018: Direct archaeological evidence for Southwestern Amazonia as an early plant domestication and food production centre. PLoS ONE 13(7): e0199868 (https://www.researchgate.net/publication/326613677_Direct_archaeological_evidence_for_Southwestern_Amazonia_as_an_early_plant_domestication_and_food_production_centre, abgerufen: 12.2024).

Whitmore T C, 2003: Mahogany: Tree of the Future. In: Lugo A E, Figueroa Colón J C, Alayón M (ed.) Big-Leaf Mahogany. Ecological Studies, vol 159. Springer, New York.

Williams M, 2002: Deforesting the Earth. From Prehistory to Global Crisis. University of Chicago Press.

Internetquellen

https://absoluteclassics.com/blogs/boathouse-blog/wooden-motor-boats-of-the-early-30-s (abgerufen: 2.2025).

https://bibliotecavirtual.defensa.gob.es/BVMDefensa/es/consulta/registro.do?id=999387 (abgerufen: 2.2025).

https://www.britannica.com/place/Dos-Pilas (abgerufen: 2.2025).

https://build.chriscraft.com/our-story/timeline/ (abgerufen: 2.2025).

https://camta.com.br/index.php/c-a-m-t-a/nossa-historia (abgerufen: 2.2025).

https://collections.frick.org/objects/237/ (abgerufen: 2.2025).

https://einstein-website.de/tuemmler/ (abgerufen: 2.2025).

https://www.fao.org/giahs/giahsaroundtheworld/mexico-ich-kool-mayan-milpa-system/en (abgerufen: 2.2025).

https://www.globalforestwatch.org (Para: https://gfw.global/3sZrkG9; Rondônia: https://gfw.global/3VBW23i; Acre: https://gfw.global/4cb3Tvo, abgerufen: 2.2025).

https://harewood.org/explore/house/servants-corridor/ (abgerufen: 2.2025).

https://www.jfklibrary.org/learn/about-jfk/jfk-in-history/john-f-kennedy-and-pt-109 (abgerufen: 12.2025).

https://www.preciouswoods.com/domains/preciouswoods_com/data/free_docs/Precious-Woods_Sustainability_Report_2023.pdf (abgerufen: 12.2025).

https://web.archive.org/web/20160329121143/http://www.swietking.org/index.html (diverse Seiten, abgerufen: 2.2025).

https://www.wood-database.com/cuban-mahogany/ (abgerufen: 2.2025).

BILDNACHWEIS

Fotos Christian Küchli

S. 6–7, 39, 40–41, 42, 43, 44–45, 45, 46, 49 (unten), 52 (oben), 53 (oben, Mitte), S. 54–55, 128, 128–129, 130 (unten), 130–131, 131, 132, 132–133, 133, 134, 136, 136–137, 137, 175, 176, 178, 178–179, 179, 180–181, S. 183 (unten), 184–185, 185, 249, 252 (oben), 255, 256, 256–257 (unten), 258–259, 318–319

Bildnachweis

S. 22 und 89 © iStock.com/Myslitel
S. 90 und 159 © iStock.com/MUHAMMAD RIFQI ALFIYAN KHAIS
S. 160 und 227 © iStock.com/Sirichok Dee-phicharn
S. 228 und 297 © iStock.com/Aleksandra Tokarz
S. 44 Wikimedia Commons / Jean Colombe, Les Très Riches Heures du duc de Berry, novembre
S. 47 Wikimedia Commons / Jan van Eyck, Portrait of a Man (oben); © alamy.com/Trinity Mirror, Fotograf Mirrorpix (unten)
S. 48 © alamy.com/Zoom Historical
S. 49 Wikimedia Commons / Arbres avec exemples d'éléments pour la construction navale fin XVIIIeme (oben)
S. 50 Wikimedia Commons / Cornelis Anthonisz, Map of Amsterdam
S. 51 Wikimedia Commons / Rijksmuseum, De Zaan bij Wormerveer, ca. 1790. Wormerveer van de Poelsluis / Wormerveer aupres du Saan (oben); Wikimedia Commons / Rijksmuseum, Houtvlot met woonhutten en bemanning zakt Rijn af in buurt van Bonn. Het afkomen van een houtvlot, op den Rhijn, een uur boven de stad Bonn (unten)
S. 52 Wikimedia Commons / J. M. W. Turner, The Battle of Trafalgar (1822) (unten)
S. 53 © alamy.com/The Picture Art Collection (unten)
S. 130 Wikimedia Commons / Collectie Wereldmuseum (v/h Tropenmuseum), part of the National Museum of World Cultures (oben)
S. 135 Schweizerische Nationalbibliothek, Graphische Sammlung: Sammlung Fotoporträts (oben); Creeks full of timber, Université Côte d'Azur, BU Lettres Arts Sciences Humaines, Fonds ASEMI (unten)
S. 177 George Huebner, A borracha no Amazonas. O defumadouro. 1904 (oben); Wikimedia Commons / Vicepresidencia del Estado Plurinacional de Bolivia, Nicolas Suarez Callau (unten)
S. 180 Wikimedia Commons / Bain News Service, publisher, Sir Henry Wickham
S. 182 © alamy.com/ARTGEN (oben); Wikimedia Commons, Museu Paulista (USP) Collection (unten)
S. 183 Wikimedia Commons / Lorena Córdoba, Federico Bossert y Nicolas Richard Editores: CAPITALISMO EN LAS SELVAS – Enclaves industriales en el Chaco y Amazonía indígenas (1850–1950), El revés de la trama (oben)
S. 184 Mit freundlicher Genehmigung von The Collections of The Henry Ford (oben)
S. 250–251 © Juan Mayorga
S. 252 alamy.com/Andreas von Einsiedel (unten)
S. 253 Mit freundlicher Genehmigung der American Antiquarian Society (oben); © Christie's Images / Bridgeman Images (unten)
S. 254 Mit freundlicher Genehmigung des Archivo Histórico de la Armada – J. S. de Elcano / Biblioteca Virtual de Defensa (oben); alamy.com/Pictures Now (unten)
S. 256–257 Album comemorativo do 250 aniversário de fundação da Colônia de Tomé-Açu, Estado do Pará, 1929–1954. Tomé-Açu: Cooperativa Agrícola Mista de Tomé-Açu, 1955 (oben)

Trotz umfangreichen Recherchen ist es nicht in allen Fällen gelungen, die Urheber des historischen Bildmaterials zu eruieren. Falls Rechteinhaber übersehen wurden, sind sie gebeten, sich an den Verlag zu wenden.

DANK

Mein Dank geht an die Waldbewohnerinnen, Waldbewohner und die Forstleute überall auf der Welt, die mich in ihre Wälder geführt und mir deren Geschichten erzählt haben.

Für ihre Unterstützung und die Anregungen zu den Baumporträts danke ich insbesondere: Jürgen Blaser, Lyss; Matthias Bolliger, Sutz-Lattrigen; Patrick Bonfils, Ibiúna, SP, Brasilien; Patrick Gassmann, Bern †; Oskar Hagen, Frankfurt a. M.; Katrin Künzi, Bern; Thomas Schweri, Ipsach; Lili Sommer, Biel/Bienne †.

Ein spezielles Merci geht an Ernst Brugger, Mollis, und an die Andrea von Braun Stiftung, München, die das Projekt finanziell unterstützt hat.

DER AUTOR

Christian Küchli ist Forstingenieur ETH. Er hat als Berater, Buchautor und Journalist gearbeitet. 2000 bis 2018 war er Sektionschef in der Abteilung Wald des Bundesamts für Umwelt und dort verantwortlich für internationale Waldpolitik und für Waldbau, speziell im Bereich der Anpassung der Wälder an den Klimawandel. Der Autor kennt vieles aus dem vorliegenden Buch aus eigener Anschauung. Zu seinen Werken gehören »Wurzeln und Visionen – Promenaden durch den Schweizer Wald«, AT Verlag 1992; »Auf den Eichen wachsen die besten Schinken – Zehn intime Baumporträts«, AT Verlag 1994 oder »Wälder der Hoffnung«, NZZ Buchverlag 1997.

Der Autor wurde von der
Andrea von Braun Stiftung in
München unterstützt.

Andrea von Braun Stiftung

voneinander wissen

Umschlag: Eiche © iStock.com/ok-sana;
Weltkarte © iStock.com/NATALIIA OMELCHENKO
Lektorat: Petra Holzmann
Gestaltung und Satz: AT Verlag und Sarah Winter
Bildbearbeitung: Christian Spirig, bilderbub.ch
Druck und Bindearbeiten: Finidr, s.r.o
Printed in Czechia

FSC
www.fsc.org
MIX
Papier aus verantwortungsvollen Quellen
FSC® C014138

ISBN 978-3-03902-302-8

Für Herstellung und Einfuhr in die EU:
AT Verlag AG, Bahnhofstraße 41,
5000 Aarau, Schweiz, info@at-verlag.ch;
AT Verlag Deutschland, c/o Liberté Buchservice
GmbH, Fruchthof, Gotzinger Straße 52b,
81371 München, Deutschland, info@atverlag.de

www.at-verlag.ch

Der AT Verlag wird vom Bundesamt für
Kultur für die Jahre 2026–2028 mit einem
Strukturbeitrag unterstützt.